全国普通高等院校电子信息规划教材

LabVIEW
虚拟仪器设计与应用
（第2版）

胡乾苗　编著

U0235860

清华大学出版社
北京

内 容 简 介

本书通过理论与实例相结合、与实训练习相配合的方式,介绍了利用 LabVIEW 进行虚拟仪器设计的方法与技巧。本书共分为 11 章,包括虚拟仪器基础、开启 LabVIEW 编程之门、数据类型和操作、LabVIEW 的程序结构、数据的图形显示、文件 I/O、数据采集、数字信号处理、虚拟仪器通信技术、LabVIEW 常用编程技巧和应用实例。书中提供了大量的编程实例,并配有一定数量的教学视频,可以让读者更快捷地掌握相应的知识。

本书可作为高等院校虚拟仪器等相关课程的教材或教学参考书,也可作为相关工程技术人员的参考用书。

图书在版编目(CIP)数据

LabVIEW 虚拟仪器设计与应用/胡乾苗编著. —2 版. —北京:清华大学出版社,2019(2024.2 重印)
(全国普通高等院校电子信息规划教材)
ISBN 978-7-302-52494-6

Ⅰ. ①L… Ⅱ. ①胡… Ⅲ. ①软件工具—程序设计—高等学校—教材 Ⅳ. ①TP311.56

中国版本图书馆 CIP 数据核字(2019)第 043127 号

责任编辑:白立军 常建丽
封面设计:常雪影
责任校对:焦丽丽
责任印制:曹婉颖

出版发行:清华大学出版社
    网 址:https://www.tup.com.cn,https://www.wqxuetang.com
    地 址:北京清华大学学研大厦 A 座   邮 编:100084
    社 总 机:010-83470000   邮 购:010-62786544
    投稿与读者服务:010-62776969,c-service@tup.tsinghua.edu.cn
    质量反馈:010-62772015,zhiliang@tup.tsinghua.edu.cn
    课件下载:https://www.tup.com.cn,010-83470236
印 装 者:三河市东方印刷有限公司
经 销:全国新华书店
开 本:185mm×260mm   印 张:18.5   字 数:425 千字
版 次:2016 年 1 月第 1 版 2019 年 6 月第 2 版   印 次:2024 年 2 月第 9 次印刷
定 价:49.00 元

产品编号:082177-01

随着电子技术、计算机技术、数字信号处理技术与现代测量技术的发展，虚拟仪器技术应运而生。虚拟仪器(virtual instrument)是基于计算机的仪器，其实质是充分利用计算机的资源实现和扩展传统仪器的功能。虚拟仪器代表了未来仪器技术的发展方向，在工业、交通、军事、科研、教学等领域得到广泛应用。

LabVIEW(Laboratory Virtual Instrument Engineering Workbench)是美国 NI 公司推出的一款高效率的图形化虚拟仪器开发平台，也是目前应用最广泛、发展最快、功能最强的图形化软件开发环境，被视为一款标准的数据采集和仪器控制软件。LabVIEW 是一种真正意义上的图形化编程语言，它采用工程技术人员熟悉的术语和图形化符号代替文本编程语言，编程简单，形象生动，易于理解和掌握；设计者可以利用它像搭积木一样轻松组建一个测量系统或数据采集系统；LabVIEW 针对数据采集、仪器控制、信号分析与处理等任务，提供了许多函数节点，用户直接调用即可，极大提高了开发效率。

虚拟仪器技术及 LabVIEW 在我国也得到了迅速的推广，在测控/测量、故障诊断、生产过程控制、自动化等领域得到较为普遍的应用。因此，虚拟仪器技术已经成为电子、通信、自动化及测控技术等专业学生修学的一门专业应用型课程。我们从课程教学要求、学生实践能力培养、与工程应用接轨的目的出发，结合新版 LabVIEW 软件，按照循序渐进、重在实践、旨在创新的原则，通过理论与实例相结合的方式编写本教材。教材语言生动精练、内容详尽，并且包含了大量实用的实例及常用编程技巧，以便于读者更加快速地掌握 LabVIEW 的编程方法。

本书具有以下几个显著特点：

(1) 内容全面，结构完整，从 LabVIEW 基础讲起，引导读者快速入门，然后通过理论与实例相结合的方式，深入浅出地介绍了利用 LabVIEW 进行虚拟仪器程序设计的方法和技巧，最后以综合实例进行详细讲解，使理论与应用有机融合。

(2) 理论通俗易懂，实例丰富实用，实践操作性强，教材既有理论知识的阐述与应用实例的讲解，又有很强的实训练习环节，以达到融会贯通的效果。

(3) 软件与硬件知识兼顾，具有实用性、技术性等特点，有利于测试系统集成能力的培养。

（4）具有前沿性、新颖性等特点，采用新版 LabVIEW 软件结合最新应用实例编写。

（5）提供实例教学视频，通过扫描书中的二维码可以随时随地在线观看；提供书中程序的源代码，可有效帮助读者轻松掌握书中的内容，同时配有电子教案，可有效满足教学需要。程序代码与课件下载地址为 http://www.tup.tsinghua.edu.cn。

在本书的编写过程中，得到许多老师、同学和同事的关心和帮助，在此谨表谢意。特别感谢简家文教授、林卫星教授、王健博士和钱利波博士对编写工作提出的宝贵意见和建议，感谢学生杨秀女提供的帮助。本书由浙江省普通高校"十三五"新形态教材项目、宁波大学教材建设项目提供资助。

本书在编写过程中参阅了许多文献，尤其是参考文献中所列书籍与论文，受益匪浅，在此向相关作者致以衷心的感谢。

由于编者水平有限，书中难免有疏漏和不足之处，敬请广大读者批评指正。

胡乾苗
于宁波大学

2019 年 4 月

目 录

Contents

V

第 1 章

虚拟仪器基础

本章学习目标
- 了解虚拟仪器的概念
- 掌握虚拟仪器的组成
- 了解虚拟仪器软件开发平台

随着电子技术、计算机技术、软件技术、通信技术的迅速发展,新的测量理论、测量方法、测量领域和新的仪器结构不断出现,尤其是以计算机为核心的仪器系统与计算机软件技术的紧密结合,使得仪器概念发生了突破性的变化,出现了一种全新的仪器概念——虚拟仪器(Virtual Instrument,VI)。

虚拟仪器是现代仪器技术与计算机技术相结合的产物,它的出现是仪器发展史上的一场革命,代表着仪器发展的最新方向和潮流,是信息技术的一个重要领域,对科学技术的发展和工业生产将产生不可估量的影响。

本章先介绍虚拟仪器的概念和特点,然后介绍虚拟仪器的构成及分类,最后介绍虚拟仪器的软件开发环境。

1.1 虚拟仪器技术概述

1.1.1 虚拟仪器的概念

虚拟仪器就是在以计算机为核心的硬件平台上,根据用户对仪器的设计定义,用软件实现虚拟控制面板设计和测试功能的一种计算机仪器系统。因此,虚拟仪器的实质是利用计算机显示器的显示功能来模拟传统仪器的控制面板,以多种表达形式输出控制信号或检测结果;利用计算机强大的软件功能实现信号的运算、分析、处理;利用 I/O 接口设备完成信号的采集与调理,从而完成各种测试功能的计算机测试系统。使用者通过鼠标、键盘或触摸屏来操作虚拟面板,就如同使用一台专用测量仪器一样,达到所需要的测量目的。因此,虚拟仪器的出现,模糊了测量仪器与计算机的界限。

虚拟仪器的"虚拟"一词主要包含以下两个方面的含义。

1. 虚拟仪器的面板是虚拟的

虚拟仪器面板上的"开关""旋钮"等图标，外形与传统仪器的"开关""旋钮"等实物相像，实现的功能也相同，只是传统仪器上的控件都是实物，并且是通过手动和触摸进行操作的；而虚拟仪器上的控件是通过计算机的鼠标、键盘或触摸屏来操作，实际功能通过相应的程序来实现。

2. 虚拟仪器的测量功能是通过软件编程来实现的

传统的仪器是通过设计具体的电子电路来实现仪器的测量测试及分析功能的，而虚拟仪器是在以计算机为核心组成的硬件平台支持下，通过软件编程来实现仪器功能，这种硬件功能的软件化，是虚拟仪器的一大特征，也充分体现了测试技术与计算机深层次的结合。

1.1.2　虚拟仪器的特点

与传统测量仪器相比，虚拟仪器的设计理念、系统结构和功能定位等方面都发生了根本性的变化，概括地说，虚拟仪器有以下特点：

（1）软件是虚拟仪器的核心。虚拟仪器的硬件确定后，它的功能主要是通过软件来实现的，软件在虚拟仪器中具有重要的地位。美国国家仪器（National Instruments Corporation，NI)公司曾提出"软件就是仪器"的口号。

（2）丰富和增强了传统仪器的功能。融合计算机强大的硬件资源，突破了传统仪器在数据显示、处理、存储等方面的限制，大大增强了传统仪器的功能。虚拟仪器将信号分析、显示、存储、打印等功能集中交给计算机处理，充分利用了计算机的数据处理、传输和发布能力，使得组建系统变得更加灵活、简单。

（3）虚拟仪器具有良好的人机界面。在虚拟仪器中，测量结果是通过软件在计算机显示器上生成的，与传统仪器面板相似的图形界面由软面板来实现。因此，用户可根据自己的喜好，通过编制软件来定义面板形式。

（4）开放的工业标准。虚拟仪器硬件和软件都制定了开放的工业标准，因此用户可以将仪器的设计、使用和管理统一到虚拟仪器标准之中，使资源的可重复利用率提高，功能易于扩展，管理规范，生产、维护和修护费用降低。

（5）便于构成复杂的测试系统，经济性好。虚拟仪器可以作为独立仪器使用，也可以通过计算机网络构成分布式测试系统，进行远程测试、监控与故障诊断。此外，用基于软件体系结构的虚拟仪器代替基于硬件体系结构的传统仪器，还可以大大节约仪器购买和维护费用。

表 1-1 列出了传统仪器与虚拟仪器的主要区别。

表 1-1　传统仪器与虚拟仪器的比较

项　目	传 统 仪 器	虚 拟 仪 器 系 统
仪器功能	厂商定义仪器功能，功能单一，不能改变	用户自己定义仪器功能，并可灵活多变
系统关键	硬件	软件

续表

项 目	传统仪器	虚拟仪器系统
系统升级	因为是硬件,所以升级成本较高,须上门服务	因为是软件,所以系统性能升级方便,下载升级程序即可
系统连接	系统封闭,与其他设备连接受限	开放的系统,可方便地与外设、网络及其他应用连接
价格	价格昂贵,仪器间一般无法相互利用	价格低,仪器间资源可重复配置和重复利用
技术更新周期	5～10 年	1～2 年
开发维护费用	开发与维护费用高	软件开发使得开发维护费用降低

1.2 虚拟仪器的构成及分类

1.2.1 虚拟仪器的构成

虚拟仪器根据其模块化功能硬件的不同,有多种构成方式,其基本构成框图如图 1-1 所示。从组成结构上看,虚拟仪器由通用仪器硬件平台(简称硬件平台)和应用软件两大部分组成。

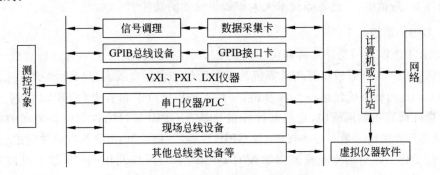

图 1-1 虚拟仪器系统构成的基本框图

1. 虚拟仪器的硬件平台

虚拟仪器的硬件平台由计算机和 I/O 接口设备组成。

(1)计算机是虚拟仪器硬件平台的核心,一般为 PC 或者工作站。计算机管理着虚拟仪器的软硬件资源,是虚拟仪器的硬件基础。计算机技术在显示、存储能力、处理性能、网络、总线标准等方面的发展,导致虚拟仪器系统的快速发展。

(2)I/O 接口设备是为计算机配置的电子测量仪器硬件模块,主要包括各种传感器、信号调理器、AD/DA 转换器、数据采集卡(DAQ)、GPIB 接口卡等。它们的主要功能是完成对实测信号的采集、传输和显示测量结果。

2. 虚拟仪器的软件

虚拟仪器软件实现数据采集、分析、处理、显示等功能,并将其集成为仪器运行与操作的命令环境。主要包括接口软件、仪器驱动软件和应用程序。

（1）接口软件是为虚拟仪器驱动层提供信息传递的底层软件，是实现开放、灵活的虚拟仪器的基础。接口软件的功能是直接对仪器进行控制，完成数据读写操作。

（2）仪器驱动程序是连接虚拟仪器应用软件与接口软件的纽带和桥梁，其功能是为虚拟仪器应用软件层提供抽象的仪器操作集。

（3）虚拟仪器应用程序直接面对操作用户，提供了快捷、友好的测控操作界面，以及图形、图表等数据显示方式。

1.2.2　虚拟仪器的分类

根据构成虚拟仪器接口总线的不同，虚拟仪器系统可以分为 PC-DAQ 系统、GPIB 系统、VXI/PXI/LXI 系统、串口系统、现场总线系统等。

1. PC-DAQ 系统

PC-DAQ 系统是以数据采集卡、信号调理电路和计算机为仪器硬件平台组成的插卡式虚拟仪器系统。它采用 PCI 或 ISA 计算机总线，故将数据采集卡插入计算机的 PCI 槽即可。这类虚拟仪器充分利用了计算机的资源，大大增加了测试系统的灵活性和扩展性。利用通用型 DAQ 可方便快捷地组建基于计算机的仪器，易于实现一机多型和一机多用。随着 A/D 转换技术、精密放大技术、滤波技术与数字信号处理技术等的迅速发展，DAQ 的高采样率、高精度、多通道等技术大大扩展了仪器的功能。

2. GPIB 系统

GPIB(IEEE 488)是计算机和仪器间的标准通信协议，也是最早的仪器总线。GPIB 系统是以 GPIB 标准总线仪器与计算机为仪器硬件平台组成的虚拟仪器测试系统。一个典型的 GPIB 测试系统包括一台计算机、一块 GPIB 接口卡和若干台 GPIB 仪器。GPIB 接口卡插入计算机的插槽中，建立起计算机与具有 GPIB 接口的仪器设备之间的通信桥梁，一块 GPIB 接口卡最多可连接 15 台 GPIB 仪器。每台 GPIB 仪器有单独的地址，由计算机控制操作。现有的专业仪器多数配有 GPIB 接口，所以利用 GPIB 技术可以方便地将多台仪器组合起来，形成较大规模的自动测试系统，还可以方便地扩展传统仪器的功能。但是，GPIB 的数据传输速率一般低于 500kb/s，故不适用有实时性要求及高速测试的系统。

3. VXI/PXI/LXI 系统

VXI/PXI/LXI 系统是一类模块化的仪器系统，其硬件结构与工控机类似。每种仪器都是一个计算机插件，每种仪器都没有硬件构成的仪器面板，而由计算机显示屏替代。

VXI(VMEbus eXtensions for Instrumentation)总线是一种高速计算机总线在仪器领域的扩展。VXI 总线规范是一个开放的体系结构标准，其主要目标是：使 VXI 总线器件之间、VXI 总线器件与其他标准的器件（计算机）之间能够以明确的方式开放地通信；使系统体积更小；通过使用高带宽的吞吐量，为开发者提供高性能的测试设备；采用通用的接口来实现相似的仪器功能，使系统集成软件成本进一步降低。VXI 总线系统由一个 VXI 总线主机箱、若干 VXI 总线器件、一个 VXI 总线资源管理器和主控制器组成。基于

VXI 总线的虚拟仪器具有模块化、系列化、通用化，以及 VXI 仪器的互换性和互操作性的特征，VXI 的价格相对较高，适合于尖端的测试领域。

PXI(PCI eXtensions for Instrumentation，面向仪器系统的 PCI 扩展)是一种坚固的基于 PC 的测量和自动化平台。一个 PXI 系统由几项组件所组成，包含了一个机箱、一个 PXI 背板(backplane)、系统控制器(system controller module)以及数个外设模块(peripheral modules)。PXI 总线整合了台式计算机的高速 PCI(peripheral component interconnect)的优势，借鉴了 VXI 总线中先进的仪器技术，如同步触发、板间总线、星形触发总线、板载时钟等特性，兼容 Compact PCI 机械规范，并增加了主动冷却、环境测量(温度、湿度、振动和冲击试验)等要求，这样确保了不同厂商产品的互操作性和系统的集成性。PXI 总线系统成本低、运行速度快、体积紧凑，PXI 的传输速度可达 100M/s。因此，PXI 总线目前已成为搭建虚拟仪器的首选硬件平台。

LXI(LAN eXtensions for Instrumentation)总线技术出现于 2004 年，是继 GPIB 技术、VXI/PXI 技术之后的新一代基于以太网络 LAN 的自动测试系统模块化构架平台标准。以太网的错误检测、故障定位、长距离互联、树状拓扑结构以及网络传输速率等都比现有的总线技术优越。因此，LXI 系统可能成为虚拟仪器系统发展的主流方向。

4. 串口系统

串口系统是以 Serial 标准总线仪器与计算机为仪器硬件平台组成的虚拟仪器测试系统。RS-232 总线是早期采用的 PC 通用串行总线，适合于单台仪器与计算机的连接，典型的数据速率低于 20kb/s，连线长度最长只能达到 15m，不适合工业现场控制。因此出现了 RS-485 来解决这些问题，它采用差分信号传输方式，最长距离可以达到 1200m，但 PC 上不带 RS-485 接口，因此需要通过 RS-232 转换器或 485-USB 转换器才能接入 PC。

当今 PC 已更多地采用 USB 和 IEEE 1394 总线，基于 USB 和 IEEE 1394 总线的虚拟仪器开发已受到重视。USB 总线目前只用于较简单的测试系统。在用虚拟仪器组建自动测试系统时，目前最有发展前景的是采用 IEEE 1394 高速串行总线，因为当前虚拟仪器所用的 IEEE 1394 总线的传输速度最高已达到 100Mb/s。

5. 现场总线系统

现场总线系统是以现场总线(field bus)为纽带，将多个分散的智能仪表、控制设备(包括智能传感器)连接成可以相互沟通信息、共同完成自控任务的网络与控制系统。用于现场总线系统的智能传感器、变送器、仪表等统称现场总线仪表。各种现场总线仪表采用标准化的开放式通信协议，这样不同厂商的产品可以方便地挂在现场总线上，使系统具有可操作性。因此，现场总线系统具有可靠性高、稳定性好、抗干扰能力强、通信速率快、造价及维护成本低等优点。

无论上述哪种虚拟仪器系统，都是通过应用软件将仪器硬件与通用计算机相结合的，其中，PC-DAQ 测量系统是构成虚拟仪器的最基本的方式，也是较为廉价的方式。

1.3 虚拟仪器的软件开发环境

在虚拟仪器系统中，硬件仅是解决信号的输入输出问题的方法和软件赖以生存、运行的物理环境，软件才是整个仪器的核心构件。任何使用者只要通过调整或修改仪器的软件，便可方便地改变和增减仪器的功能和规模，甚至仪器的性质。虚拟仪器系统能否成功运行，很大程度上取决于虚拟仪器的软件。

1.3.1 虚拟仪器开发软件

目前，已有多种虚拟仪器的软件开发工具，主要分为以下两类。

第一类是基于传统语言的C、Visual Basic、Visual C++、Delphi等，这类开发软件具有适用面广、开发灵活的特点，但这种开发方式对仪器工程师的要求很高，它要求工程师具备较高的软件编程技术，同时对虚拟仪器技术的应用也需要十分了解。因此，用这类文本语言开发工程测试软件的难度大、工作量大、周期长、可扩展性差。

第二类是基于图形化的编程语言，如NI公司的LabVIEW、Agilent公司的VEE等。这类软件的特点是：①源程序完全是图形化的框图，不是文本代码。②把复杂、烦琐、费时的语言编程简化为把不同的图形化功能模块利用线条连接起来的图形编程。③编程过程就像程序流程框图的绘制。显然，采用图形化编程软件的优势是软件开发周期短、编程简单、编程效率高，非常适合于具有专业知识但并没有太多编程知识的仪器工程师，这样可以大大减少系统集成的时间与精力，因此也就成为目前国际自动测试领域研究的热点。

1.3.2 G语言

虚拟仪器编程语言LabVIEW是一种图形化的程序语言，又称为G语言（graphics language）。使用这种语言编程时，基本上不写程序代码，取而代之的是流程图。它尽可能利用了技术人员、科学家、工程师所熟悉的术语、图标和概念，因此，LabVIEW是一个面向最终用户的工具。它可以增强构建自己的学科和工程系统的能力，提供实现仪器编程和数据采集系统的捷径。使用LabVIEW进行原理研究、设计、测试并实现仪器系统时，可以大大提高工作效率。

G语言与传统文本编程语言的主要区别在于：传统文本编程语言是根据语句和指令的先后顺序执行，而LabVIEW则采用数据流编程方式，程序框图中节点之间的数据流向决定了程序的执行顺序。G语言用图标表示函数，用连线表示数据流向。G语言编写的程序称为虚拟仪器，因为它的界面和功能与真实仪器十分相像，在LabVIEW环境下开发的应用程序都以.vi为后缀，以表示虚拟仪器的含义。G语言定义了数据模型、结构类型和模块调用语法规则等编程语言的基本要素，在功能完整性和应用灵活性上不逊于任何高级编程语言。同时，G语言有丰富的扩展函数库，用于面向数据采集、GPIB和串行仪器控制、数据分析、数据显示与存储。G语言还包括常用的程序调试工具，如单步调试、设置断点、设置探针和动态显示执行程序流程等功能。

思考题与习题

1. 简述虚拟仪器的基本概念及特点。
2. 简述虚拟仪器的组成及分类。
3. 虚拟仪器与传统仪器比较有哪些特点？

第 2 章

开启 LabVIEW 编程之门

本章学习目标

- 熟悉 LabVIEW 编程环境
- 学会使用 LabVIEW 帮助系统
- 掌握子 VI 的创建与调用
- 熟练掌握 VI 的调试方法

本章主要介绍 LabVIEW 的特点,以及 LabVIEW 的编程环境、操作方法和帮助系统,并通过一个具体示例说明 LabVIEW 创建虚拟仪器的一般步骤,然后介绍子 VI 的创建与调用,最后介绍 VI 的调试方法。

2.1 LabVIEW 概述

2.1.1 LabVIEW 简介

LabVIEW 是实验室虚拟仪器集成环境的简称,它是 NI 公司推出的一种功能强大而又灵活的仪器和分析软件应用开发工具,也是目前应用最广泛、发展最快、功能最强的图形化软件开发环境。它已经广泛地被工业界、学术界和研究实验室所接受,被公认为是一个标准的数据采集和仪器控制软件。

LabVIEW 是一款开放式的虚拟仪器开发系统应用软件,它为设计者提供了一个便捷、轻松的设计环境,设计者可以利用它像搭积木一样轻松组建一个测量系统或数据采集系统。由于 LabVIEW 能够提供很多外观与传统仪器(如示波器、万用表)类似的控件,可以任意构造仪器面板,而无须进行任何烦琐的程序代码的编写,从而大大简化程序的设计。

LabVIEW 集成与满足了 GPIB、VXI、RS-232 协议的硬件及数据采集卡通信的全部功能。它还内置了便于应用 TCP/IP、ActiveX 等软件标准的库函数,是个功能强大且灵活的软件。

2.1.2 LabVIEW 的优势

选择 LabVIEW 进行测试测量等应用系统开发的一个决定性因素是它的开发速度。一般来说,用 LabVIEW 开发应用系统的速度要比用其他编程语言快 4～10 倍。造成这种巨大差距的主要原因是 LabVIEW 易用易学。

LabVIEW 的优势主要体现在以下 8 个方面。

(1) 提供了丰富的图形控件,采用了图形化的编程方法,把工程师从复杂枯涩的文本编程工作中解放出来。

(2) 采用数据流驱动,自动执行多线程模式,从而能充分利用处理器(尤其是多处理器)的处理能力。

(3) 内建有编译器,能在用户编写程序的同时自动完成编译,因此如果用户在编写程序的过程中有语法错误,就能立即显示出来。

(4) 通过 DLL、CIN 节点、ActiveX、.NET 或 MATLAB 脚本节点等技术,能够轻松实现 LabVIEW 与其他编程语言的混合编程。

(5) 内建了数千个分析函数,用于数据分析和信号处理。

(6) 通过应用程序生成器可以轻松地发布可执行程序、动态链接库或安装包。

(7) 提供了大量的驱动和专用工具,几乎能够与任何接口的硬件轻松连接。

(8) NI 同时提供了丰富的附加模块,用于扩展 LabVIEW 在不同领域的应用,如实时模块、PAD 模块、数据记录与监控(DSC)模块、机器视觉模块与触摸屏模块。

2.1.3 LabVIEW 的应用

LabVIEW 是一个工业标准化的软件开发环境,具有包含控制与仿真、高级数字信号处理、模糊控制和 PID 控制等众多附加软件包,能运行于 Windows、OS X 和 Linux 操作系统等诸多优点,使其在航天航空、通信、汽车、半导体和生物医学等众多领域得到广泛应用。从仪器控制、数据采集到测试和工业自动化,从大学实验室到工厂,从探索研究到技术集成,不同领域的科学家和工程师都在借助 LabVIEW 解决工作中出现的各类问题或完成各种应用课题。

1. 应用于自动化测试和测量平台

利用计算机和虚拟仪器技术,通过 LabVIEW 的集成软件包和 PXI、PCI、USB 等模块化测量和控制硬件,可以提高开发设计效率并降低自动化测试和测量的成本。测试和测量应用通常有生产测试、验证/环境测试、机械/结构测试、实时可靠性测试、便携式场地测试、射频通信测试、机台测试、图像采集和数据采集等。

2. 应用于工业测量和控制平台

LabVIEW 可用于要求苛刻的工业应用,如高级 I/O、高速模拟信号采集、振动监控、控制及其视觉之类的高级处理应用,以及与工业硬件(如 OPC 设备和 PLC)的通信。另外,可以将 LabVIEW 中的可编程自动控制器(PAC)集成于其他测控系统中,从而达到附加的测量和控制功能。工业测量和控制中的应用通常有:集成的测试和控制、机器自动化、机器视觉、机器状况监控、分布式监控和控制及功率监控等。

3．应用于设计、原型建模和发布

LabVIEW可用于高效的设计应用、仿真、仿真数据与真实测量之间的比较。将LabVIEW和测量工具集成于附加的设计和仿真工具中，在设计过程中就可以将真实的测试工具与仿真模型进行比较，从而发现设计中的缺陷、减少重复设计，提高产品质量。通常的应用有嵌入式系统设计和测试、控制设计、数字滤波器设计、电子电路设计、机械设计、算法设计等。

4．应用于院校实验室

LabVIEW在测控领域掀起革新的同时，也增强和提高了院校实验室的研究。在实验室中，LabVIEW将复杂的数据采集工作变得简便，便于研究人员集中时间和精力用于实验操作、数据分析和结论总结，而不是将大量时间用于搭建实验室设备。LabVIEW在教学和实验室中的应用领域包括测量、电路设计和仿真、控制、机械、电子、信号和图像处理、无线通信和嵌入式系统等。

LabVIEW是一个具有高度灵活性的开发系统，用户可以根据自己的应用领域和开发要求选择LabVIEW系统配置。NI公司为不同层次用户提供的系统配置见表2-1。

表 2-1　LabVIEW 系统配置

特征	LabVIEW 基本版	LabVIEW 完整版	LabVIEW 专业版
主要区别	• 用于桌面测量应用 • 包含NI硬件和第三方仪器的设备驱动程序 • 包含基本数学计算和信号处理	• 用于在线高级数学计算和信号处理应用 • 能使用信号处理附加工具 • 能使用实时和FPGA硬件	• 用于需要代码验证的应用 • 包含代码和应用程序部署功能 • 包含多个软件工程开发附加工具
操作系统	Windows	Windows、MAC、Linux	Windows、MAC、Linux
编程功能	图形化编程、多线程、代码调试、事件驱动	图形化编程、多线程、代码调试、事件驱动、面向对象编程	图形化编程、多线程、代码调试、事件驱动、面向对象编程
数学计算	标准数学函数、概率与统计	丰富的数学运算功能	丰富的数学运算功能
信号处理和控制	有限的信号分析与处理	丰富的信号处理、PID和模糊逻辑	丰富的信号处理、PID和模糊逻辑
代码部署和发布	需要附加工具生成可执行文件、共享库与安装包	需要附加工具生成可执行文件、共享库与安装包	内嵌生成可执行文件、共享库与安装包工具

2.2　LabVIEW 编程环境

LabVIEW程序开发环境采用图形化的编程方式，无须编写任何代码，它不仅含有丰富的数据采集、分析及存储的库函数，还提供了PCI、GPIB、VXI、PXI、RS-232C、USB等通信总线标准的功能函数，可以驱动不同总线接口的设备和仪器。LabVIEW具有强大的网络功能，支持常用的网络协议，可以方便地设计开发网络测控仪器，并有多种程序调试手段，如断点设置、单步调试等。目前，常用的LabVIEW版本有LabVIEW 2010、LabVIEW 2014、LabVIEW 2017等。LabVIEW 2017的新特性主要包括：

（1）快速将 NI 硬件和第三方设备集成到一个开发环境中，以满足应用需求。

（2）利用内置函数或调用现有 IP，更快速地获取有用信息。

（3）采用拖放方法设计用户界面，以查看数据、制定决策和管理已部署的系统。

（4）内嵌下一代虚拟仪器开发软件 LabVIEW NXG。

注意：LabVIEW 2017 分 32 位和 64 位两个平台，LabVIEW 2017 中文版只有 32 位。

2.2.1 LabVIEW 2017 的基本开发平台

LabVIEW 是虚拟仪器的开发工具，在 LabVIEW 中开发的程序都称为虚拟仪器，即 VI，其扩展名均默认为.vi。所有的 VI 都包括以下 3 个部分：前面板、程序框图和图标/连线板，如图 2-1 所示。

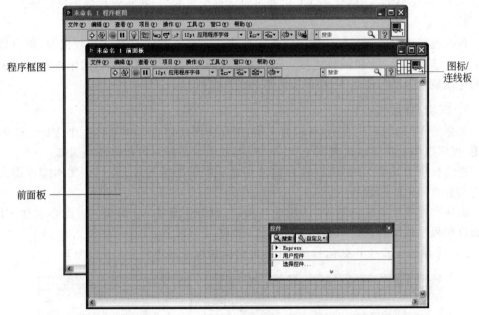

图 2-1　VI 的组成

1. 前面板

前面板是 VI 的图形化用户界面，界面上有交互式的输入和输出两类对象，分别称为控制器和显示器。控制器包括开关、按钮、旋钮和其他各种输入设备，它为 VI 的程序框图提供数据；显示器包括图形、LED 和其他显示输出对象，用以显示程序框图获取或生成的数据。该界面可以模拟真实仪器前面板，用于设置输入值与观察输出量。

2. 程序框图

程序框图是定义 VI 逻辑功能的图形化源代码的集合。程序框图由节点、端口和数据连线等组成，在框图中对 VI 编程就是对输入信息进行运算和处理，最后在前面板上把结果显示出来反馈给用户。

1）接线端

接线端用来表示输入控件和显示控件的数据类型。在程序框图中可以将前面板的输入控件或显示控件显示为图标或数据类型接线端。默认状态下，前面板对象显示为图标接线端。

2）节点

节点是程序框图上的对象，具有输入、输出端口，在 VI 运行时进行运算。在程序框图中节点有函数、子 VI、结构、Express VI 等几类。其中：

- 函数——内置的执行元素，是完成 LabVIEW 程序功能最基本的成员，它相当于文本编程语言的操作符或语句。
- 子 VI——应用于另一个 VI 中的 VI 称为子 VI，实际上就是供其他程序调用的子程序。
- 结构——文本编程语言中的循环和条件语句的图形化表示。使用程序框图中的结构可以对代码块进行重复操作，比如按条件执行代码或按特定顺序执行代码。
- Express VI——特殊子 VI，可通过对话框配置参数，执行常规的测试任务。

3）连线

程序框图中对象的数据传输通过连线实现。每根连线都只有一个数据源，但可以与多个读取该数据的 VI 和函数连接。不同数据类型的连线有不同颜色、粗细和样式。断开的连线显示为黑色的虚线，中间有个红色的"×"标记。

3. 图标/连线板

图标是 VI 的图形化表示，可包含文字、图形或图文组合。如果将一个 VI 当作子 VI 使用，程序框图上将显示代表该子 VI 的图标，双击该图标可进行修改或编辑。

连线板用于显示 VI 中所有输入控件和显示控件的接线端，类似于文本编程语言中调用函数时使用的参数列表。

图标和连线板用来识别 VI 的用途与接口，以方便其他 VI 调用。因此在创建 VI 的前面板和程序框图后创建图标和连线板。

图 2-2 给出了产生正弦信号的 VI 的前面板和程序框图。

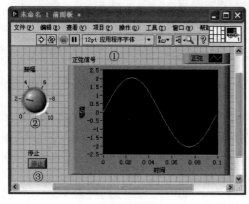

(a) 前面板   (b) 程序框图

图 2-2　正弦信号的产生

前面板：在图示界面上放置了一个波形显示控件①、一个用于调节波形幅度的转盘控件②和一个控制 While 循环的停止按钮③。

程序框图：图示程序框图包含了前面板放置的波形显示控件①、转盘控件②和停止按钮③对应的接线端,又添加了仿真信号 Express VI 节点④和 While 循环结构⑤。

4. 数据流驱动

由于程序中的数据是沿连线流动的,因此 LabVIEW 编程又称为数据流编程。数据流控制 LabVIEW 程序的运行顺序。对一个节点而言,只有当输入端口的数据都被提供以后,它才能够执行相应功能。当节点程序运行完毕后,它把数据结果送到其输出端口上,这些数据又通过数据连线送至下一个相连的目的端口。

下面以编程实现 $Y=(A+B)\times 10-C\div 5$ 说明数据流驱动。该程序中乘法节点与除法节点并行执行,其数据流如图 2-3 所示。

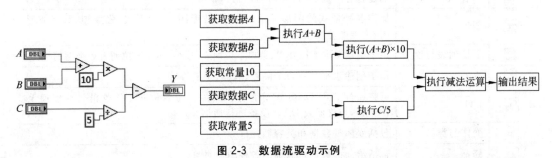

图 2-3 数据流驱动示例

在这个程序框图中,程序从左到右执行,但执行次序不是由其对象的摆放位置来确定的,只有当一个节点输入端口的所有数据全都有效到达后才能执行下去,而且只有当它执行完成后,才把结果送到输出端口。

2.2.2 LabVIEW 的操作选板

LabVIEW 具有多个图形化的操作选板,用于创建和运行程序。这些操作选板可以随意在屏幕上移动,并可以放置在屏幕的任意位置。LabVIEW 包含 3 个操作选板:"控件"选板、"函数"选板、"工具"选板。这些选板集中反映了 LabVIEW 的功能与特征。

1. "控件"选板

"控件"选板在前面板显示,只有打开前面板时才能调用该模板,它包含了创建前面板所需的输入控件和显示控件,它们按类型被归纳在不同的子选板之中,如新式、银色、系统、经典和 Express 等多个子选板,如图 2-4 所示。用户可以根据需要调整"控件"选板的大小和位置,当再次启动 LabVIEW 时,"控件"选板在前面板上的位置和大小将保持不变。如需要显示该选板,在 LabVIEW 主菜单中选择"查看"→"控件选板",或在前面板空白处右击,即可弹出"控件"选板。

图 2-4 "控件"选板

表 2-2 列出了"新式"控件选板中各控件子选板及功能。

表 2-2 "新式"控件选板中各控件子选板及功能

图标	子选板名称	功　　能
	数值	数值的控制和显示，包含数字式、指针式显示表盘及各种输入框
	布尔	逻辑数值的控制和显示，包含各种布尔开关、按钮以及指示灯等
	字符串与路径	用于创建字符串输入、字符串显示、文件路径输入、文件路径显示等控件
	数组、矩阵与簇	用于创建数组、矩阵和簇的输入和显示控件
	列表、表格和树	创建各种列表、表格和树的控制和显示
	图形	提供各种形式的图形显示对象，如波形图、波形图表、强度图、数字波形图、三维图等显示控件
	下拉列表与枚举	用于创建文本下拉列表、菜单下拉列表、枚举、图片下拉列表等类型的控件
	容器	用于创建水平与垂直分隔栏、容器、子面板等
	I/O	可将所配置的 DAQ 通道名称、VISA 资源名称和 IVI 逻辑名称传递至 I/O VI，与仪器或 DAQ 设备进行通信
	变体与类	包括变体型数据和类容器控件
	修饰	包括给前面板进行修饰的各种图形对象
	引用句柄	可用于对文件、目录、设备和网络连接进行操作

图 2-5 "函数"选板

在控件选板的不同子选板中可以找到相似的控件。例如，选板"银色"→"布尔"→"确定"按钮类似于选板"新式"→"布尔"→"确定"按钮。用户可根据自己的需要来选择控件的类别与样式。

在"控件"选板上还有"搜索"按钮和"自定义"按钮。单击"搜索"按钮，将进入搜索控件模式，此时可以搜索和定位需要的控件。单击"返回"按钮便能返回至"控件"选板。"自定义"按钮提供了几种"控件"选板的显示方式，如类别（图标和文本）和树形等，用户可以选择不同的显示风格。在"自定义"按钮的右侧还有一个"恢复"按钮，用于恢复"控件"选板的原始尺寸。

2．"函数"选板

"函数"选板中包含创建程序框图所需的 VI 和函数。"函数"选板在程序框图中显示，只有在编辑程序框图时才能使用。"函数"选板按 VI 和函数的类型，将它们归入不同的子选板中，如图 2-5 所示。如需要显示"函数"选板，在主菜单中选择"查看"→"函数选板"，或在程序框图空白处单击鼠标右键。表 2-3 列出了"函数"选板中各子选板的功能。

表 2-3 "函数"选板中各子选板及功能

子选板名称	功　　能
编程	提供编程用的基本函数
测量 I/O	包含已安装的硬件驱动程序的 VI 和函数,如 DAQmx
仪器 I/O	提供各种操作仪器 I/O 的 VI 和函数,这些 VI 和函数可与 GBIP、串口及其他类型的仪器设备交互
视觉与运动	包含各种与视觉和运动有关的节点,只有在安装视觉与运动附加软件包之后才能使用这些节点
数学	包含各种数学运算和处理函数
信号处理	包含用于实现信号生成、信号运算、窗、滤波器、谱分析等函数
数据通信	包含各种网络通信、进程同步、队列操作等函数
互连接口	包含各种源代码控制、.NET 支持、ActiveX 支持、输入设备控制、Windows 注册表访问 VI、Web 服务等接口函数
控制和仿真	包含各种与控制设计和仿真有关的节点,只有在安装控制设计与仿真附加软件包之后才能使用这些节点
Express	包含的 VI 和函数用于创建常规测量任务
附加工具包	包含 LabVIEW 中安装的其他模块或工具包
收藏	用于存放常用的函数
用户库	用于添加 VI 至函数选板。默认情况下用户库不包含任何对象
选择 VI	供用户选择 VI,如调用全局变量 VI、子 VI

"函数"选板上的"搜索""自定义"和"恢复"按钮的功能与"控件"选板上按钮的功能相同。

使用 LabVIEW 编程,最常用的基本函数工具是"编程"子选板,见表 2-4。

表 2-4 "编程"子选板及功能

图标	子选板名称	功　　能
	结构	包含程序控制结构命令,例如循环控制等,以及全局变量和局部变量
	数组	用于数组的创建和操作。包括数组运算函数、数组转换函数,以及常数数组等
	簇、类与变体	创建和操作簇和 LabVIEW 类,将 LabVIEW 数据转换为独立于数据类型的格式、为数据添加属性,以及将变体数据转换为 LabVIEW 数据
	数值	可对数值创建和执行算术及复杂的数学运算,或将数据从一种数据类型转换为另一种数据类型。初等与特殊函数选板上的 VI 和函数用于执行三角函数和对数函数
	布尔	用于对单个布尔值或布尔数组进行逻辑操作

续表

图标	子选板名称	功　　能
	字符串	用于合并两个或两个以上字符串、从字符串中提取子字符串、将数据转换为字符串、将字符串格式化用于文字处理或电子表格应用程序
	比较	对布尔值、字符串、数值、数组和簇的比较
	定时	用于控制运算的执行速度并获取基于计算机时钟的时间和日期
	对话框与用户界面	用于创建提示用户操作的对话框
	文件 I/O	用于打开和关闭文件、读写文件、在路径控件中创建指定的目录和文件、获取目录信息、将字符串、数字、数组和簇写入文件
	波形	用于生成波形（包括波形值、通道、定时以及设置和获取波形的属性和成分）
	应用程序控制	用于通过编程控制位于本地计算机或网络上的 VI 和 LabVIEW 应用程序。此类 VI 和函数可同时配置多个 VI
	同步	用于同步并行执行的任务并在并行任务间传递数据
	图形与声音	用于创建自定义的显示、从图片文件导入/导出数据以及播放声音
	报表生成	用于 LabVIEW 应用程序中报表的创建及相关操作。也可使用该选板中的 VI 在书签位置插入文本、标签和图形

3. "工具"选板

在 LabVIEW 主菜单中选择"查看"→"工具选板"即可打开"工具"选板，如图 2-6 所

示。在前面板和程序框图中都可看到"工具"选板，"工具"选板上的每一个工具都对应于鼠标的一个操作模式，光标对应于选板上所选择的工具图标，可选择合适的工具对前面板和程序框图上的对象进行操作和修改。当从选板中选择一种工具后，鼠标箭头会变成与该工具相对应的形状，当鼠标在工具图标上停留一定时间，会自动弹出该工具的提示框。"工具"选板中各种工具的图标、名

图 2-6 "工具"选板　　称及对应的功能见表 2-5。

表 2-5 "工具"选板中各种工具的图标、名称及对应的功能

图标	名　　称	功　　能
	自动工具选择	按下"自动工具选择"后，当鼠标在前面板或程序框图的对象上时，系统自动从"工具"选板中选择相应的工具。也可"禁用自动工具选择"，手动选择工具
	操作值	用于操作前面板对象的数据，或选择对象内的文本
	定位/调整大小/选择	用于选择、移动或改变对象大小
	编辑文本	用于创建自由标签和标题、编辑标签和标题或在控件中选择文本
	进行连线	用于在程序框图中连接对象之间的端口

续表

图标	名　称	功　　能
	对象快捷菜单	当用该工具单击对象时，会弹出该对象的右键快捷菜单，这与用鼠标右击对象的作用相同
	滚动窗口	在不使用滚动条的情况下滚动窗口
	设置/清除断点	在 VI、函数、节点、连线、结构上设置断点，使执行在断点处停止；或在程序中清除断点，用于调试程序
	探针数据	可以在程序框图中的数据连线上设置探针，以监视程序运行过程中的数据变化
	获取颜色	用于获取当前窗口中任一点的颜色
	设置颜色	用于设置窗口中对象的前景色和背景色

如果自动选择工具已打开，则自动选择工具指示灯呈高亮状态，当指针移动到前面板或程序框图的对象上时，LabVIEW 将自动从"工具"选板中选择相应的工具。使用"自动选择工具"可以提高 VI 的编程效率。

2.2.3　LabVIEW 2017 的菜单和工具栏

菜单和工具栏用于操作前面板与程序框图上的对象。在前面板和程序框图窗口上具有相同的菜单和工具栏，工具栏的区别在于调试按钮只出现在程序框图窗口。

1. LabVIEW 菜单

LabVIEW 有两种类型的菜单：主菜单和快捷菜单。主菜单是 LabVIEW 编程环境界面的主要操作及命令菜单，提供一系列丰富的操作命令，主要包括文件、编辑、查看、项目、操作、工具、窗口和帮助 8 项。要想在 LabVIEW 编程环境中熟练地编写程序，熟悉菜单的使用是非常必要的。下面分别介绍这 8 个菜单的功能，其中一些很常见的菜单项不再介绍。

1)"文件"菜单

"文件"菜单如图 2-7 所示。它包括一些很常见的菜单命令，如"新建""打开""保存""关闭"和"打印"等操作，这里不再赘述。但是有几个菜单命令是 LabVIEW 所特有的，下面分别介绍其功能。

- 保存为前期版本：为了能在前期版本中打开用 LabVIEW 2017 编写的程序，可以将程序保存为前期版本的 VI 程序，如 12.0 版、8.6 版等。
- 打印：打印 VI、模板或对象的说明信息，或者生成 HTML、RTF 或纯文本文档。可选择打印单个 VI 或多个 VI。
- 打印窗口：打印当前窗口的内容。
- VI 属性：设置 VI 的各种属性，包括常规、窗口外观、窗口运行时位置等，还可以在此编辑 VI 图标。

2)"编辑"菜单

"编辑"菜单如图 2-8 所示。它包括一些常见的编辑功能，如"复制""粘贴"等，这里不再赘述。下面介绍一些其他的用于编辑 VI 的菜单命令。

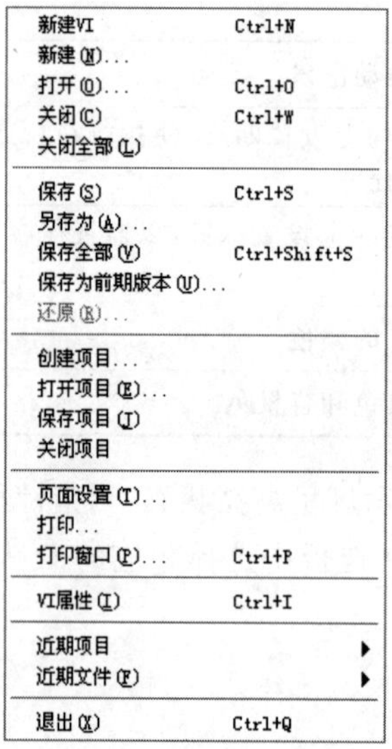

新建VI	Ctrl+N
新建(N)...	
打开(O)...	Ctrl+O
关闭(C)	Ctrl+W
关闭全部(L)	
保存(S)	Ctrl+S
另存为(A)...	
保存全部(V)	Ctrl+Shift+S
保存为前期版本(U)...	
还原(R)	
创建项目	
打开项目(E)...	
保存项目(T)	
关闭项目	
页面设置(T)...	
打印...	
打印窗口(P)...	Ctrl+P
VI属性(I)	Ctrl+I
近期项目	▶
近期文件(F)	▶
退出(X)	Ctrl+Q

图 2-7 "文件"菜单

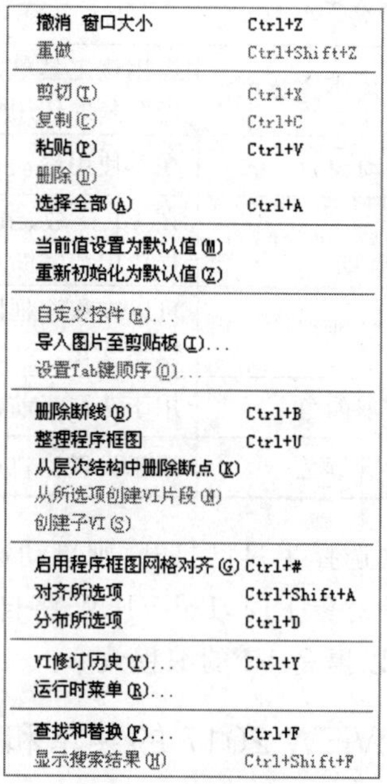

撤消 窗口大小	Ctrl+Z
重做	Ctrl+Shift+Z
剪切(T)	Ctrl+X
复制(C)	Ctrl+C
粘贴(P)	Ctrl+V
删除(D)	
选择全部(A)	Ctrl+A
当前值设置为默认值(M)	
重新初始化为默认值(Z)	
自定义控件(E)...	
导入图片至剪贴板(I)...	
设置Tab键顺序(O)...	
删除断线(B)	Ctrl+B
整理程序框图(U)	Ctrl+U
从层次结构中删除断点(K)	
从所选项创建VI片段(N)	
创建子VI(S)	
启用程序框图网格对齐(G)	Ctrl+#
对齐所选项	Ctrl+Shift+A
分布所选项	Ctrl+D
VI修订历史(V)...	Ctrl+Y
运行时菜单(R)...	
查找和替换(F)...	Ctrl+F
显示搜索结果(H)	Ctrl+Shift+F

图 2-8 "编辑"菜单

- 当前值设置为默认值：将当前面板上对象的值设置为默认值，这样，当下次打开该 VI 时，该对象被赋予该默认值。
- 重新初始化为默认值：将面板上对象的值初始化为 LabVIEW 设定的默认值。
- 自定义控件：根据用户需要自定义前面板上的控件。
- 设置 Tab 键顺序：设定使用 Tab 键来切换前面板对象的顺序。
- 删除断线：将程序框图中连接不当的断线删除。
- 创建子 VI：创建一个子 VI。
- VI 修订历史：记录 VI 的修订历史。
- 运行时菜单：可以自定义程序运行时的菜单项。

3）"查看"菜单

"查看"菜单如图 2-9 所示，主要用于显示需要浏览的项目。下面介绍各菜单项的功能。

- 控件选板：在前面板窗口中显示"控件"选板。
- 函数选板：在程序框图中显示"函数"选板。
- 工具选板：显示"工具"选板。
- "错误列表"：当程序发生错误时，可以单击此菜单项查看错误列表。
- VI 层次结构：用于显示 VI 和其调用的子 VI 之间的层次关系。
- LabVIEW 类层次结构：用于显示程序中 LabVIEW 类的层次结构并搜索 LabVIEW 类的层次结构。
- 浏览关系：用于浏览各个 VI 类之间的关系。

- 类浏览器：用于选择可用的对象库并查看该库中的类、属性和方法。
- ActiveX 控件属性浏览器：用于浏览 ActiveX 控件的属性。
- 启动窗口：用于显示 LabVIEW 的启动界面。

4）"项目"菜单

"项目"菜单如图 2-10 所示，该菜单提供了 LabVIEW 中用于项目操作的命令。下面介绍部分"项目"菜单的命令。

- 添加至项目：提供可添加至项目的选项。
- 筛选视图：选择窗口中需要浏览的选项。
- 属性：显示当前项目的属性。

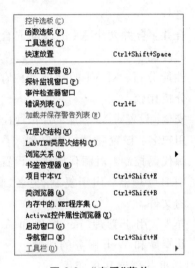

图 2-9 "查看"菜单

图 2-10 "项目"菜单

5）"操作"菜单

"操作"菜单如图 2-11 所示，其中包括了对 VI 程序进行各项操作的命令。下面简单介绍各命令的功能。

- 运行：运行 VI 程序。
- 停止：停止 VI 程序的运行。
- 单步步入：单步执行进入程序单元。
- 单步步过：单步执行跳过程序单元。
- 单步步出：单步执行跳出程序单元。
- 调用时挂起：当 VI 被调用时，将其挂起。
- 结束时打印：VI 运行结束后打印该 VI。
- 结束时记录：VI 运行结束后将结果写入文件。
- 数据记录：结束时显示数据记录选项。
- 切换至运行模式：在运行模式和编辑模式之间切换。
- 连接远程前面板：连接到远程服务器上 VI 的前面板，在这里可以设置与远程 VI 的连接和通信。

图 2-11 "操作"菜单

- 调试应用程序或共享库：对应用程序或共享库进行调试。

6）"工具"菜单

"工具"菜单如图 2-12 所示，它提供了用于编程的所有工具。

图 2-12 "工具"菜单

下面介绍主要菜单项的功能。

- Measurement & Automation Explorer：打开 MAX，用于配置连接在系统上的仪器和数据采集硬件。
- 仪器：可以查找仪器驱动或访问仪器驱动网。
- 比较：比较两个 VI 或 VI 层次结构的不同之处。
- 合并：合并两个 VI 的改动或合并两个 LLB 的改动。
- 性能分析：对 VI 的性能和内存等情况进行分析比较。
- 安全：设置对 VI 程序的保护，如设置密码等。
- 用户名：设置登录的用户名。
- 源代码控制：对源代码进行设置。
- LLB 管理器：用于复制、更名、删除 VI 库中的文件。
- 导入：用于管理.net 控件和 ActiveX 对象、共享库和 Web 服务的功能。

- 共享变量：调出"注册远程计算机"对话框并部署共享变量。
- 分布式系统管理器：显示 NI 分布式系统管理器对话窗口，用于在项目环境之外编辑、创建和监控共享变量。
- 在磁盘上查找 VI：查找磁盘上的 VI 程序，用于在目录中根据文件名查找 VI。
- NI 范例管理器：显示 NI 范例管理器对话框，配置在 NI 范例查找器中显示的范例 VI。
- 远程前面板连接管理器：管理所有通向服务器的客户流量。
- Web 发布工具：打开 Web 发布工具对话框，用于创建 HTML 文件并嵌入 VI 前面板图像。
- 查找 LabVIEW 附加软件：用于查找、安装和管理 LabVIEW Tools Network 上 LabVIEW 附加软件。实现此功能需要安装"VI 程序管理器"（VIPM），未安装的会提示下载 VIPM，已安装的则弹出 VIPM 对话框。
- 高级：包含 LabVIEW 高级功能，如批量编译等。
- 选项：自定义 LabVIEW 环境，以及 LabVIEW 应用程序的外观和操作。

7）"窗口"菜单

"窗口"菜单如图 2-13 所示，它用于对 LabVIEW 中的窗口进行管理和操作。下面介绍各菜单项的功能。

- 显示程序框图/显示前面板：在前面板和程序框图之间切换。
- 显示项目：显示项目浏览器窗口,其中的项目包含当前 VI。
- 左右两栏显示：将前面板和程序框图左右两栏显示。
- 上下两栏显示：将前面板和程序框图上下两栏显示。
- 最大化窗口：将当前窗口最大化显示。接着显示的是当前打开的 VI 的前面板和程序框图名称。
- 全部窗口：显示全部窗口对话框。全部窗口对话框用于管理所有打开的窗口。

图 2-13　"窗口"菜单　　　　　　图 2-14　"帮助"菜单

8)"帮助"菜单

"帮助"菜单如图 2-14 所示,该菜单提供了 LabVIEW 中的所有帮助功能,选择相应的菜单项,便能获取所需要的帮助。

- 显示即时帮助：显示即时帮助窗口,以在编程时同步显示帮助信息。
- 锁定即时帮助：用于锁定或解除即时帮助窗口。
- LabVIEW 帮助：显示 LabVIEW 帮助。帮助文件包含 LabVIEW 选板、菜单、工具、VI 和函数的参考信息。
- 解释错误：当程序发生错误时,选择该菜单项显示错误原因。
- 本 VI 帮助：直接查看 LabVIEW 帮助中关于 VI 的完整参考信息。
- 查找范例：打开范例查找器查找 NI 提供的所有范例。
- 查找仪器驱动：显示 NI 仪器驱动查找器,查找和安装 LabVIEW 即插即用仪器驱动程序。
- 网络资源：可直接链接至 NI 技术支持网站,在网络上查找 LabVIEW 程序的帮助信息。
- 专利信息：显示 LabVIEW 当前版本(包括工具包和模块)的专利信息。
- 关于 LabVIEW：显示 LabVIEW 当前版本的相关信息,包括版本号和序列号等。

快捷菜单也称作右键菜单,右击前面板或程序框图中的任何对象都可以弹出对应于该对象的快捷菜单。快捷菜单中的选项取决于对象的类型,同一对象在前面板和程序框图中的快捷菜单选项也不一样。

如图 2-15 所示为数值输入控件在前面板和程序框图中的快捷菜单。

图 2-15　数值输入控件在前面板和程序框图中的快捷菜单

2．LabVIEW 工具栏

在 LabVIEW 前面板窗口和程序框图窗口中各有一个用于控制 VI 的命令按钮和状态指示器的工具栏，通过工具栏上的工具按钮可以快速访问一些常用的程序功能，如运行、中断、终止、调试 VI、修改字体、对齐、组合、分布对象等。在 LabVIEW 编程环境的不同状态下，工具条上的按钮和指示器会有所不同。图 2-16 列出了前面板在编辑状态和运行状态下的工具栏，图 2-17 列出了程序框图在编辑状态和运行状态下的工具栏。

运行状态下的工具栏　　　编辑状态下的工具栏

图 2-16　前面板在编辑状态和运行状态下的工具栏

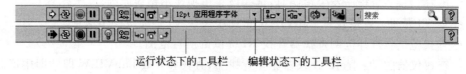

运行状态下的工具栏　　　编辑状态下的工具栏

图 2-17　程序框图在编辑状态和运行状态下的工具栏

表 2-6 具体介绍了工具栏中按钮的功能。

表 2-6　工具栏中按钮的功能

图　　标	按钮名称	功　　能
⇨	运行	运行 VI 程序
⇨	正在运行	VI 运行时，如果是顶层 VI，"运行"按钮将如图标所示
⇨	正在运行	如运行的是子 VI，"运行"按钮将如图标所示

续表

图 标	按钮名称	功 能
	列出错误	当程序中出现语法或编辑错误时,"运行"按钮消失而出现此按钮,表明程序由于存在错误而不可运行。单击此按钮或选择菜单中的"查看"→"错误列表"命令可查看错误信息
	连续运行	连续运行 VI 直至中止或暂停操作
	中止执行	中止顶层 VI 的操作。多个运行中的顶层 VI 使用当前 VI 时,按钮显示为灰色,也可使用中止 VI 方法通过编程中止 VI 运行
	暂停	暂停或恢复执行。单击"暂停"按钮,程序框图中暂停执行的位置将高亮显示。再按一次可继续运行 VI。运行暂停时,暂停按钮为红色
	高亮显示执行过程	单击"运行"按钮后可动态显示程序框图的执行过程。高亮显示执行过程按钮为黄色时,表示高亮显示执行过程已被启用
	保存连线值	保存数据值。单击"保存连线值"按钮,LabVIEW 将保存运行过程中的每个数据值,将探针放在连线上时,可立即获得流经连线的最新数据值。注,调试工具会影响 VI 的性能
	单步步入	打开节点然后暂停。再次单击"单步步入"按钮时,将执行第一个操作,然后在子 VI 或结构的下一个操作前暂停。也可按下 Ctrl 键和向下箭头键
	单步步过	执行节点并在下一个节点前暂停。也可按下 Ctrl 键和向右箭头键
	单步步出	结束当前节点的操作并暂停。VI 结束操作时,"单步步出"按钮将变为灰色。也可按下 Ctrl 键和向上箭头键
12pt 应用程序字体	文本设置	用于设置文本的字体、大小和样式等
	对齐对象	可将选定的对象按某一规则对齐,对齐方式有上边缘、垂直中心、下边缘、左边缘、水平居中和右边缘 6 种
	分布对象	用于改变界面上对象的分布方式,有上边缘、垂直中心、下边缘、垂直间距、垂直压缩、左边缘、水平居中、右边缘、水平间隔和水平压缩 10 种方式
	调整对象大小	用于将前面板上的对象调整为相同大小。调整的规则有:按最大宽度调整、按最大高度调整、按最大宽度和高度调整、按最小宽度调整、按最小高度调整和按最小宽度和高度调整。还可以设置调整的宽度和高度
	重新排序	移动对象,调整其相对顺序。有多个对象相互重叠时,可选择重新排序下拉菜单,将某个对象置前或置后
	整理程序框图	自动将程序框图上的对象重新连线以及重新安排位置
	显示即时帮助	显示即时帮助窗口
	确定输入	如输入新值,将显示该按钮,确认是否替换旧值。单击确定输入按钮,或按 Enter 键,或单击前面板或程序框图工作区,按钮将消失

2.3 LabVIEW 帮助系统

为了让用户更快、更好地掌握 LabVIEW 的使用，LabVIEW 提供了非常全面的帮助信息，包括即时帮助、LabVIEW 帮助、范例查找器和网络资源等。

1. 即时帮助

即时帮助是这样一种帮助：当光标移到某一对象上时，在即时帮助窗口就会显示该对象的一些基本信息。选择"帮助"→"显示即时帮助"命令就能在前面板和程序框图中显示"即时帮助"窗口。例如，将光标移动到程序框图中的加法运算节点上时，"即时帮助"窗口就显示该节点的图标、功能和端口等信息，如图 2-18 所示。

图 2-18 "即时帮助"窗口

若要获取该对象的详细帮助信息，可单击窗口下方的"详细帮助信息"超链接或 ? 按钮，即可打开该对象的详细帮助信息。

当单击 按钮时，可锁定即时帮助窗口中的内容，这时若将光标移动到其他对象上时，"即时帮助"窗口中的内容也不会改变。再次单击此按钮即可解锁即时帮助窗口中的内容。锁定或解锁也可由"帮助"菜单中的"锁定即时帮助"命令实现。

按钮用于显示或隐藏可选接线端和完整路径，单击此按钮可在显示和隐藏之间切换。

2. LabVIEW 帮助

即时帮助虽然方便，而且能实时显示对象的帮助信息，但是它所提供的只是一些基本信息，往往不够详细。若需要进一步了解该对象的详细信息时，就要用到 LabVIEW 帮助了。选择"帮助"→"LabVIEW 帮助"命令，即可打开 LabVIEW 的帮助文件，如图 2-19 所示。用户可通过"目录""索引"和"搜索"查找自己所需的帮助信息。其中，"目录"中列出了所有帮助信息的标题；通过"索引"可以查看自己需要的帮助信息；或者直接利用"搜索"工具，通过输入关键词来搜索帮助信息。

3. 范例查找器

除了详细的帮助信息，LabVIEW 还提供了大量范例以供用户学习，这些范例几乎涵盖了 LabVIEW 的所有功能。用户在学习编程时，可以通过范例更好地掌握 LabVIEW 中各个功能模块的运用。选择"帮助"→"查找范例"命令即可打开"NI 范例查找器"窗口，如图 2-20 所示。

在范例查找器中，用户可以选择"任务"或"目录结构"方式来浏览范例，当找到自己感兴趣的范例时，可以双击打开查看该范例。由于范例数量众多，为了快速找到自己所需要的范例，可以利用搜索功能，通过输入关键词来查找范例。除此之外，用户还可以单击"访问 ni.com 查看更多范例"按钮登录 NI 公司官方网站获取更多的 LabVIEW 实例。

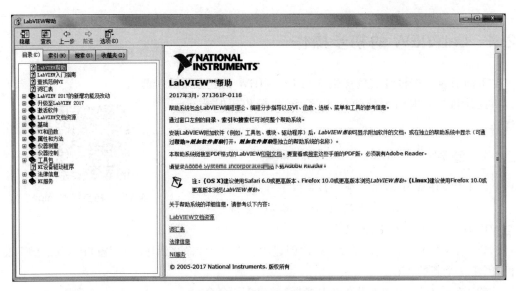

图 2-19 LabVIEW 帮助界面

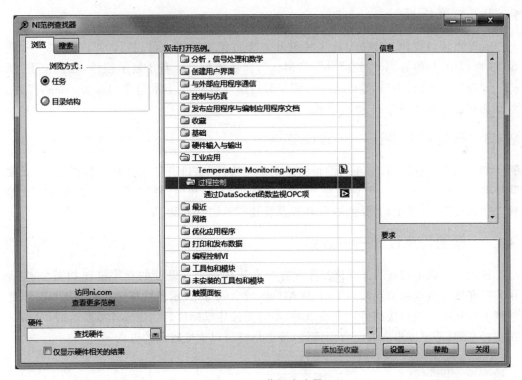

图 2-20 NI 范例查找器

4. 网络资源

LabVIEW 不仅提供了丰富的本地帮助资源,而且还提供了丰富的网络资源。选择"帮助"→"网络资源"命令,即可登录 NI 的 LabVIEW 官方网站 http://www.ni.com/examples/zhs/,获取更多、更详尽的 LabVIEW 资料。

2.4 LabVIEW 的初步操作

下面通过一个设计实例详细介绍 LabVIEW 的程序设计步骤。

设计目标：求两个数的较大值，当两数相等时指示灯亮。

LabVIEW 初步操作 .mp4

2.4.1 新建一个 VI

在 LabVIEW 中新建一个 VI，有以下 3 种方法。

（1）在 LabVIEW 启动界面，选择菜单"文件"→"新建 VI"命令，创建一个新的 VI。

（2）在 LabVIEW 启动界面单击"创建项目"，从弹出的"创建项目"窗口中双击"VI 模板"创建一个新的 VI。

（3）在前面板的"文件"菜单中选择"新建 VI"命令。

2.4.2 前面板设计

在前面板放置两个数值型输入控件和一个数值型输出控件，控件位于"新式"→"数值"子选板中，标签分别改为"a""b"和"Max"；然后放置一个布尔显示控件，控件位于"新式"→"布尔"子选板中，标签改为"a=b"。通过选择对象、对齐和分布对象等一系列操作，将前面板设计成如图 2-21 所示形式。

2.4.3 框图程序设计——添加节点

切换到程序框图窗口（在前面板的主菜单中选择"窗口"→"选择程序框图"命令或按快捷键 Ctrl+E），通过函数选板添加节点。添加＝、≥和"选择"3 个比较节点（位于"编程"→"比较"子选板中）。添加的所有节点及其布置如图 2-22 所示。

2.4.4 框图程序设计——连线

使用工具箱中的连线工具 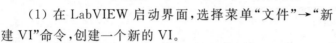，将所有节点连接起来。设计的程序框图如图 2-23 所示。当连线工具放在节点端口上时，该端口区域会闪烁，表示连线将会接通该端口。当把连线工具从一个端口接到另一个端口时，不需要按住鼠标键。当需要连线转弯时，单击一次鼠标左键，即可以垂直方向弯曲连线，按空格键可以改变转角的方向。

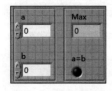

图 2-21　程序前面板

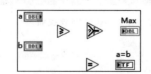

图 2-22　添加的所有节点及其布置

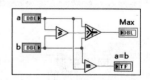

图 2-23　程序框图——连线

2.4.5　运行程序

进入前面板，单击工具栏上的"运行"按钮 ⏵，运行程序。用鼠标操作"值"按钮改变 a、b 的值，运行后可以看到 Max 的显示值随着改变，当 a、b 的值相同时，LED 指示灯亮。

2.4.6　程序的保存与载入

1. 程序的保存

在前面板或程序框图窗口主菜单中选择"文件"→"保存"或"另存为"命令，从弹出的"保存文件"对话框中选择适当的路径和文件名保存该 VI。

除了可以把 VI 作为单独的程序文件保存外，也可以把一些 VI 程序文件同时保存在一个 VI 库中，VI 库文件的扩展名为.dll，可以在"命名 VI"窗口单击"新建 LLB"按钮，按提示逐步创建。LLB 文件的作用是把一组相关的 VI 及其他文件打包储存在一起。

2. 程序的载入

(1) 在启动界面单击"打开现有文件"或者从"文件"下拉菜单中选择"打开"均可将 VI 装进内存，在出现的"选择需要打开的文件"对话框中列出了 VI 目录及库文件，每一个文件名前均带有一个图标。

(2) 在前面板或程序框图中选择菜单"文件"→"打开"。

(3) 打开已有的 VI 还有一种比较简便的方法，如果该 VI 在不久前使用过，则可在菜单"文件"→"近期文件"下拉列表中出现的 VI 中找到。

实训练习.mp4

【实训练习】

求两个输入数值的平均值，保存为 average.vi。

2.5　子 VI 的创建与调用

LabVIEW 中的子 VI 类似于文本编程语言中的子程序或函数。在 LabVIEW 图形化编程环境中，把程序分成一个个小的模块来实现，这就是子 VI。通过构建和使用子 VI 能方便地实现 LabVIEW 的层次化和模块化编程，把复杂的编程问题划分为多个简单的任务，使程序结构变得清晰、层次分明、程序易读、调试方便。用户将常用的功能模块创建成子 VI，不仅可以提高代码的使用效率，避免频繁地重复操作，也大大节省了编程时间。

2.5.1　子 VI 创建

一个 VI 主要由前面板、程序框图和图标/连线板 3 部分组成。在前面板的右上角，有一个和该 VI 对应的图标/连线板；而程序框图的右上角呈现的是对应的图标。

子 VI 创建.mp4

图标是一个 VI 的图形化表示，为 LabVIEW 中的 VI 设计形象化的图标，对图形化编程而言，可以增加程序的可读性并易于识别。

连线板作为一个编程接口，为子 VI 定义输入、输出端口数和这些端口的接线端类型。这些输入、输出端口相当于编程语言中的形式参数和结果返回语句。当调用 VI 节点时，子 VI 输入端子接收从外部控件或其他对象传输到各端子的数据，经子 VI 内部处理后又从子 VI 输出端子输出结果，传送给子 VI 外部显示控件，或作为输入数据传送给后面的程序。一般情况下，VI 只有设置了连线板端口，才能作为子 VI 使用。如果不对其进行设置，则调用的只是一个独立的 VI 程序，不能改变其输入参数，也不能显示或传输其运行结果。

从前面的介绍可知，构造一个子 VI 的主要工作是先为子 VI 创建连线板和图标。创建子 VI 通常有两种方法：一种是通过一个现有的 VI 创建子 VI；另一种是在程序框图中选定相关程序创建子 VI。下面以求两个数的较大值的 VI 为例详细介绍子 VI 的创建过程。

1. 以现有 VI 创建子 VI

首先打开需要创建成子 VI 的程序，然后在前面板中按以下步骤操作。

1）编辑连线板

连接板的设置分以下两个步骤。

- 创建连线板端口，包括定义端口的数目和排列形式。
- 定义连线板端口与控件及指示器的关联关系，包括建立连接和定义接线端类型。

每一个新创建的 VI 都会默认给定一个连线板，连线板上的方形区域代表一个输入或输出端口。通常情况下，用户并不需要把所有的控件都与每个端口建立关联，用于与外部交换数据，因此需要改变连线板中端口的个数。LabVIEW 提供了两种方法改变端口的个数。

第一种方法是，在连线板右键快捷菜单中选择"添加接线端"或"删除接线端"逐个添加或删除接线端口。

第二种方法是，在连线板右键菜单中选择"模式"，出现一个图形化下拉菜单，菜单中列出了 36 种不同的接线端口，用户可以从中选择一种合适的接线端口。

本例程序框图如图 2-23 所示，只有两个输入、两个输出显示，共 4 个控件，比较简单，所以直接采用第二种方法。接着进行前面板中的控件与接线端口中各输入、输出端口的关联关系的定义，具体步骤如下。

方法一：

① 在工具模板中将鼠标变为"连线工具"状态。

② 单击选中控件（图标周围出现一个虚框）。

③ 选中控件后，将鼠标移至连线板的一个接线端口上，单击该端口即建立关联关系。

④ 按此方法完成所有控件与端口的关联。

方法二：

① 鼠标处于"自动选择工具"状态。

② 移动鼠标到连线板端口，鼠标指针变为"连线工具"状态后单击该端口。

③ 移动鼠标到需要与之关联的控件上并单击，即建立关联关系。

④ 按此方法完成所有控件与端口的关联。

当建立好端口与控件的关联关系后,端口的颜色由与之关联的前面板对象的数据类型决定,不同数据类型对应不同的颜色,如与数值量关联的端口颜色是橙色,与布尔量关联的端口颜色是绿色。而控件有输入量与输出量之分,在图形中用四边加黑色粗边框表示输出量,如图 2-24 所示。

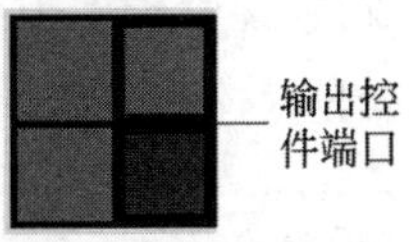

输出控件端口

图 2-24　连线板设置

2) 定制图标

子 VI 和其他函数节点一样,由一个带隐藏端子的图标显示。图标是 VI 的图形化表示。图标可以包含文字、图形和图文组合。新建一个 VI,系统将给定一个默认的图标。为了增加程序框图的可读性,方便识别程序,用户可以在图标编辑器中对子 VI 的图标进行个性化定制。

双击图标窗口,弹出"图标编辑器"窗口,如图 2-25 所示。

图 2-25　"图标编辑器"窗口

"图标编辑器"的功能与 Windows 系统的画图工具类似,同时"图标编辑器"还提供了模板、图标文本、符号和图层等编辑功能,可以快速画出能够反映 VI 基本功能的图标。

对于 VI 的图标,也可以不通过 LabVIEW 提供的图标编辑器进行定制,只要将一个 BMP 或 JPEG 格式的图片直接拖曳到 VI 前面板右上角的图标区域替换原来的图标即可。注意,图标的大小为 31 像素×31 像素。

3) 保存子 VI

选择"保存"后,该 VI(本例保存为 Max. vi)就可以作为子 VI 调用了。

2. 在程序框图中选定内容创建子 VI

在设计程序的过程中,需要模块化某段程序以使程序结构清晰或方便以后调用,可以通过选定程序框图中需要模块化的程序创建成子 VI。

下面仍然用上面的例子介绍在程序框图中选定内容创建子 VI 的方法。

1) 选定要创建子 VI 的内容

用鼠标左键在程序框图中框选要创建子 VI 的内容,被选中的节点和端子连线变为虚线状态,如图 2-26 所示。

2）创建子 VI

在选定内容后，主菜单中的"编辑"→"创建子 VI"菜单项将变为可选状态，单击此菜单项，则选定框图内容将被一个默认图标的子 VI 节点取代，而选定区域外原程序节点和外部数据连线不会改变，如图 2-27 所示。

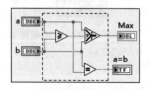 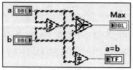 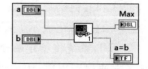

图 2-26　选定创建子 VI 的内容　　　　　　　图 2-27　选定内容被子 VI 代替

3）编辑子 VI

双击图 2-27 中的子 VI 图标，则打开该子 VI 的前面板和程序框图，可根据需要对该子 VI 进行包括图标、连线板、对象标签等的编辑，编辑完成后，可以保存该子 VI 以备调用。注意：利用在程序框图中选定内容创建子 VI，该子 VI 在创建时自动根据前面板中输入和输出控件建立相应个数的端口并自动建立连线板端口与前面板的对象之间的关联关系。

4）保存子 VI

如果没有进行第三步中保存子 VI 的操作，则选择主菜单的"文件"→"保存"命令时，会提示程序中有新建且未保存的文件，按要求保存的文件就是生成的子 VI。

【实训练习】

将 average.vi 创建为子 VI，并编辑图标。

3. 添加子 VI 到用户库

如果创建的子 VI 被使用的频率较高，为了方便调用，可以将子 VI 添加到函数选板的用户库中。子 VI 添加到用户库以后，调用时用户只需要打开函数选板的用户库子选板，从该选板中直接找到需要的子 VI，并放置至程序框图即可完成调用。

实例练习.mp4

将一个子 VI 添加入用户库的方法如下。

（1）利用主菜单"工具"→"高级"→"编辑选板"菜单项打开"编辑控件和函数选板"窗口，打开该窗口的同时弹出"函数"选板和"控件"选板，如图 2-28 所示。

（2）在"函数"选板中打开"用户库"子选板，默认情况下，"用户库"子选板下有一个空的"Express 用户库"和一个空的 errors 的子选板，除此之外，没有任何 VI 可以调用，如图 2-29 所示。在"用户库"子选板空白处右击，在快捷菜单中选择"插入"→"VI"菜单项，弹出"文件选择"对话框。

（3）在对话框中选择所要加入用户库的 VI，单击"打开"按钮即完成添加，添加后单击"编辑控件和函数选板"对话框中的"保存改动"保存设置。完成后函数选板上用户库子选板将显示刚添加的子 VI 图标，如图 2-30 所示。

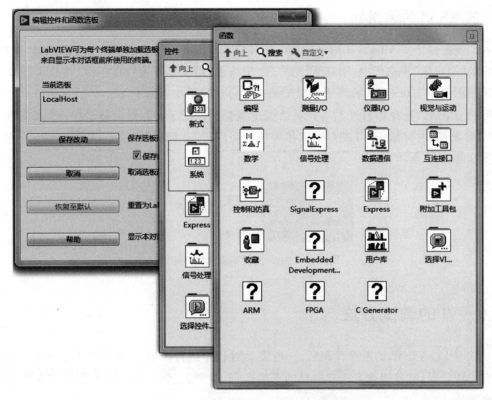

图 2-28 "编辑控件和函数选板"对话框

图 2-29 在用户库插入子 VI

图 2-30 "用户库"子选板

2.5.2　子 VI 的调用

创建好一个子 VI 后,其调用就变得比较简单了。如果创建的子 VI 已添加至"函数"选板的"用户库"子选板中,则打开"用户库"子选板,用鼠标直接拖曳子 VI 图标并放置到程序框图中即实现子 VI 的调用。对于未在"用户库"子选板的子 VI,可用"函数"→"选择VI",在弹出的"选择需打开的 VI"对话框中找到相应的子 VI,然后放置子 VI 图标到主VI 程序框图,并完成子 VI 端口的连接即可。完成子 VI 调用后的主 VI 的前面板与程序框图如图 2-31 所示。

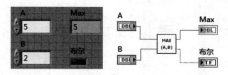

图 2-31　主 VI 的前面板和程序框图

2.6　VI 的调试方法

编写 LabVIEW 的程序代码后,一般需要对程序进行调试。调试的目的是保证程序没有语法错误,并且能按照用户的目的正确运行,得到正确的结果,因此调试程序的过程非常重要。

LabVIEW 提供了许多的工具如设置断点、高亮显示执行过程等帮助用户完成程序的调试。程序框图中的工具栏提供了与 VI 调试相关的工具,如图 2-32 所示中的方框部分。

图 2-32　程序框图工具栏中的调试工具

1. 设置高亮显示执行过程

单击程序框图工具栏上的"加亮执行"按钮 ,即可打开执行加亮功能。执行加亮时,对节点之间的数据流动采用在连线上移动的气泡加以形象表示。再次单击该按钮,VI 会恢复到正常运行状态。注意,使用该功能运行 VI 时,程序运行速度会明显变慢。

2. 设置探针

探针用来检查 VI 运行时的即时数据,在需要查看数据的连线上右击,从弹出的快捷菜单上选择"探针",或者使用工具模板上的探针工具 ,单击数据连线都可以为数据连线添加探针。添加探针后,在探针处出现一个内含探针编号的小方框,并同时弹出一个与其编号相应的探针对话框,显示运行时通过连线的数值。

3. 设置断点

当需要在 VI 的某个位置设置断点,以查看程序执行情况时,可以使用"工具"选板

中的断点工具 。选中断点工具后,单击程序框图中需要设置断点的地方,就可以为程序框图中的节点、子VI和连线添加断点。节点上的断点用红边框表示,而连线上的断点用红点表示。再次单击已设置断点的位置,可以清除此断点。也可以右击窗口中的某个对象或连线,从弹出的快捷菜单中选择"断点"→"设置断点"或"清除断点"命令操作。

程序运行到断点位置时,VI会自动停止运行。如果断点设置在节点上,节点处于闪烁状态;如果断点设置在数据连线上,连线处于选中状态。此时单击工具栏上的"暂停"按钮,程序会接着运行到下一个断点或直到程序运行结束。

4. 单步执行

如果想使程序逐个节点执行,可以采用单步执行。单步执行时,可以查看全部代码的执行细节。单步执行方式有3种类型。

(1)单击 按钮进入单步步入执行方式,单击一次该按钮,程序执行一步。遇到循环结构或子VI时,进入循环结构或子VI内部继续单步执行程序。

(2)单击 按钮进入单步步过执行方式,单击一次该按钮,程序执行一步。但是遇到循环结构或子VI时,不进入循环结构或子VI内部执行其中的代码程序,而是将其作为一个整体节点执行。

(3)单击 按键启动单步步出执行方式,单击此按钮,可结束当前节点的操作并暂停程序的运行。VI结束操作时,该按钮将变成灰色。

在单步执行VI时,如果某些节点发生闪烁,则表示这些节点已准备就绪,可以执行。将光标移到"单步步过""单步步入"或"单步步出"按钮时,会弹出一个提示框,该提示框描述了单击该按钮后的下一步执行情况。通过单步执行方式可以清楚地查看程序的执行顺序和数据的流动方向,进而判断程序的逻辑的正确性,这对调试VI很有帮助。

5. "错误列表"窗口的使用

程序错误一般分为两种。一种是程序编辑错误或编辑结果不符合LabVIEW的编程语法,这时程序无法正常运行,工具栏上的"运行"按钮将会变成一个折断的箭头 ,单击这个图标,会弹出"错误列表"窗口,如图2-33所示。

通过"错误列表"窗口可以清楚地看到系统的警告信息和错误提示。当运行VI时,警告信息让用户了解程序潜在的问题,但不会禁止程序的运行。双击其中的程序框图错误提示行,可定位到程序框图对应的错误处,然后根据正确的编程语法进行修改。

另一种错误为语义和逻辑上的错误,或者是程序运行时某种外部条件得不到满足引起的运行错误,这种错误很难排除。LabVIEW无法指出语义错误的位置,必须由编程人员自己对程序进行充分测试,并仔细观察运行结果,从运行结果中发现问题并解决。

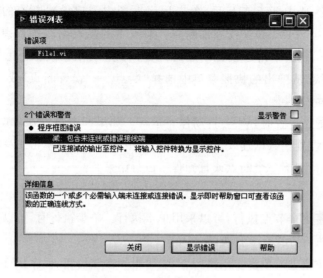

图 2-33 "错误列表"窗口

2.7 上机操作实例

【例】 创建一个能对输入量 A、B 实现加减乘除和开平方共 5 种运算的 VI。
要求：

（1）5 种运算能单独选择。

（2）对输入 A 执行开平方根运算，如果输入量 A 的值为负数，则在结果中显示 NaN。

（3）程序运行中调节输入参数后，能立即显示计算结果。

例 . mp4

【操作步骤】

1. 创建新的 VI

在 LabVIEW 的启动窗口选择菜单"文件"→"新建 VI"命令，创建一个新的 VI。

2. 前面板设计

按题意可知，前面板中要放置数值型输入控件 A、B 及数值型显示控件 Result，还需要一个实现 5 种运算的选择器，本例选用垂直指针滑动杆。要保证程序连续运行，在程序框图中须添加 While 循环，因此在前面板中添加一个与 While 循环条件接线端相连的布尔控件。

（1）数值输入控件、显示控件、垂直指针滑动杆等位于"新式"→"数值"子选板上，添加两个数值输入控件，将标签分别命名为 A 和 B，添加一个垂直指针滑动杆（也是数值输入控件），标签改为 Function，添加一个数值显示控件，标签命名为 Result。

（2）布尔控件位于"新式"→"布尔"子选板上，选择"停止按钮"控件。

（3）由于滑动杆默认为双精度实数，而实例中只需要五档控制，而且是跳跃式的数值改变,如 0、1、2、3、4 分别对应加、减、乘、除和开平方运算,因此需要修改滑动杆控件属性,同时希望在滑动杆上能显示运算标志。其修改步骤如下:右击滑动杆,在快捷菜单中选择"属性",弹出"滑动杆类的属性"窗口,选择"数据类型"选项卡,单击表示法 ,选择"无符号单字节整型"的数据类型,如图 2-34(a)所示。选择"标尺"选项卡,设置"刻度范围"的最小值为 0、最大值为 4,如图 2-34(b)所示。选择"文本标签"选项卡,勾选"使用文本标签作为刻度标记",然后在"本文标签"框中依次输入 A+B、A−B、A＊B、A/B 和 sqrt(A),如图 2-34(c)所示。选择"外观"选项卡,去除"显示数字显示框"项前面的勾,如图 2-34(d)所示。通过对齐、均匀分布等操作,前面板如图 2-35所示。

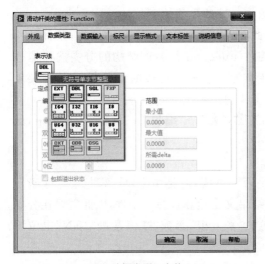

(a) "数据类型" 卡片

(b) "标尺" 选项卡

(c) "文本标签" 卡片

(d) "外观" 卡片

图 2-34 "滑动杆类的属性"窗口

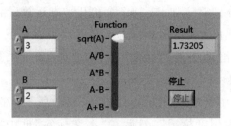

图 2-35　实例程序的前面板

3. 程序框图设计

在前面板窗口中选择"窗口"→"显示程序框图"命令，切换至程序框图窗口。此时，前面板中的控件以接线端的形式出现在程序框图中。设计步骤如下：

（1）由于有 5 种运算方式要进行选择，因此，在框图中添加一个条件结构，条件结构位于"函数"→"编程"→"结构"子选板中，将控件 Function 与条件结构的分支选择器连线，此时，选择器标签由默认的"真""假"自动转换为 0、1，然后在边框上右击，在快捷菜单中选择"在后面添加分支"，直到选择器标签显示 4 为止。

（2）在分支 0 中添加加函数节点，该节点位于"函数"→"编程"→"数值"子选板中，然后用连线工具将接线端与函数节点连接起来。

（3）依次完成分支 1～3 的减、乘、除运算。

（4）在开平方运算中需要判断输入量 A 是否为负值，需要作比较运算"$\geqslant 0$"，该函数节点位于"函数"→"编程"→"比较"中，而比较结果又是运算选择的条件，因此需要在分支 4 中再添加一个条件结构，如图 2-36 所示。其中"平方根"函数、数值常量"NaN"也位于"函数"→"编程"→"数值"子选板中。

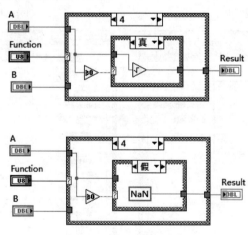

图 2-36　条件结构分支 4-开平方

（5）为了保证程序的连续运行，需要添加一个 While 循环，While 循环位于"函数"→"编程"→"结构"中，并将停止控件的接线端与循环条件端相连，使用分布和对齐工具将图标与函数节点对象排列整齐，程序框图如图 2-37 所示。

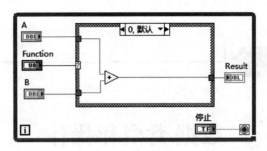

图 2-37 程序框图

【实训练习】

创建一个 VI,并实现以下任务:

(1) 在前面放置两个浮点数作为 X 和 Y 的输入值。

(2) 计算 X×Y 的结果 Z 并显示。

(3) 如果 Z 小于 91,前面板上的指示灯亮。

(4) 将此 VI 保存命名为 minus.vi 并保存在指定目录中。

(5) 将 minus.vi 保存为子 VI,并自己创建一个程序来调用该子 VI。

实训练习.mp4

思考题和习题

1. 一个完整的 VI 包括几部分?

2. 获得 LabVIEW 帮助的手段有几种?

3. LabVIEW 有几个选板? 简述各选板的作用。

4. 简述子 VI 的功能、创建及调用方法。

5. 创建一个 VI,实现摄氏温度到华氏温度的转换,转换公式为

$$华氏温度 = 9 × 摄氏温度 ÷ 5 + 32$$

修改该 VI 图标并保存。

6. 利用习题 5 的 VI 创建子 VI,将它添加到用户库,并编写一个 VI,实现该子 VI 的调用。

7. 简述 LabVIEW 提供的调试方法。

第 3 章

数据类型和操作

本章学习目标

- 熟练掌握 LabVIEW 的基本数据类型及操作
- 熟练掌握数组、簇和波形数据的操作

LabVIEW 作为一种通用的编程语言,与其他文本编程语言一样,支持所有的数据类型,数据类型决定数据的存储空间大小与操作方式。选择合适的数据类型不但能提高程序的执行效率,而且还能减少内存空间的占用。在程序设计开发过程中,数据操作是最基本的操作,不同的数据类型在程序框图中对应不同的端口图标和颜色,且具有不同的数据操作方式。本章主要介绍 LabVIEW 中常用的数据类型,以及与这些数据类型相关的数据运算。

3.1 LabVIEW 的基本数据类型

LabVIEW 的基本数据类型包括数值型、布尔型、字符串、文件路径等几类。在 LabVIEW 中,不同的数据类型通常采用不同的颜色显示,见表 3-1。

表 3-1　各种数据显示的颜色

数据类型	颜　色	标　量	一 维 数 组	二 维 数 组
整数型数值	蓝色			
浮点型数值	橙色			
布尔型	绿色			
字符串	粉红色			

3.1.1　数值型

数值型是 LabVIEW 的一种基本的数据类型,可以分为浮点型、整数型和复数型 3 种基本形式,其类型的详细分类见表 3-2。

表 3-2　数值类型表

数 值 类 型	图　标	特　性
有符号 64 位整数	I64	用 64 位存储整数数据,可为正数也可为负数
有符号 32 位整数	I32	用 32 位存储整数数据,可为正数也可为负数
有符号 16 位整数	I16	用 16 位存储整数数据,可为正数也可为负数
有符号 8 位整数	I8	用 8 位存储整数数据,可为正数也可为负数
无符号 64 位整数	U64	用 64 位存储整数数据,仅表示非负整数
无符号 32 位整数	U32	用 32 位存储整数数据,仅表示非负整数
无符号 16 位整数	U16	用 16 位存储整数数据,仅表示非负整数
无符号 8 位整数	U8	用 8 位存储整数数据,仅表示非负整数
双精度浮点型	DBL	64 位 IEEE 双精度格式
单精度浮点型	SGL	32 位 IEEE 单精度格式
扩展精度浮点型	EXT	保存为独立于平台的 128 位格式
定点数	FXP	64 位或 72 位存储数据,数值大小根据平台有所不同
复数双精度浮点型	CDB	128 位,实部与虚部分别与双精度浮点型相同
复数单精度浮点型	CSG	64 位,实部与虚部分别与单精度浮点型相同
复数扩展精度浮点型	CXT	256 位,实部与虚部分别与扩展精度浮点型相同

显然,不同数据类型的差别在于存储数据使用的位数和表示值的范围。

控件选板上的数值子选板分别位于"新式"→"数值","银色"→"数值","系统"→"数值","经典"→"经典数值"及 Express→"数值输入控件"和"数值显示控件"子选板中,以满足编程的需要。在每个子选板中包含了多种不同形式的数值输入控件和显示控件,它们的外观各不相同,有数字输入框、滚动条、滑动杆、进度条、旋钮、转盘、仪表、量表、液罐、温度计、颜色盒等,如图 3-1 所示。但是这些对象在本质上是完全相同的,都是数值型。对象属性的设置方法也基本相同,均通过其快捷菜单来设置。

在编程语言中,数据通常分为变量与常量,LabVIEW 控件选板中的控件相当于变量,而常量则位于程序框图函数选板的"编程"→"数值"中,如图 3-2 所示。

在一个数值控件上单击鼠标右键,弹出如图 3-3 所示的快捷菜单。其中,"显示项"给出了数值控件可以添加的所有附加元素的开关选项列表,有标签、标题、单位标签、基数和增量/减量;"查找接线端"用于从前面板窗口定位该控件在程序框图中的接线端子,在程序框图接线端上弹出的快捷菜单里,该选项为"查找输入控件",用来从程序框图定位前面板上的控件;"转换为显示控件"可以将输入控件变换为显示控件,对于显示控件,该选项为"转换为输入控件",则将显示控件转换为输入控件;"转换为数组"是将单个数值控件转换为同数值类型的一维数组;"说明和提示"可以定义控件的说明和提示;"创建"子菜单可以为数值控件创建局部变量、引用、属性节点及调用节点;"替换"子菜单可以把数值控件变换为其他的前面板控件;"数据操作"子菜单下的"重新初始化为默认值"选项把数值输入

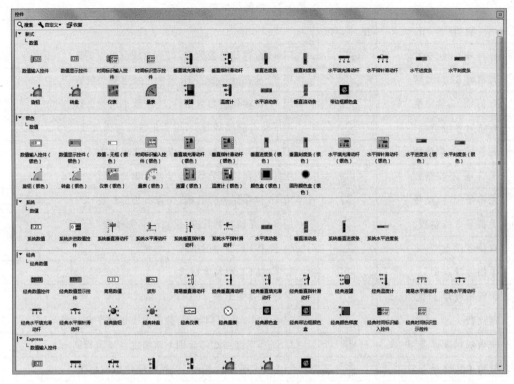

图 3-1　"数值"子选板

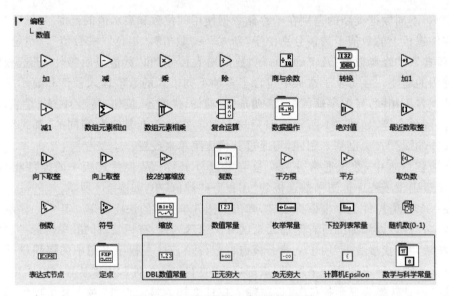

图 3-2　"函数"选板中的"数值"常量

控件还原为默认值，"当前值设为默认值"选项把当前值设置为默认值，"剪切数据""复制数据"和"粘贴数据"选项则用于在数值控件之间复制数据。

从快捷菜单中可以打开"属性"对话框，在对话框中定义控件的各种属性，如图 3-4 所示。很多快捷菜单选项都能在这里找到,在快捷菜单里和在属性对话框里定义这些控件属性和参数没有任何区别。

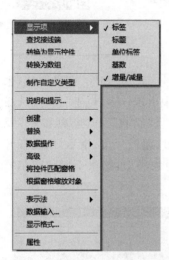

图 3-3 "数值"控件的快捷菜单

图 3-4 "数值"控件的属性对话框

(1) 外观。可设置数值控件的标签和标题,并能将其设置为可见或不可见。"启用状态"选项用来设置用户是否对该控件进行操作,其中"启用"表示用户可以操作该控件;"禁用"表示该控件能在前面板显示,但不能对其操作;"禁用并变灰"表示不仅不能操作该控件,而且在前面板上呈灰色。"显示基数"选项用来改变对象的格式,如八进制、十进制、十六进制等。"显示增量/减量按钮"选项用来显示控件的增量/减量按钮,单击按钮可修改控件值。

(2) 数据类型。定义数据的表示法,单击"表示法"图标,在弹出的窗口中选择数据类型,取值范围见表 3-2。

(3) 数据输入。修改数值控件的默认值,可设置默认的最小值、最大值和增量。"对超出界限的值的响应"选项用来设置当用户的输入值超出数据界限时处理数值的方式。

(4) 显示格式。用于改变数值控件的类型和精度。数值对象的类型有浮点、科学计数法、自动格式、SI 符号、二进制、八进制、十进制、十六进制、绝对时间和相对时间等。"精度类型"用来设置显示精度位数或有效数字,当精度类型为精度位数,"位数"可指定小数点后显示的数字位数;如精度类型为有效数字,"位数"可指定显示的有效数字位数。"隐藏无效零"用来删除数据末尾的无效零。

(5) 说明信息。用于描述对象的目的并给出使用说明。

(6) 数据绑定。用于将前面板对象绑定至共享变量引擎(NI-PSP,订阅协议,由 NI 公司发布)或 DataSocket。

(7) 快捷键。用于设置控件的快捷键。

【实训练习】

（1）数值型常量的数据类型定义：在程序框图中放置一个数值常量，取其值为2，并设定其数据类型为双字节整型。

（2）数值型变量的数据类型定义：定义数值输入控件的数据类型为单精度浮点型，最大值为10，最小值为0，默认值为0，并设定增量的大小为0.005，精度位数为3。

实训练习.mp4

3.1.2 布尔型

布尔数据类型比较简单，只有"真"（True）和"假"（False），或者"1"和"0"两种取值，也叫逻辑型数据类型。在LabVIEW中，布尔型数据在前面板中出现较多，位于"控件"选板上的"新式"→"布尔"、"银色"→"布尔"、"系统"→"布尔"、"经典"→"经典布尔"及Express→"按钮与开关"和"指示灯"子选板中，包括开关按钮、翘板开关、指示灯、摇杆开关、按钮及单选按钮等，如图3-5所示。与数值型的前面板对象类似，这些不同的布尔控件也是外观不同，属性相同，只有True和False两个值。

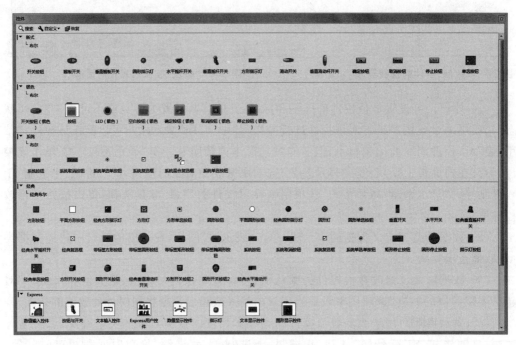

图3-5 "布尔"子选板

布尔常量位于"函数"选板的"编程"→"布尔"子选板中，包括"真常量"和"假常量"，如图3-6所示。

布尔输入控件的一个重要属性是机械动作，正确配置这一属性将有助于更精确地模拟物理仪器上的开关器件。该属性位于布尔输入控件的右键快捷菜单里，如图3-7所示。图标中字母含义为：m（mouse）表示鼠标的动作，v（value）表示控件输出值，RD（read）表示VI读取控件的时刻。

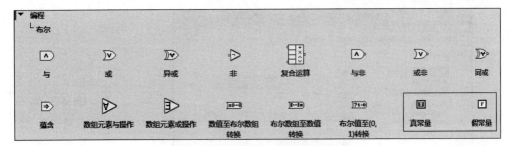

图 3-6 "函数"选板中的"布尔"常量

图 3-7 "布尔"控件的"机械动作"

表 3-3 给出了"布尔"控件的"机械动作"。

表 3-3 "布尔"控件的"机械动作"

图标	名 称	说 明
	单击时转换	单击时立即改变控件当前值,且保留新值直至下一次单击控件
	释放时转换	释放鼠标按钮时改变控件当前值,且保留新值直至下一次单击控件
	保持转换直至释放	只在单击鼠标并保持鼠标按钮按下期间改变当前值并保持新值,释放鼠标后将恢复原值
	单击时触发	单击时立即改变控件当前值,且在 VI 读取该控件新值后恢复原值
	释放时触发	释放鼠标时改变控件当前值,且在 VI 读取该控件新值后恢复原值
	保持触发直到释放	只在单击鼠标并保持鼠标按钮按下期间改变当前值并保持新值。释放鼠标按钮且 VI 读取控件值后将恢复原值

在"布尔"控件属性设置对话框的"操作"选项卡中也可以设置"机械动作",如图 3-8 所示。在"操作"选项卡中,选中的动作为"布尔"控件当前使用的"机械动作",选中某按钮动作,窗口右侧将给出该动作的详细解释,同时还有所选动作效果预览。

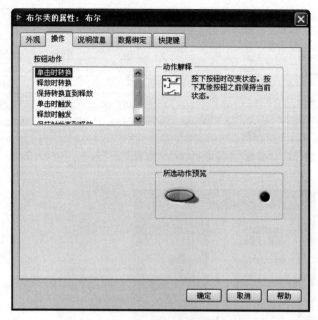

图 3-8　"布尔"控件属性设置对话框

实训练习.mp4

【实训练习】

设置"布尔"控件的"机械动作"：在前面板放置一个水平摇杆开关和一个布尔指示灯，在程序框图中将开关和指示灯圈入 While 循环中，设置机械动作后分别观察运行程序时指示灯做出的反应。

3.1.3　字符串与路径

字符串是 LabVIEW 的一种基本的数据类型。LabVIEW 为用户提供了功能强大的字符串控件和字符串运算功能函数。

路径是一种特殊的字符串，专门用于对文件路径的处理。

在 LabVIEW 中，字符串与路径主要包含在控件选板的"新式"→"字符串与路径"、"银色"→"字符串与路径"、"系统"→"字符串与路径"、"经典"→"经典字符串及路径"及Express→"文本输入控件"和"文本显示控件"子选板中，如图 3-9 所示，字符串常量位于函数选板的"编程"→"字符串"子选板中，如图 3-10 所示。

从图 3-9 中可以看出，"控件"选板的"字符串与路径"共有 3 种对象：字符串控件（输入/显示）、组合框控件和文件路径控件（输入/显示）。

1.　字符串控件

字符串对象用于处理和显示各种字符串，用数据操作工具或文本编辑工具单击字符串对象的显示区，即可在对象显示区的光标位置进行字符串的输入和修改。

字符串有四种显示模式：正常显示、"\"（反斜杠）代码显示、密码显示、十六进制显示，字符串显示模式可以通过快捷菜单项在这四种模式之间切换。

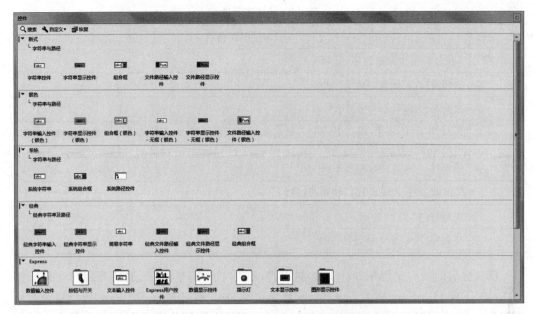

图 3-9 "控件"选板中的"字符串与路径"控件

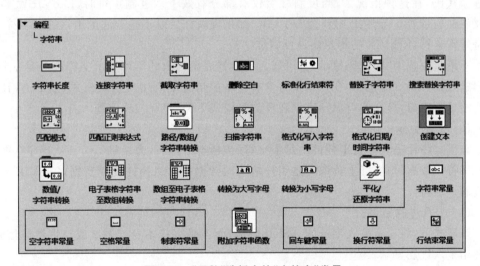

图 3-10 "函数"选板中的"字符串"常量

（1）正常显示。

在该显示模式下，除了一些不可显示的字符如制表符、Esc 等之外，字符串控件显示键入的所有字符。

（2）"\"代码显示。

在该显示模式，LabVIEW 将反斜杠(\)后紧接的字符视作不可显示字符的代码。该模式适用于调试 VI 及把不可显示字符发送至仪器、串口及其他设备。表 3-4 列出了 LabVIEW 对不同代码的解释。

表 3-4　特殊字符表

代　　码	LabVIEW 解释
\00-\FF	8 位字符的十六进制值；必须大写
\b	退格符（ASCII BS，相当于\08）
\f	换页符（ASCII FF，相当于\08）
\n	换行符（ASCII LF，相当于\0A）。格式化写入文件函数自动将此代码转换为独立于平台的行结束字符
\r	回车符（ASCII CR，相当于\0D）
\t	Tab 制表符（ASCII HT，相当于\09）
\s	空格符（相当于\20）
\\	反斜杠（ASCII \，相当于\5C）

反斜杠后的大写字母用于十六进制字符，小写字母用于换行、退格等特殊字符。例如，LabVIEW 将\BFare 视为 hex BF，其后为字符 are。将\bFare 和\bfare 分别视为退格符和 Fare 及退格符和 fare。而在\Bfare 中，\B 不是退格符代码，\Bf 也就不是有效的十六进制代码，在这种情况下，当反斜杠后仅有部分有效十六进制字符时，LabVIEW 将认为反斜杠后带有 0 而将\B 解释为 hex 0B。如果反斜杠后既不是合法的十六进制字符，也不是特殊字符，LabVIEW 将忽略该反斜杠字符。

不论是否选中"\"代码显示，都可通过键盘将表中列出的不可显示字符输入到一个字符串输入控件中。但是，如在显示窗口含有文本的情况下启用反斜杠模式，则 LabVIEW 将重绘显示窗口，显示不可显示字符在反斜杠模式下的表示法及\字符本身。

（3）密码显示。

该模式将使输入字符串控件的每个字符（包括空格）显示为星号（＊）。从程序框图中读取字符串数据时，实际上读取的是用户输入的数据。如从控件复制数据，LabVIEW 将只复制＊字符。

（4）十六进制显示。

该模式下，将显示输入字符的 ASCII 码值，而不是字符本身。调试或与仪器通信时，可使用十六进制显示。

图 3-11 给出了字符串 Display Model of String 及一个回车符在 4 种不同显示模式下的显示结果。

2. 组合框控件

"组合框"控件用来创建一个字符串列表，在前面板上可按次序循环浏览该列表。在字符串列表中，可以预先设定几个预定的字符串，供用户选择，如图 3-12 所示。单击"组合框"右侧的"下拉"按钮，会出现一个下拉列表，列出了预先设定的字符串选项。在"组合框"控件右键快捷菜单中选择"编辑项"，将弹出属性设置对话框并打开"编辑项"选项卡。在该选项卡中，可以编辑、预设组合框对象中可选择的字符串条目，如图 3-13 所示。

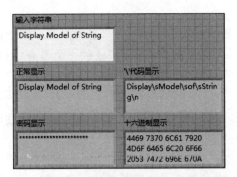

图 3-11 同一字符串在 4 种显示模式下的显示结果

图 3-12 "组合框"控件

图 3-13 "组合框"控件"编辑项"选项卡

在编辑区域,"项"为在组合框中显示的字符串,"值"为组合框实际存储的值。当"值与项值匹配"复选框被选中时,"值"中的字符串选项与"项"中的内容保持一致。另外,"允许在运行时有未定义的值"复选框被选中时,允许用户在为控件定义的值列表中输入不存在的值。如需用户在为控件定义的值列表中选择,可取消勾选该复选框。

3. 文件路径控件

文件路径对象也是一种特殊的字符串对象,专门用于处理文件的路径,文件路径控件用于输入或返回文件或目录的地址,可与文件 I/O 节点配合使用,如图 3-14 如示。用户可以直接在"文件路径输入控件"中输入文件的路径,也可以通过单击浏览按钮 📂 打开一个 Windows 标准文件对话框,在对话框中查找需要的文件。

路径通常分为以下 3 种类型。

图 3-14 文件路径控件

（1）非法路径。

如函数未成功返回路径,该函数将在显示控件中返回一个非法路径值,非法路径值可作为一个路径控件的默认值检测用户何时未提供有效路径,并显示一个带有选择路径选项的文件对话框。要显示文件对话框,可使用"文件对话框"Express VI。

（2）空路径。

空路径可用于提示用户指定一个路径。将一个空路径与文件I/O函数相连时,空路径将指向映射到计算机的驱动器列表。

（3）相对路径和绝对路径。

相对路径是文件或目录在文件系统中相对于任意位置的地址。绝对路径描述的是从文件系统的目录开始的文件或目录地址。使用相对路径可避免在另一台计算机上创建应用程序或运行VI时重新指定路径。

3.2 数据运算

LabVIEW提供了丰富的数据运算功能,除了基本的数据运算外,还有许多功能强大的函数节点。与文本语言编程不同的是,LabVIEW的运算是按照数据流的方向顺序执行,不具有优先级和结合性的概念。

3.2.1 数值运算

基本数值运算节点主要实现加、减、乘、除等基本数值运算。在LabVIEW中,数值运算符包含在程序框图的"编程"→"数值"子选板中,如图3-15所示。"数值"子选板中除一些实现基本数值运算的函数节点外,还包括数值常量、数学与科学常量节点、转换节点、数据操作节点、复数节点等几个子选板。

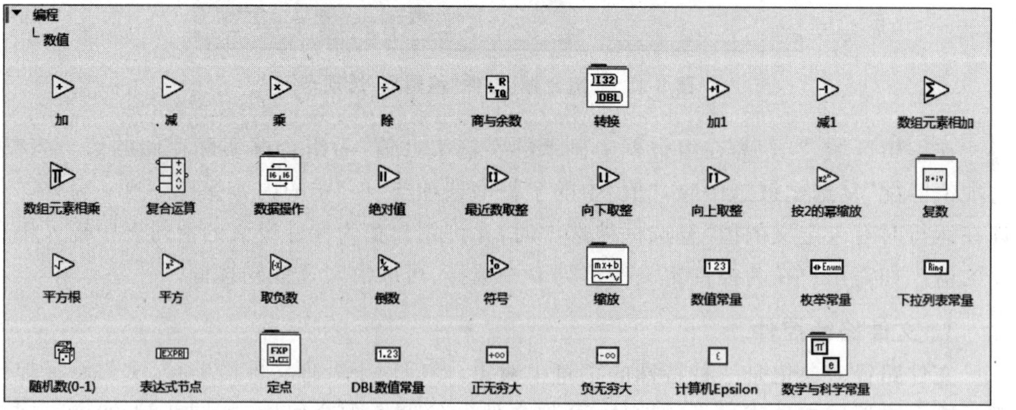

图3-15 "数值"子选板

数值运算函数的输入都是数值型数据。除了函数中明确指出的一些特例以外,输出数据的表示法默认与输入数据的表示法相同,如果输入数据包含多种不同的数值类型,那么输出数据的类型与能表示较大数值的输入数据类型相同。例如,将一个8位整数和一个 16 位整数相加，默认的输出类型为 16 位整数。如对函数的输出进行配置，则指定的设置将覆盖原有的默认设置。

数值运算功能不仅支持单一的数值量输入，还支持处理不同类型的复合型数值量，例如由数值型数据组成的数组、簇或簇数组等。下面对几个较特殊的函数进行说明。

(1) 加 ▷。加函数能分别计算数值、数组、矩阵和簇的和；也能计算数值与数组、数值与簇之和，此时数值与数组或簇的每个元素相加。其他节点与此类似。

(2) 乘 ▷。不能进行矩阵相乘。若输入的是两个矩阵，该节点仅将两个矩阵第一行的第一个元素相乘。

(3) 复合运算 ▦。通过快捷菜单的"更改模式"命令，可任选加、减、乘、与、或、异或等 5 种模式之一进行运算。用对象操作工具拖动节点图标下边缘（或上边缘）上的尺寸控制点，或在输入端口的右键快捷菜单中选择"增加输入"命令，可添加输入端口。在输入端口或输出端口的右键快捷菜单中选择"反转"命令，可使该端口对数据进行"非"操作。

(4) 最近数取整 ▷。输入值向最近的整数取整。当输入值为两个整数的中间值时，该函数返回最近的偶数。例如，数字为 1.5 或 2.5，最接近的整数值为 2。向下取整 ▷、向上取整 ▷ 分别返回小于等于 x 的最大整数和大于等于 x 的最大整数。

表 3-5 列出了"数值"子选板中 6 个子选板的功能说明。

表 3-5　"数值"子选板中 6 个子选板的功能说明

图标	子选板	功能说明
	转换	转换 VI 和函数用于数据类型的转换，包括转换为长整型、转换为单精度浮点、转换为单精度复数、单位转换、布尔值至(0,1)转换、RGB 至颜色转换等实现数据类型转换的函数节点
	数据操作	数据操作函数用于改变 LabVIEW 使用的数据类型，包括强制类型转换、转化至字符串、从字符串还原等函数节点
	复数	复数函数用于根据两个直角坐标或极坐标的值创建复数或将复数分为直角坐标或极坐标的两个分量，包括复共轭、极坐标至复数转换、复数至极坐标转换等函数节点
	缩放	缩放 VI 可将电压读数转换为温度或其他应变单位，包括转换 RTD 读数、转换热电偶读数、转换热敏电阻读数、转换应变计读数等 4 个函数节点
	定点	定点函数可对定点数字的溢出状态进行操作，包括定点溢出状态、定点转换为整型、清除定点溢出状态、删除定点溢出状态、整型转换为定点 5 个函数节点
	数学与科学常量	数学与科学常量用于创建 LabVIEW 应用程序，包含了科学数据委员会(CODATA)制定的一些常量，有些常量带有单位

【实训练习】

编写程序计算 $y = ax^2 + bx - 2$，输入变量为 a、b 和 x。

3.2.2　比较运算

比较运算也称为关系运算，比较运算函数节点包含在"函数"→"编程"→"比较"子选板中，如图 3-16 所示。

实训练习.mp4

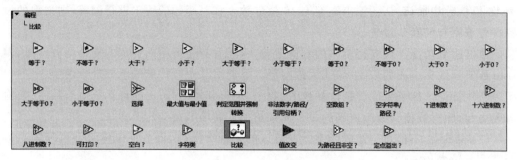

图 3-16 "比较"子选板

在 LabVIEW 中可以进行数值比较、布尔值比较、字符串比较、数组比较和簇比较、值改变。不同数据类型的数据在进行比较时适用的规则不同，下面对这些规则进行简单介绍。

（1）数值比较。

数值比较是相同数据类型的比较。数据类型不同时，比较函数的输入端能够自动进行强制性数据类型转换，然后再进行比较。对于带有非法数值（NaN）的一个或两个输入，其比较将返回不相等的结果。

（2）布尔值比较。

在布尔比较中，布尔值 True 值比 False 值大，实际上就是 0 和 1 两个值的比较。

（3）字符串比较。

字符串的比较是依据 ASCII 字符码的值对字符串进行比较。在比较时从字符串的第 0 个元素开始，逐个比较，直到两个字符不相等或者直至一个字符串的末尾为止。

（4）数组比较和簇比较。

与字符串的比较类似，从数组或簇的第 0 个元素开始比较，直到有不相等的元素为止。某些比较函数节点有两种比较数组或簇的模式，在"比较集合"模式下，比较两个数组或簇时，函数返回的是标量；在"比较元素"模式下（默认），函数返回值为所有比较结果的相应布尔值构成的数组或簇。

比较多维数组时，每个连接到函数的数组必须有相同的维数；进行簇的比较时，簇中的元素个数、元素的数据类型及顺序必须相同。

（5）值改变。

如首次调用该 VI，或输入值自上一次调用 VI 后发生改变，则返回 True。

【实训练习】

设计一个 VI，用于比较两个输入数值的大小，并输出较大值的平方值。

实训练习.mp4

3.2.3 布尔运算

布尔运算又称逻辑运算，传统编程语言使用逻辑运算符将关系表达式或逻辑量连接起来形成逻辑表达式。逻辑运算包括与、或、非等。逻辑运算函数节点包含在"函数"→"编程"→"布尔"子选板中,LabVIEW中逻辑运算函数节点的图标与数字电路中的逻辑运算符的图标类似,如图3-17所示。

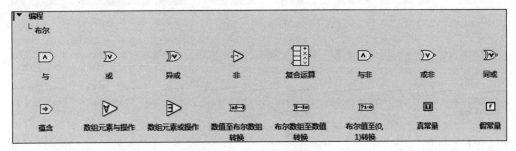

图 3-17　"布尔"子选板

【实训练习】

(1) 编写一个用于判断数值大小的程序,当两个值都大于 100 时,绿指示灯亮;当有一个数值大于 100 时,红指示灯亮。

(2) 实现两个 8 位无符号整数的布尔运算及布尔变量之间的布尔运算。

实训练习 1.mp4

实训练习 2.mp4

3.2.4　字符串运算

虚拟仪器控制软件经常需要与各种仪器进行通信,处理各种不同的文本命令,这些命令通常由字符串组成,对字符串进行合成、分解、变换是软件开发人员经常遇到的问题。因此,LabVIEW 为用户提供了丰富的字符串运算函数,这些字符串函数提供包括合并两个或两个以上字符串、从字符串中提取子字符串、将数据转换为字符串、将字符串格式化用于文字处理或电子表格等功能。

字符串运算函数节点包含在"函数"→"编程"→"字符串"子选板中,如图3-18所示。其中包括基本字符串操作函数、数值/字符串转换、路径/数组/字符串转换和附加字符串函数。

下面对一些常用的字符串函数的使用方法进行简要说明。

1. 字符串长度

字符串长度函数的图标如图3-19所示,其功能是用于返回字符串、数组字符串、簇字符串所包含的字符个数,以字节为单位。因此,在字符串中,一个汉字的长度是"2"。图 3-20 所示为字符串长度函数的使用。

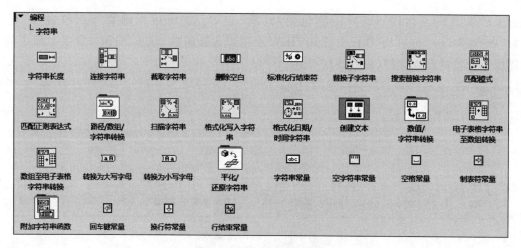

图 3-18 "字符串"子选板

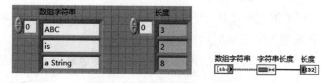

图 3-19 字符串长度函数的图标

图 3-20 字符串长度函数的使用

2. 连接字符串

连接字符串函数的图标如图 3-21 所示，其功能是将两个或多个字符串连成一个新的输出字符串，输出字符串包含所有连接的输入字符串，顺序与连线至节点的顺序（从上到下）一致，如图 3-22 所示。对于数组输入，该函数连接数组中的每个元素。

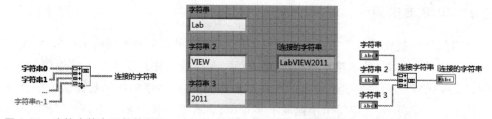

图 3-21 连接字符串函数的图标

图 3-22 连接字符串函数的使用

右击"函数"，在快捷菜单中选择添加输入，或向外拖动函数上、下边框，均可向函数增加输入端。

3. 截取字符串

截取字符串函数的图标如图 3-23 所示，其功能是返回输入字符串的子字符串，从偏移量位置开始，包含长度指定的字符，如图 3-24 所示。

图 3-23 截取字符串函数的图标

图 3-24 截取字符串函数的使用

4．替换子字符串

替换子字符串函数的图标如图 3-25 所示，其功能是插入、删除或替换子字符串，位置由偏移量指定。

函数从偏移量位置开始在字符串中删除长度指定的字符，并用子字符串替换删除的部分，如图 3-26 所示。如长度为 0，替换子字符串函数在偏移量位置插入子字符串。如子字符串为空，该函数在偏移量位置删除长度指定的字符，如图 3-27 所示。

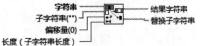

图 3-25　替换子字符串函数的图标

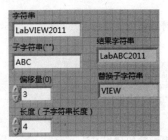

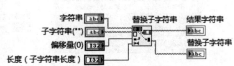

图 3-26　将指定的字符串替换

5．搜索替换字符串

搜索替换字符串函数(图 3-28)与替换子字符串函数的不同之处在于，它不是按照位置和长度替换字符串，而是查找与"搜索字符串"一致的字符串，用"替换字符串"替换。如图 3-29 所示，如果"替换字符串"不连接，就删除"搜索字符串"输入的字符串。

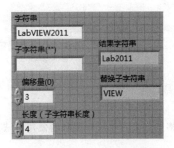

图 3-27　将指定的字符串删除

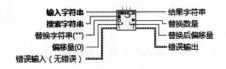

图 3-28　搜索替换字符串函数的图标

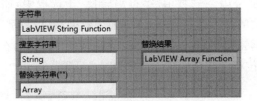

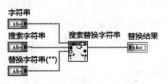

图 3-29　搜索替换字符串函数的使用方法

6. 格式化日期/时间字符串

格式化日期/时间字符串函数的图标如图3-30所示,通过"时间格式字符串"指定输出字符串的格式,按照该格式使时间标识的值或数值显示为时间。时间格式代码为:%H(小时,24小时制),%I(小时,12小时制),%p(AM/PM),%M(分钟),%s(秒),%d(日),%m(月份),%b(月名缩写),%y(两位年份),%Y(四位年份),%a(星期名缩写)。输入时间格式字符串时,如果插入其他字符,则将其原样输出,如图3-31所示为该函数的使用示例。

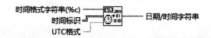

图3-30　格式化日期/时间字符串函数的图标

图3-31　格式化日期/时间字符串函数的使用方法

7. 格式化写入字符串

格式化写入字符串函数的图标如图3-32所示,其功能是将字符串路径、枚举型、时间标识、布尔或任意数值数据类型转化为文本输出。"格式字符串"指定函数转换输入参数为结果字符串的方法;"初始字符串"指定可通过扩展参数组成结果字符串的基本字符串。应用示例如图3-33所示。

图3-32　格式化写入字符串函数的图标　　图3-33　格式化写入字符串函数的使用方法

8. 数值至小数字符串转换

该函数位于"函数"→"编程"→"字符串"→"数值/字符串转换"子选板中,如图3-34所示,其功能是使数字转换为小数格式的浮点型字符串,其中输入数据端口"数字"表示待转换的数据,"精度"输入数据端口表示转换后数据的精度,即小数点后保留几位,在图3-35中转换前的数字为"3.141592",按照5位精度转换后的字符串为"3.14159"。

图3-34　数值至小数字符串转换函数的图标　　图3-35　数值至小数字符串转换函数的使用方法

【实训练习】

输入两个字符串：LabVIEW 2014 和 Studio，将它们拼接成一个字符串后测量该字符串的长度；将结果字符串的 2014 替换成 2017，并删除字符 Studio。

实训练习.mp4

3.3　数组

LabVIEW 主要的数据类型除了数值型、字符型和布尔型等基本数据类型外，还有结构类型（包括一个以上的元素）数据，如数组、簇和 LabVIEW 特有的动态数据类型等复杂数据类型。

3.3.1　数组数据的组成

数组是相同类型元素的集合，由元素和维度组成。元素是组成数组的数据，维度是数组的长度、高度或深度。数组可以是一维或多维的，在内存允许的情况下每一维度可有多达 $2^{31}-1$ 个元素。在 LabVIEW 中，数组元素可以是数值型、布尔型、字符串型及其他数据类型，但是不能将数组、图表或波形数据等作为数组元素。

数组中的每个元素都有其唯一的索引数值，对每个数组元素的访问都是通过数组索引进行访问的。索引的范围是 0 到 $n-1$，其中 n 是数组中元素的个数。图 3-36 所示是一个由数值型数据构成的一维数组。注意，第一个元素的索引号为 0，第二个是 1，依此类推。虽然数组的元素可以是数值型、布尔型、字符串型等数据类型，但其所有元素的数据类型必须一致。数组由 3 部分组成：数据、数据索引和数据类型（隐含在数据中）。通过索引可以很容易地访问数据中的任何一个元素。

索引	0	1	2	3	4	5	6	7	8	9
10个元素的数组	1.2	3.2	8.2	5.2	8.0	1.2	5.1	6.0	2.1	1.7

图 3-36　一维数据结构示意图

在创建一个数组时，首先要建立一个数据框架，然后在这个框架中置入数组元素（数值、字符串等）。通过将一个数组的框架和数据对象结合起来，可以创建一个数组控件。

3.3.2　数组的创建

在 LabVIEW 中，可以用多种方法来创建数组数据。其中常用的有以下 3 种方式：第一，在前面板上创建数组数据；第二，在程序框图上创建数组数据；第三，用函数、VIs 以及 Express VIs 动态生成数组数据。

1. 前面板数组对象的创建

通过以下两个步骤可以完成一个简单前面板数组对象的创建。

（1）创建一个数组框架。

要创建一个数组控件，首先必须在前面板放置一个数组框架。数组框架位于"控件"→"新式"→"数组、矩阵与簇"子选板、"控件"→"银色"→"数组、矩阵与簇"子选板和

"控件"→"经典"→"经典矩阵与簇"子选板，如图3-37所示。

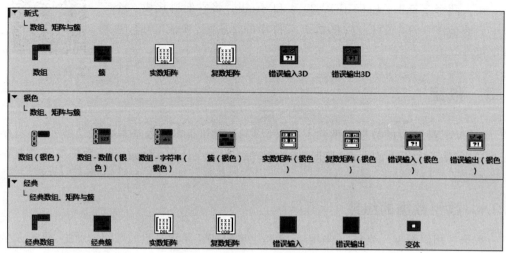

图3-37 "数组、矩阵与簇"子选板

单击"数组"控件后移动鼠标到前面板窗口，在前面板上再次单击，则在前面板上创建了一个数组控件。此时创建的仅仅是一个数组的框架，不包含任何内容，对应在程序框图中的接线端口为黑色边框的图标，如图3-38所示。

（2）将一个数据对象或元素放入该数组框架中。

当创建好一个数组框架后，可以直接从"控件"选板中选择对象放进数组框架内，也可以把前面板上已有的对象拖曳到框架中，即完成数组的创建。这个数组的数据类型以及它是输入控件还是显示器完全取决于放入的对象。如图3-39所示为数值型数组控件（数组的属性为输入），数组在程序框图中相应的端口也变为相应颜色和数据类型的图标了。

图3-38 数组框架　　　　　图3-39 创建数值型数组

数组在创建之初都是一维数组，如果需要创建一个多维数组，把定位工具放在数组索引框任意一角轻微移动，向上或向下拖动鼠标增加索引框数量就可增加数组的维数，或者在索引框上弹出的快捷菜单中选择添加维度命令，如图3-40（a）所示。

两个索引框中上一个是行索引，下一个是列索引。光标放在数组索引框左侧时不仅可以上下拖动增加索引框数量，还可以向左拖动扩大索引框面积。刚刚创建的数组只显示一个成员，如果需要显示更多的数组成员，可以把定位工具放在数组数据显示区任意一角，当光标形状变成网状折角时，向任意方向拖动就可以显示更多的数据成员，如图3-40（b）所示。数组索引框显示的是左上角的数组成员的索引号。

2. 在程序框图中创建数组常量

数组常量只能在程序框图中出现，其创建方法与前面板创建数组控件的方法类似。

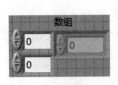
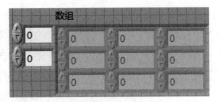

(a) 增加数组维数   (b) 增加显示成员数量

图 3-40　增加数组成员

在"函数"→"编程"→"数组"子选板中选中"数组常量"并放置到程序框图中,即创建一个数组常量框架。将"常量"(如数值常量、布尔常量、字符串常量等)拖入数组常量框架中,即完成一个数组常量的创建。

利用数组常量的索引区和边框上快捷菜单"转换为输入控件"和"转换为显示控件"选项可分别把数组常量变为前面板上的数组输入控件和显示控件。

3. 数组成员赋值

用上述方法创建的数组是空的,从外观上看,数组成员都显示为灰色,根据需要用操作值工具为数组成员逐个赋值。若跳过前面的成员为后面的成员赋值,则前面成员数据类型自动赋一个空值,例如,0(数值)、F(布尔值)或空字符串。数组赋值后,在赋值范围外的成员显示仍然是灰色的。

其他创建数组的方法:用数组函数创建数组,用某些 VI 的输出参数创建数组,用程序结构创建数组。

3.3.3　数组数据的使用

LabVIEW 给出了大量的数组处理函数,可以实现数组的各种操作。数组函数位于"函数"→"编程"→"数组"子选板中,如图 3-41 所示。

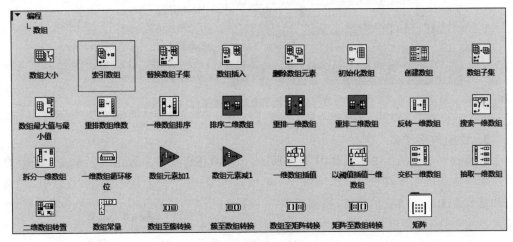

图 3-41　"数组"子选板

1. 数组大小

数组大小函数的图标如图 3-42 所示，其功能是返回输入数组每个维度中元素的个数。如果数组为一维数组，则输出值为 32 位整数，如果是多维数组，则返回值为一维数组，每个元素都是 32 位整数，表示数组对应维度中的元素个数，如图 3-43 所示。

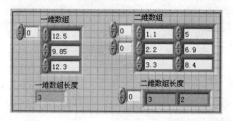

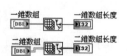

图 3-42　数组大小函数的图标

图 3-43　数组大小函数示例

2. 索引数组

索引数组函数的图标如图 3-44 所示，该函数的功能是返回给定位置的元素或子数组。函数默认有 2 个输入，一个连接输入数组，一个是索引号。对于一维数组返回的是索引号对应的元素。对于多维数组，索引号输入端口自动变成两个，上面的是行索引，下面的是列索引。输入行索引，返回行索引

图 3-44　索引数组函数的图标

指定的行子数组；同理，输入列索引号，返回列索引号指定的列子数组，同时输入行索引和列索引，则输出该行列索引确定的元素值，如图 3-45 所示从一个二维数组中分别索引出第 2 行第 3 列的元素、第 3 行子数据、第 4 列子数组。注意，索引号从 0 开始。

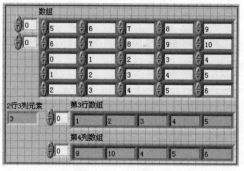

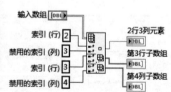

图 3-45　索引数组函数示例

3. 替换数组子集

替换数组子集函数的图标如图 3-46 所示，该函数用于把一个数组的元素或者子数组替换成新输入的元素或数组。该函数有 4 个输入端口，分别是原输入数组、行索引、列索引和要替换的新元素或子数组，当输入端"n 维数组"接入数组后，函数会自动生成 n 个索引端口，替换后的数组在数组大小和类型上完全一致，如图 3-47 所示。

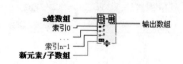

图 3-46　替换数组子集函数的图标

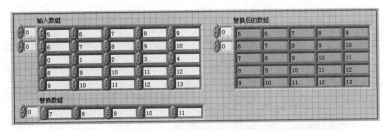

图 3-47　替换数组子集函数示例

4. 数组插入

数组插入函数的图标如图 3-48 所示,该函数用于在指定位置往原输入数组中插入元素或子数组。用法与替换数组子集类似,差别在于数组元素或子数组索引定位后不是替换它,而是在这个位置插入新成员。输出的数组大于原数组,如图 3-49 所示。

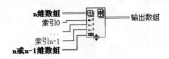

图 3-48　数组插入函数的图标

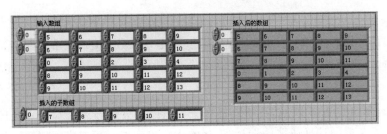

图 3-49　数组插入函数示例

5. 删除数组元素

删除数组元素函数的图标如图 3-50 所示,该函数用于删除指定位置的元素或子数组,返回新数组和删除部分。默认状态下,输入有 3 个端口,第 1 个输入任意类型的 n 维数组;第 2 个指定要删除的长度,也就是要删除的元素、行、列或页的数量;第 3 个是索引号,即指定的删除位置。当输入二维数组时,函数自动增加列索引号,如图 3-51 所示。

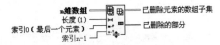

图 3-50　删除数组元素函数的图标

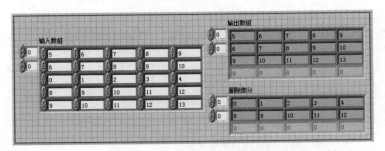
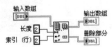

图 3-51　删除数组元素函数示例

6. 数组子集

数组子集函数的图标如图 3-52 所示,该函数用于返回指定位置的元素或子数组。默认状态下,函数有 3 个输入端口,即数组、索引和长度;连线数组至该函数时,函数可自动调整大小,显示数组各个维度的索引和长度输入端。如连线二维数组至该函数,函数可显示行和列的索引输入。输出端口是返回的子数组或元素。如果输入索引号等于或大于实际数组长度,则返回空数组。如果返回长度未设置,则默认的长度是从起始索引号到数组末端。如图 3-53 所示,从二维数据中提取第 2、3 行中的第 3、4、5 列。

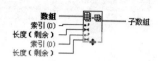

图 3-52 数组子集函数的图标

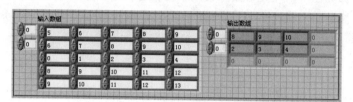

图 3-53 数组子集函数示例

7. 初始化数组

初始化数组函数的图标如图 3-54 所示,该函数用于创建 n 维数组,每个元素都初始化为"元素"的值。若有几个维度,就必须有几个"维数大小"接线端。

8. 创建数组

创建数组函数的图标如图 3-55 所示,用于连接多个数组或向 n 维数组添加元素。该函数有两种模式,在快捷菜单中选择或取消选择"连接输入",可在两种模式之间切换。如未选择"连接输入",则函数创建的数组比输入数组多一个维度,但要求输入数组的维度相同,如有需要,会填充输入,以匹配最大输入的大小。如选择"连接输入",函数将顺序添加全部输入,形成输出数组,该数组的维度与输入数组的维度相同。创建数组函数示例如图 3-56 所示。

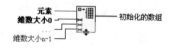

图 3-54 初始化数组函数的图标

图 3-55 创建数组函数的图标

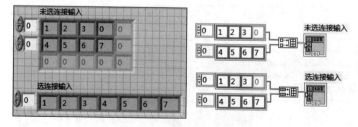

图 3-56 创建数组函数示例

9. 重排数组维数

该函数用于根据给定维数重新改造输入数组,用户可自行设置每个维的长度,改造后的数组按此设定重排。其图标如图 3-57 所示。

10. 排序二维数组

该 VI 用于升序排列指定行或列中的元素,从而重新排列二维数组的行或列。该 VI 有 3 个输入端口:二维数组指定要排序的二维数组,接受除引用句柄以外的任何数据类型的数组;要索引的维度指定二维数组要排序的维度,其中 column(默认)为按升序排列索引列中的元素从而对行进行重新排列,row 为按升序排列索引行中的元素从而对列进行重新排列;索引用于指定要重新排列元素的行或列的索引。其示例如图 3-58 所示。

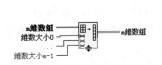

图 3-57　重排数组维数函数的图标

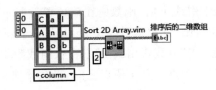

图 3-58　排序二维数组示例

11. 一维数组排序

该函数用于对一维输入数组按照升序排序,返回排序后的数组。其图标如图 3-59 所示。

12. 搜索一维数组

搜索一维数组函数的图标如图 3-60 所示,该函数用于从指定位置搜索给定值的元素。函数有 3 个输入端口,第 1 个是原输入一维数组,第 2 个是要查找的元素,第 3 个为查找的起始索引号。如果找到该元素,则返回该元素的索引号;如果没有找到就返回整数型数字−1。

图 3-59　一维数组排序函数的图标　　　图 3-60　搜索一维数组函数的图标

13. 拆分一维数组

该函数用于按照指定位置把一维数组拆分成两个子数组。其图标如图 3-61 所示。

14. 反转一维数组

该函数用于反转数组中元素的顺序,数组可以是任意类型的数组。如果数组长度为 n,则第 0 个元素和第 $n-1$ 个元素交换,第 1 个元素和第 $n-2$ 个元素交换,依此类推。其图标如图 3-62 所示。

图 3-61　拆分一维数组函数的图标　　　图 3-62　反转一维数组函数的图标

15. 一维数组循环移位

一维数组循环移位函数的图标如图 3-63 所示，该函数用于按照指定位置把一维数组的元素循环右移 n 个位置。该函数的输入端口 n 为整型数值，用来指定平移量，如果 n 为负数，则循环左移 n 个位置。

16. 一维数组插值

该函数通过"分数索引或 x"值，线性插入"数字或点的数组"中的"y"值，其图标如图 3-64 所示。若输入为点数组（每个点是由 x 坐标和 y 坐标组成的簇），函数使用簇的第一个元素（x）通过线性插值获取分数索引，然后使用该分数索引通过第二个簇元素（y）计算输出 y 值。例如，数组包含两个点 (3,7) 和 (5,9)，且分数索引或 x 为 3.5，函数返回 7.5。"分数索引或 x"是索引或 x 值，函数应在该位置返回 y 值。例如，如数字或点的数组包含双精度浮点数 5 和 7，则"分数索引或 x"为 0.5，函数返回 6.0，是第 0 个元素和第 1 个元素的中间值。注意：①"分数索引或 x"不在数组或数据点集合外进行插值；②"分数索引或 x"必须为固定的一个点或介于两点之间，函数才能正常运行。

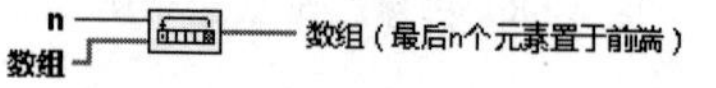

图 3-63　一维数组循环移位函数的图标 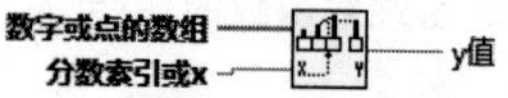　　　图 3-64　一维数组插值函数的图标

17. 以阈值插值一维数组

该函数用于给定一个数值，然后从给定的位置开始遍历数组，直到找到数组的连续两个元素，它们是一维数组中给定数值的门限值并满足以下条件：前一个元素小于给定值，后一个元素大于或等于给定值。然后把这两个元素作为区间的两个端点，返回给定数值在其中的相应插值位置。例如，输入数组是 (1,2,3,4)，阈值是 3.5，起始位置是 0，则返回值为 2.5（元素在数组对应的位置）。其图标如图 3-65 所示。

18. 交织一维数组

该函数用于把 n 个一维数组按照交替顺序合并成一个数组。例如，输入数组是 Array1(0,1,2,3) 和 Array2(4,5,6,7)，那么交织后的一维数组为 (0,4,1,5,2,6,3,7)。如果输入的一维数组长度不同，那么交织时会以长度最短的数组为基准，以此最小长度为准对其他数组进行截取然后再进行交织操作。其图标如图 3-66 所示。

图 3-65　以阈值插值一维数组函数的图标　　　图 3-66　交织一维数组函数的图标

19. 抽取一维数组

抽取一维数组函数的图标如图 3-67 所示，该函数用于对一维数组按照输出端子的个数依次抽取。这个函数相当于交织一维数组函数的反操作。假如不能平均分配，系统会在保证输出数组长度一致的情况下尽量抽取，把不能抽取的元素舍弃。例如，输出数组的个数为 n，那么元素 $0,n,2n,\cdots$ 是一个输出数组，元素 $1,n+1,2n+1,\cdots$ 是第二个数组，依此类推。

20. 二维数组转置

该函数用于将原始二维数组进行转置操作,并返回转置后的新数组。其图标如图 3-68 所示。

图 3-67 抽取一维数组函数的图标　　　图 3-68 二维数组转置函数的图标

21. 数组常量

该函数用于提供一个在框图上的数组框架,然后用户需要向其中拖入基本数据的常数来进行初始化。其图标如图 3-69 所示。

图 3-69 数组常量函数的图标　　　　实训练习.mp4

【实训练习】

创建一个 2 行 3 列的数组,数组元素赋值如下:

```
1.00  2.00  3.00
4.00  5.00  6.00
```

(1) 将该二维数组改成一维数组,元素为 1.00、2.00、3.00、4.00、5.00、6.00。
(2) 将该二维数组转置为如下形式:

```
1.00  4.00
2.00  5.00
3.00  6.00
```

3.4 簇

簇是 LabVIEW 中一个比较特别的数据类型,它是一种复合数据类型,与数组类型类似。不同的是,簇可以包含多种不同数据类型的元素,而数组只能包含一种数据类型的元素。另外,在程序运行时,簇的元素个数是固定的,而数组的长度可以自由改变。利用簇可以把相关的数据元素集中到一起构成一个整体,这样只需要一条数据连线,就可以把多个节点连接到一起,不但可以减少数据线的数量,还可以减少子 VI 连线端口的数量。LabVIEW 错误信息就是一个簇的实例,它包含代码(数值)、状态(布尔量)和源(字符串)。

3.4.1 簇的创建

簇元素可以是数值型、布尔型和字符串等不同的数据类型，簇就是把这些不同数据类型的元素组合成一个有机的整体。例如，一个学生的学号、姓名、性别、年龄、成绩和住址等数据项都与该学生密切相关，可以用簇把它们组合起来表示这个学生的各项信息。

与创建数组一样，创建簇时要先建立一个簇的框架，然后再向簇框架中添加各种数据项作为簇的元素。

簇框架位于"控件"→"新式"→"数组、矩阵与簇"子选板、"控件"→"银色"→"数组、矩阵与簇"子选板和"控件"→"经典"→"经典矩阵与簇"子选板中，如图3-70所示。

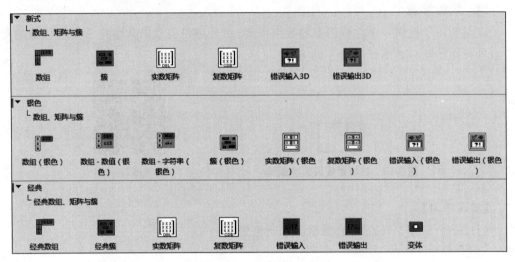

图3-70　前面板中的簇控件

单击簇控件，将其置于前面板中，调整其框架的大小，然后即可向簇框架中添加簇元素，如数值型、布尔型数据等，如图3-71所示。

需要注意的是，簇中只能选择输入控件或显示控件中的一种，簇中的元素不能同时拥有输入控件和显示控件两种属性。当给簇中某元素确定一种属性后，簇中其他元素都为此属性。如图3-71所示，当将簇中的数值型数据转化为显示控件，那么簇中的布尔、字符串控件也变为了显示控件，如"簇2"。

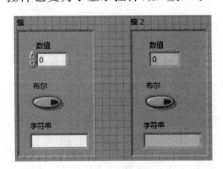

图3-71　创建簇

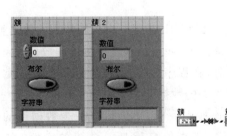

图3-72　不同类型的簇

簇中元素有一定的排列顺序,是最初向簇框架放置这些元素的顺序。簇的顺序非常重要,在许多簇操作中都需要它。如果两个簇中的元素都相同,但是顺序不同,那么这两个簇不能通过连线直接相连,因为它们是不同类型的簇。如图 3-72 中"簇"元素的顺序分别为"数值""布尔""字符串",而"簇 2"中元素的顺序分别为"数值""字符串""布尔"(与放置的位置无关),因为这两个簇中的元素顺序不同,是不同类型的簇,所以在程序框图中不能用数据线直接连接。

如果要改变簇中元素的顺序,可以进入簇元素顺序编辑状态进行修改,而不必删除簇中元素而重新添加。右击簇的框架,在弹出的快捷菜单中选择"重新排序簇中控件"命令,进行簇元素顺序的修改,如图 3-73 所示。每个簇元素上都有两个序号,右边白底黑字为修改前的旧序号,左边黑底白字为修改后的新序号。此时鼠标指针变成手形状,在工具栏提示"单击设置 0",移动鼠标到待修改元素单击,该元素被设置为第 0 个元素,设置完成后,工具栏提示信息变为"单击设置 1",单击另一个元素将其设置成第 1 个元素,重复此过程,直至修改好所有元素,最后单击 ✓(确定次序设置)按钮,完成元素顺序的设置。

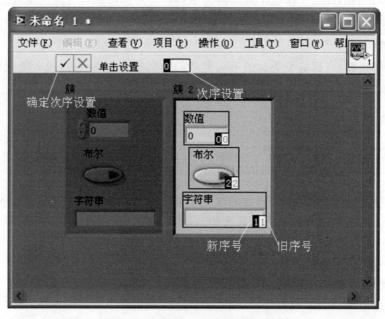

图 3-73　修改簇元素的顺序对话框

如需在程序框图中创建一个簇常量,则从函数选板中选择一个簇常量(图 3-74),将该簇框架放置于程序框图上,再将字符串常量、数值常量、布尔常量或簇常量放置到该簇框架中。

3.4.2　簇操作函数

LabVIEW 提供的簇操作函数位于"函数"→"簇、类与变体"子选板中,如图 3-74所示。

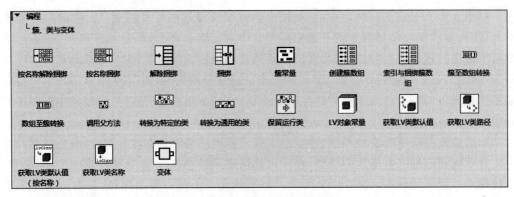

图 3-74　"簇、类与变体"子选板

1. 解除捆绑

该函数按照在簇中出现的顺序输出元素。当连接簇到该函数时,函数将自动检测输入簇中元素的个数,并生成相应个数的输出端口。每个输出端口对应一个簇元素,接线端上显示这个元素的数据类型。其图标如图 3-75 所示。

2. 捆绑

利用捆绑函数,可以将要关联的不同类型的数据项组成一个簇,或者给簇中某个元素赋值,而无须为所有元素指定新值。其图标如图 3-76 所示。

图 3-75　解除捆绑函数的图标　　　　图 3-76　捆绑函数的图标

与解除捆绑函数相同,捆绑函数的端口个数必须与待捆绑元素的个数一致。刚放置在程序框图上的捆绑函数只有两个元素输入端口,向下拖动函数下边缘,或者在端子上右击,在弹出的快捷菜单中选择"添加输入"命令都可以增加输入端口。

捆绑函数有两种常用方法。

（1）当捆绑函数的"簇"输入端连接了一个输入参数簇时,输入元素的端口数目自动调整为与该参数簇所含元素数相同,此时函数的功能相当于替换输入簇中的指定元素,从"输出簇"端口生成替换后的新簇,若没有接入替换元素,则输出簇与输入簇相同,替换的元素数据类型必须与簇中的元素一一对应。

（2）当捆绑函数的"簇"输入端未连接簇时,捆绑函数将元素 $0\sim n-1$ 捆绑成一个簇,从"输出簇"中输出。接入输入端口的元素顺序决定了该元素在簇中的顺序。

3. 按名称解除捆绑

按名称解除捆绑函数的图标如图 3-77 所示,该函数的功能是把簇中的元素（已命名）按指定的元素名称从簇中提取出来,与解除捆绑函数相比,该函数不必在簇中记录元素的顺序,同时不要求元素个数和簇中元素个数匹配,因此应用比较灵活。图 3-78 对这两种函数进行了比较。

图 3-77　按名称解除捆绑函数的图标

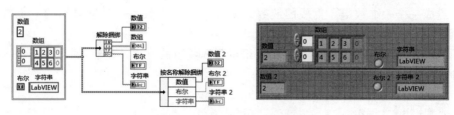

图 3-78　按名称解除捆绑函数示例

4. 按名称捆绑

按名称捆绑函数的图标如图 3-79 所示,该函数的功能是按照簇中元素的名称替换簇中的元素,其功能类似于捆绑函数。与捆绑函数不同的是,该函数是按名称,而不是按簇中元素的位置引用簇元素。刚放置于程序框图中的函数只有一个输入端,当它的"输入簇"端口连接一个簇时,输入端口就出现第一个元素的名称,右击,在弹出的快捷菜单中选择需要替换的元素,并连接一个匹配的数据,替换结果将在"输出簇"中输出。

5. 创建簇数组

创建簇数组函数的图标如图 3-80 所示,该函数将每个输入"元素"捆绑为簇,然后将所有元素簇组成以簇为元素的数组。其中元素 $0 \sim n-1$ 输入端的类型必须与最顶端的元素数据类型一致。数组中不能再创建数组的数组。但是,使用该函数可创建以簇为元素的数组,簇可包含数组。

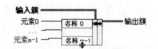

图 3-79　按名称捆绑函数的图标　　　图 3-80　创建簇数组函数的图标

图 3-81 所示是建立簇数组的两种方式。显然,通过使用本函数可提高程序的执行效率。

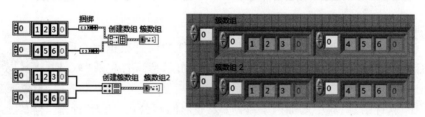

图 3-81　建立簇数组的两种方式

6. 索引与捆绑簇数组

索引与捆绑簇数组函数的图标如图 3-82 所示,其功能是对多个数组建立索引,并创建簇数组。输入数组 $x \sim z$ 为任意数目的一维数组,它们的数组元素类型不必相同。该函数将输入的 n 个一维数组中的第 i 个元素提取出来,组成第 i 个簇,直至有一个数组结束为止,然后将

图 3-82　索引与捆绑簇数组函数的图标

这些簇组成一个一维数组。生成的簇数组的长度与输入数组中长度最短的一个数组相等,长数组中剩余的数据被忽略。

图3-83所示为两种通过索引多个数组得到簇数组的方式。显然,通过本函数可提高时间和内存的使用效率。

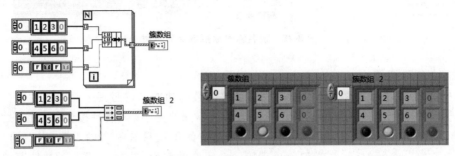

图3-83　索引与捆绑簇数组函数示例

7. 簇至数组转换

该函数实现将相同数据类型元素组成的簇转换为数据类型相同的一维数组。其图标如图3-84所示,其中输入"簇"的元素不能是数组,输出"数组"中的元素与簇中的元素数据类型相同。"数组"中的元素与"簇"中的元素顺序一致。

8. 数组至簇转换

该函数的功能是转换一维数组为簇,簇元素和一维数组元素的类型相同。它将前 n 个元素组成一个簇,n 默认值为9,最大的簇可包含256个元素,可通过右击该函数,在弹出的快捷菜单中选择"簇大小"命令进行修改。当 n 大于数组长度时,函数会自动补足簇中元素,元素值为默认值。其图标如图3-85所示。

图3-84　簇至数组转换函数的图标　　　图3-85　数组至簇转换函数的图标

【实训练习】

（1）创建一个新的 VI,在前面板窗口创建软件的信息数据,包括软件名称（字符串型）、版本号（数值型）、是否安装（布尔型）,打包成"软件信息"簇。

（2）在"软件信息"簇中添加两个数据：发布时间和公司,构成"详细信息"簇。

（3）分别在"软件信息"簇中提取"版本"、在"详细信息"中提取"发布时间"。

实训练习.mp4

3.5　波形数据

与文本编程语言不同,在 LabVIEW 中还有一类被称为波形数据的数据类型,这种数据类型更类似于"簇"的结构,由一系列不同数据类型的数据构成。但是,用户不能利用簇函数处理波形数据,波形数据具有预定义的固定结构,只能用专门的函数处理。

3.5.1 波形数据的组成

波形数据是 LabVIEW 中特有的一种数据类型,可以为测量数据的处理带来极大的便利。在具体介绍波形数据前,先介绍两种新的数据类型——变体和时间标识。

1. 变体

在有些情况下,可能需要 VI 以通用方式处理不同类型的数据,为此,LabVIEW 提供了变体数据作为"通用"数据类型,是多种数据类型的容器。将其他数据转换为变体时,变体将存储数据和数据的原始类型,保证日后可将变体数据反向转换。例如,如将字符串数据转换为变体,变体将存储字符串的文本,以及说明该数据是从字符串转换而来的信息。

另外,变体数据类型还可以存储数据属性。属性定义的是数据及变体数据类型所存储的数据信息。例如,需要知道某个数据的创建时间,可将该数据存储为变体数据并添加一个时间属性,用于存储时间字符串。属性数据可以是任意数据类型,也可以从变体数据中删除或获取属性。

变体数据类型主要应用在 ActiveX 技术中,以方便不同程序之间的数据交互。

变体数据类型在前面板位于"控件"→"新式"→"变体与类"子选板以及"经典"→"经典数组、矩阵与簇"子选板中,如图 3-86 所示。

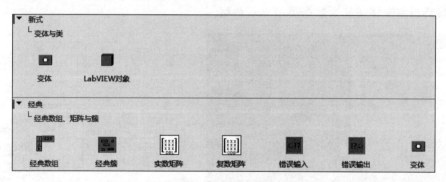

图 3-86 "控件"选板中的"变体"子选板

任何数据类型都可以转化为变体类型数据,然后为其添加属性,并在需要时转换为原来的数据类型。为了完成变体数据的操作及属性的添加、删除和获取,LabVIEW 提供了变体函数,位于"函数"→"编程"→"簇、类与变体"→"变体"子选板中,如图 3-87 所示。

图 3-87 "函数"选板中的"变体"函数

表 3-6 列出了变体函数的功能说明。

表 3-6　"变体"函数的功能说明

图标	函数名称	说　　明
转换为变体	转换为变体	转换任意 LabVIEW 数据为变体数据。也可用于将 ActiveX 数据转换为变体数据
变体至数据	变体至数据转换	转换变体数据为 LabVIEW 可显示或处理的数据类型。也将变体数据转换为 ActiveX 数据
平化字符串...	平化字符串至变体转换	将平化数据转换为变体数据
变体至平化...	变体至平化字符串转换	转换变体数据为平化的字符串以及代表数据类型的整数数组。ActiveX 变体数据无法平化
获取变体属性	获取变体属性	依据是否连接名称参数，从单个属性的所有属性或值中获取名称和值
设置变体属性	设置变体属性	用于创建或改变变体数据的属性或值
删除变体属性	删除变体属性	删除变体数据中的属性和值
数据类型解析	数据类型解析	子菜单内 VI 和函数用于获取和比较变体或其他数据类型中保存的数据类型

为了进一步理解变体数据类型及函数，图 3-88 所示为一个变体的应用示例。在该示例中，首先将一个数组转化为数组变体，然后为其添加一个"创建时间"属性，并获取数组信息，最后再将变体转换为数据类型——数组。

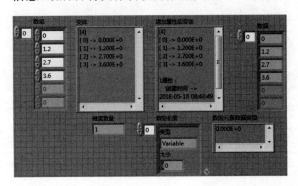
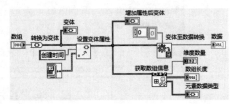

图 3-88　变体应用示例

2. 时间标识

时间标识也是 LabVIEW 特有的数据类型，用于输入与输出时间和日期。时间标识控件位于"控件"→"新式"→"数值"子选板、"控件"→"银色"→"数值"子选板及"经典"→"经典数值"子选板中，对应的时间标识常数位于"函数"→"编程"→"定时"子选板中。如图 3-89 所示，右边为时间标识常量，中间为时间标识输入控件，旁边的小图标为时间浏览按钮，右边为时间标识显示控件。时间标识对象默认显示的时间为 0。在时间标识输入控件上单击时间浏览按钮可以弹出"设置时间和日期"对话框，在这个对话框中可以手动修改时间和日期，如图 3-90 所示。

图 3-89　时间标识　　　　　图 3-90　"设置时间和日期"对话框

3. 波形数据

LabVIEW 中的波形数据有两种：模拟波形数据和数字波形数据。模拟波形数据用来表示模拟信号的波形；数字波形用来表示二进制波形数据。通常二者都是由 4 个元素组成，即起始时间、时间间隔、波形数据和属性。

（1）起始时间 t_0。t_0 为时间标识类型，表示波形数据的时间起点。起始时间可以用来同步多个波形，也可以用来确定两个波形的相对时间。

（2）时间间隔 dt。dt 表示一个波形中相邻两个数据点之间的时间间隔，以 s 为单位。dt 的数据类型是双精度浮点数。

（3）波形数据 Y。Y 是双精度浮点数组，按照时间先后顺序给出整个波形的所有数据点。

（4）属性。属性包含了波形的数据信息，如波形名称、数据采集设备的名称等。属性为变体类型，用于携带任何的属性信息。

LabVIEW 利用"波形"控件和"数字波形"控件分别存放模拟波形数据和数字波形数据，两种控件位于"控件"→"新式"→"I/O"子选板、"控件"→"银色"→"I/O"子选板及"经典"→"经典 I/O"、"经典数值"子选板中。将控件放置到前面板，默认情况下只显示 3 个元素（t_0、dt 和 Y），在右键弹出的快捷菜单中选择"显示项"→"属性"，可显示属性栏，如图 3-91 所示。

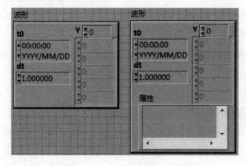

图 3-91　"波形"显示控件

3.5.2　波形数据的创建

在 LabVIEW 中，与波形数据操作相关的函数主要位于"函数"→"编程"→"波形"子选板中，如图 3-92 所示。

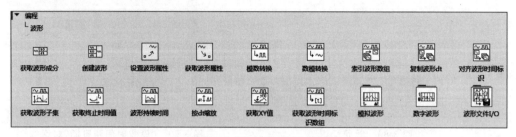

图 3-92　"波形"函数子选板

1. 获取波形成分

该函数可以从一个已知波形中获取其中的一些内容，包括波形的起始时间 t_0，时间间隔 dt、波形数据 Y 和属性。其图标如图 3-93 所示。

示例如图 3-94 所示，正弦波形由基本函数发生器（采样频率为 1kHz）产生。

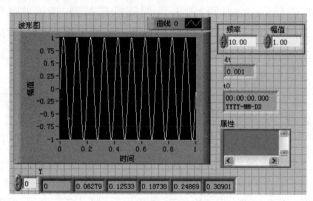

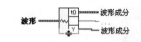

图 3-93　获取波形成分函数的图标

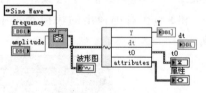

图 3-94　获取波形成分函数示例

2. 创建波形

创建波形函数的图标如图 3-95 所示，该函数用于创建模拟波形或修改已有波形数据。其中"波形"输入端输入要编辑的波形，如未连接已有波形，函数可根据所连接的"波形成分"创建新波形。如已连接波形输入，该函数可根据所连接的波形成分修改波形。图 3-96 显示了创建波形函数的示例。

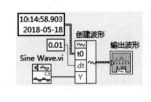

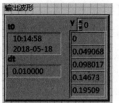

图 3-95　创建波形函数的图标　　　　　图 3-96　创建波形函数的示例

3. 设置波形属性

设置波形属性函数的图标如图 3-97 所示,该函数用于添加或替换波形属性。其中"波形"是要添加或替换属性的波形,"名称"是属性的名称,"值"是属性的值,属性的值可以是任何数据类型,"波形输出"是含有新增或已替换属性的波形,"替换"指明是否已重写属性值。

4. 获取波形属性

获取波形属性函数的图标如图 3-98 所示,其作用是从输入的"波形"数据中获取所有属性的名称和值。若"名称"输入端不连接参数,函数返回所有属性的名称及相应的值,输出的"名称"为包含所有属性名称的一维数组,输出的"值"是变体格式、包含每个属性相关值的一维数组。若"名称"输入端连接了名称参数,名称输出端将变为布尔输出端表示是否找到,值输出端将输出变体格式的该属性的值或默认值。

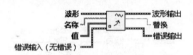

图 3-97　设置波形属性函数的图标　　　图 3-98　获取波形属性函数的图标

图 3-99 示例实现了为正弦波形添加波形属性并获取其属性的功能。正弦波形 VI 产生一个正弦波形;两次调用设置波形属性函数给正弦波加上属性名为"通道"和"采样率"、属性值为"0"和"1000"的波形属性;用获取波形属性函数提取出波形的所有属性。前面板上"名称"显示控件给出了由属性名构成的数组,"值"显示控件给出了与名称对应的属性值;"波形输出"控件显示了加上属性的波形。

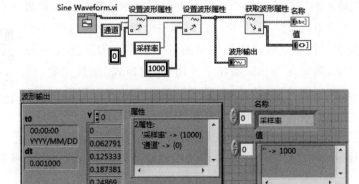

图 3-99　波形属性示例

【实训练习】

利用波形操作函数创建一个范围为 0～1 的三角波形，数据长度为 100 点，起始时间 t_0 设置为系统当前时间，dt 设置为 0.01s。为该波形数据设置两个属性："波形类型"为三角波形、"波形长度"为 100，并在前面板中用波形控件显示出来。

实训练习.mp4

3.6 不同数据函数的综合应用

【例 1】 在程序中，创建一个 4 行 4 列的二维数组，然后从第 1 行起删除 2 行元素，求输出子数组的大小；同时，在前面板中输入字符串 "LabVIEW 2014 Profession"，使用搜索替换字符串函数搜索出输入字符串的"2014"，并用字符串"2017"替换后连接到截取字符串函数，设置截取字符串函数的偏移量为 13、长度为 10；将输出子数组中的每个元素分别乘以不同的倍数后与经过截取的子字符串捆绑成簇；用解除捆绑函数将输出簇中的字符串数据释放出来，与输入字符串"al Edition"连接作为结果字符串输出，如图 3-100 所示。

例 1.mp4

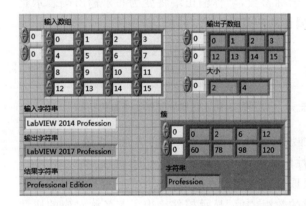

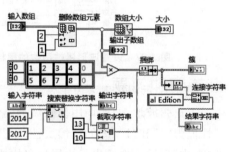

图 3-100 不同类型函数的综合应用

【例 2】 在输入的字符串中将所有数字提取后显示。在前面板放置一个字符串输入控件，用于输入字符串；创建一个字符串数组和一个数值型数组，用来放置已经找到的数字字符串及转换成数值型的各个数字。为了查找输入句子中的全部数字，需要在 While 循环中使用"匹配模式"函数完成，利用移位寄存器与"匹配模式"函数的"偏移量""匹配后偏移量"端口实现依次搜索功能。"匹配模式"函数位于"编程"→"字符串"子选板中，其中的"正则表达式"端口定义在字符串中搜索模式，如果函数没有找到匹配，"匹配后偏移量"端口将返回 -1。在字符串抽取数学示例如图 3-101 所示。

例 2.mp4

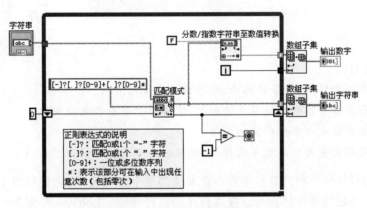

图 3-101 在字符串中抽取数字示例

思考题和习题

1. 列举 LabVIEW 中的各种数据类型,并写出它们在程序框图中的接线端的特征颜色。

2. 如何在数值型和布尔型数据中设置属性?

3. 数组和簇都属于复合数据类型,它们有什么不同?

4. 简要说明变体数据类型的作用。

5. 波形数据的组成元素有哪些? 各自的含义是什么?

第 4 章

LabVIEW 的程序结构

本章学习目标

- 熟练掌握循环结构、条件结构、顺序结构的使用方法
- 理解移位寄存器和反馈节点的概念,掌握移位寄存器的使用方法
- 掌握公式节点与事件结构的用法
- 理解局部变量与全局变量的作用,掌握这两种变量的操作方法

程序结构对任何一种计算机编程语言来说都是十分重要的,它控制整个程序语句的执行过程。一个好的程序结构可以提高程序的执行效率。LabVIEW 作为一种高级程序开发语言,执行的是数据流驱动机制,在程序结构方面除支持循环、顺序、条件等通用编程语言支持的结构外,还包含一些特殊的程序结构,如事件结构、使能结构、公式节点等。

由于 LabVIEW 是图形化编程语言,它的代码以图形形式表现,因此各种结构的实现也是图形化的。每种结构都含有一个可调整大小的清晰边框,用于包围根据结构规则执行的程序框图部分。结构边框中的程序框图部分被称为子程序框图。

本章首先介绍 LabVIEW 的 2 循环 3 结构:For 循环和 While 循环,条件结构、顺序结构和事件结构,随后将展示在 LabVIEW 中如何设置局部变量和全局变量,如何使用公式节点等。

4.1 循环结构

LabVIEW 中的循环位于程序框图的"函数"→"结构"子选板中,如图 4-1 所示。

4.1.1 For 循环

1. For 循环的构成

最基本的 For 循环由循环框架、总数接线端 N 和计数接线端 i 组成,如图 4-2 所示。

图 4-1 "结构"子选板

图 4-2 For 循环

该循环结构类似于下面的 C 语言结构。

```
for(i=0;i<N;i++)
{
循环体
}
```

For 循环框架用于编写需要循环执行的代码。总数接线端 N 指定 For 循环内部代码执行的次数;如将 0 或负数连接至总数接线端,循环不执行;若非整型量连接至总数接线端,LabVIEW 将该值自动转换为最接近的整型量。计数接线端 i 提供当前的循环次数,取值范围是 $0 \sim N-1$。

For 循环的使用方法有两种:一是将对象拖曳到已放置的循环结构内;二是用鼠标把循环结构拖出一个矩形框,并将已存在的对象包围其中。

2. For 循环的执行流程

For 循环的执行流程:在开始执行前,从循环总数接线端读入循环执行次数,然后循环计数接线端输出当前已经执行循环次数的数值,接着执行循环框架中的程序代码,当循环框架中的程序执行完后,如果执行循环次数未达到设定次数,则继续执行,否则退出循环。如果循环总数接线端子的初始值为 0,则 For 循环内的程序一次都不执行。在循环执行过程中,改变循环总数接线端的值将不改变循环执行次数,循环按执行前读入的循环总数接线端所确定的次数执行。利用 For 循环绘制正弦波曲线的应用示例如图 4-3 所示。

3. For 循环的执行中止

For 循环的执行中止方式有两种:一是执行完成 N 次循环;二是添加条件接线端,当满足条件时停止循环。添加条件接线端的方法是,在 For 循环结构边框右击,从快捷菜单

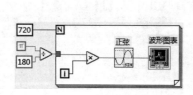
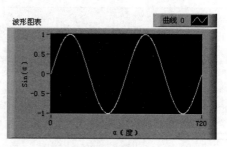

图4-3　利用For循环绘制正弦波曲线的应用示例

中选择"条件接线端"，新的For循环框架如图4-4所示。将停止循环的布尔数据（如布尔控件或比较函数的输出值）连至条件接线端，则可以通过条件接线端的输入中止循环的执行。利用For循环的条件接线端中止循环执行示例如图4-5所示。数组中的值依次输入到For循环中，与"数值"控件中的值相等时，停止循环执行。

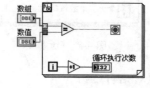
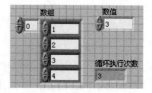

图4-4　条件接线端的For循环　　　　图4-5　For循环条件接线端的应用示例

4. 并行 For 循环

为了提高For循环的执行速度，可采用并行For循环的方式，即为循环分配多个线程，利用多个处理器提高For循环的执行速度，特别是对于需要处理大量计算的应用，能大大提高执行效率。右击For循环外框，在快捷菜单中选择"配置循环并行"，打开For循环并行迭代对话框，启用并行循环。

并行For循环实现数组求和示例如图4-6所示。

【实训练习】

使用For循环产生100个随机数，并在图表上显示。

4.1.2　While 循环

当循环次数不能确定或满足条件时执行循环动作，就要用While循环。基本的While循环由循环框架、计数接线端i和条件接线端组成，如图4-7所示，它相当于C语言中的Do-While循环。

```
do
{
  循环体；
} While(条件表达式)
```

条件接线端是一个布尔变量，接入布尔值用于控制循环执行。条件接线端有两种使用状态：默认状态接线端图标为◉，其含义为"真（True）时停止"，表示当接入的布尔值

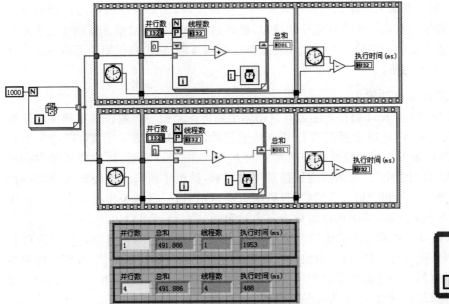

图 4-6　并行 For 循环实现数组求和示例

图 4-7　While 循环

为"真"时，循环停止，否则循环继续执行；在 ◉ 的右键快捷菜单中选择"真时继续"，则切换到另外一种使用状态，接线端图标变为 ⟳，表示当接入的布尔值为"真"时，循环继续执行，否则循环停止。因此，使用 While 循环时应该注意：①合理选择条件接线端；②避免死循环，即如果条件永远满足，就会产生死循环。

与 For 循环在执行前检查是否符合条件不同，While 循环是在执行后再检查条件端子，因此，在 While 循环的执行流程中，循环框架中的程序代码至少执行一次。

4.1.3　循环结构的循环隧道与自动索引

1. 循环隧道

循环结构（包括 For 循环和 While 循环）通过循环隧道与外部代码进行数据交换，当直接把循环结构内的对象和外部对象连接起来时，在连线所经过的循环结构的边框上出现一个小方格，这就是循环隧道。它的作用是确认数据在循环结构内外的传递。循环隧道有输入隧道和输出隧道两种形式，输入隧道用于从外部向结构内部传递数据，输出隧道用于从结构内部向外部传递数据。图 4-8 所示为 For 循环的循环隧道，While 循环也是如此。隧道的数据类型和传输的数据类型相同，方格颜色也和传输数据类型的颜色相同。

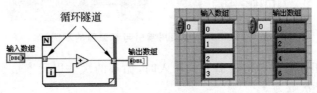

图 4-8　For 循环的循环隧道

循环结构的所有输入数据都是在进入循环之前被读取,循环开始后便不再读取输入数据;而输出数据只有在循环执行完毕才输出,循环过程中不输出数据。以图 4-8 所示的程序为例,输入数组的元素值在 For 循环开始前被全部读取,输出数据则是最后一次循环执行后的全部元素的值。

2. 隧道模式与自动索引

For 循环和 While 循环的循环隧道有自动索引功能。当把一个数组连接到循环结构的边框上生成隧道后,可以选择是否打开自动索引功能,循环隧道显示▣为启用索引状态,显示■为禁用索引状态。根据要处理元素的方式,右击循环隧道,从快捷菜单中选择"禁用索引"或"启用索引"。输入隧道选择禁用索引后,数组中所有元素经输入隧道一次性传入循环,循环体得到等量元素的数组;启用自动索引后,一维数组中的单个元素依次传入循环,即每循环一次,数组向隧道输出一个元素。

(1)输入隧道。如果输入隧道的索引功能被启用,则索引功能将自动计算数组的长度并根据数组长度决定循环次数,数组将在每次循环中按顺序取出一个值,该值在原数组中的索引与当次循环的计数端子值相同,就是说数组在循环内部将会降低一维,比如二维数组变为一维数组,一维数组变为标量元素等。

图 4-9 是 For 循环自动索引的一个示例。For 循环的循环总数接线端 N 上没接入任何数据,循环次数就由输入的数组长度确定。在本例中,输入隧道启用了自动索引,输入数组的长度为 4,元素为[0,1,2,3],每次循环时取出数组的一个元素与循环计数值做加法运算,输出数据通过循环输出隧道存放到输出数组中。

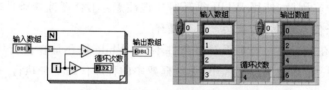

图 4-9 利用 For 循环自动索引输入和输出一维数组

需要说明的是,在输入隧道上启用自动索引,而循环总数接线端 N 也赋值时,For 循环的循环次数将由数组的长度与 N 的赋值共同决定,取两者中的较小值,如图 4-10 所示,数组有 4 个元素,指定的 N 为 3,则执行循环次数为 3 次。若输入的是二维数组,则 For 循环的循环次数由数组的行数与 N 值共同决定,而每次循环时将以"行"为单位将数据顺序输入循环框架进行运算。应用示例如图 4-11 所示。

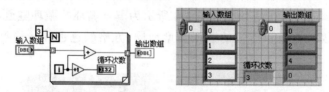

图 4-10 For 循环启用索引与 N 赋值的示例

当有多个数组同时以启用索引方式输入时,循环的次数以元素最少的数组为准,如图 4-12 所示,循环次数为 3。

图 4-11 二维数组输入 For 循环的示例

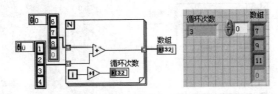

图 4-12 For 循环多个数组同时按索引方式输入的示例

当输入隧道禁用索引功能后,循环执行次数由循环总数接线端 N 的赋值决定。在每次循环时,数组整体传入循环框架进行运算。

(2) 输出隧道。配置循环输出隧道,以返回数组的索引值、最终值或连接值,也可添加条件端子。右击循环的输出隧道,从快捷菜单中选择"隧道模式"→"最终值""索引"或"连接"。

索引:每循环一次,输出数组中就增加一个元素。因此,自动索引的输出数组的大小等于循环的次数。例如,如循环执行了 10 次,那么输出数组就含有 10 个元素。

最终值:输出隧道只返回最后一次循环的元素值。

连接:LabVIEW 按顺序连接所有输入,形成与连接的输入数组相同维度的输出数组。连接隧道模式下,连接数组的方式和创建数组函数的方式相同。

输出隧道和下一个节点之间的连线粗细程度也反映了数组是索引模式、返回最终值模式还是连接模式。索引模式的连线比连接模式下的连线粗,因为索引模式下,输出数组比输入数组多了一个维度,用来存放元素的索引值;返回最终值模式下的连线比索引和连接模式下的连线均要细。图 4-13 所示给出了输出隧道 3 种模式下的运算结果。

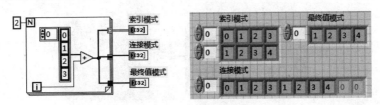

图 4-13 输出隧道示例

在输出隧道上选择"隧道模式"→"条件",输出隧道将增加条件端子,可使 LabVIEW 根据条件将循环的输出值写入输出隧道。

循环对数组的索引作用在输入隧道与输出隧道的表现是不同的:一维数组进入循环时,隧道提取其中的标量值;二维数组进入循环时,隧道提取其中的一维数组。输出隧道的情况正好相反,标量元素在输出隧道上按顺序累积形成一维数组,一维数组累积形成二维数组,依此类推。

图 4-14 所示为 For 循环输入和输出禁用自动索引的示例,对于执行 1 次循环,输入数组一次性完整输入循环框架内,各元素分别与循环计数值($i=0$)相乘,执行完后一次性

输出。对于执行 2 次循环，循环执行前，数组一次性完整输入循环框架内，每次循环时，输入数组中的各元素与循环计数值（分别为 i=0，i=1）相乘，循环执行完后，将最后一次循环执行结果输出。另外，图 4-15 给出了 For 循环输入和输出隧道分别启用和禁用自动索引的示例。

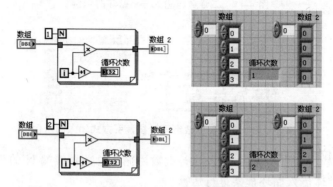

图 4-14　For 循环输入和输出隧道禁用自动索引的示例

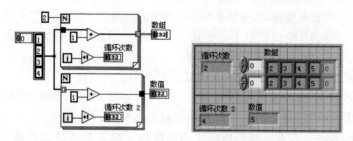

图 4-15　For 循环输入和输出隧道分别启用和禁用自动索引的示例

当有多个数组同时按照启用索引方式输入时，循环的次数以元素最少的数组为准，如图 4-16 所示，循环次数为 3。

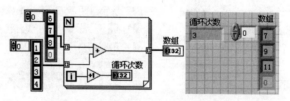

图 4-16　For 循环多个数组同时按启用索引方式输入的示例

尽管 For 循环和 While 循环的输入隧道对输入数组都支持自动索引功能，但二者的区别在于：For 循环的输入隧道默认为自动索引，如不需要索引功能，可在输入隧道的快捷菜单上选择"禁用索引"选项；而 While 循环的输入隧道默认为禁用自动索引，如需要索引，可在输入隧道的快捷菜单上选择"启用索引"选项。

4.1.4　移位寄存器和反馈节点

1. 移位寄存器

为了将当前循环完成时的某个数据传递至下一次循环的开始，LabVIEW 在循环结构中引入了移位寄存器。移位寄存器的功能是将$i-1,i-2,i-3,\cdots$次循环的计算结果保存在循环的缓冲区中,并在第i次循环时将这些数据从循环框架左侧的移位寄存器中送出,供循环框架内的节点使用。

在循环结构中创建移位寄存器的方法是:在循环框图的左边或右边右击,从弹出的快捷菜单中选择"添加移位寄存器"命令,为循环结构创建一个移位寄存器,如图4-17所示。

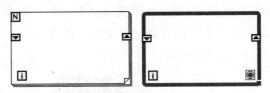

图4-17 循环结构移位寄存器

新添加的移位寄存器由左、右两个端子组成,左、右两个端子分别有一个向下和向上的箭头,颜色都为黑色,这表明移位寄存器没有接入任何数据。当输入数据时,移位寄存器的颜色与输入数据类型的颜色相同,以反映输入数据的类型。

移位寄存器的执行过程如下:每次循环结束时,移位寄存器的右端子保存传入其中的数据,并在下一次循环开始前传给左端子,这样就可以从左端子得到前一次循环结束的输出值,该值可用于下一次的循环。

可以为移位寄存器的左端子指定初始值,其初始化值将在循环开始前读入一次,循环执行后就不再读取该初始值。一般情况下,为了避免错误,建议为移位寄存器左端子明确提供一个初始值。移位寄存器的值也可以通过右端子输出到循环结构外,输出发生在循环结束后,因此,输出的值是移位寄存器右端子的最终值。

一个移位寄存器可以有多个左端子,但只能有一个右端子。右击移位寄存器,从弹出的快捷菜单中选择"添加元素"命令,就可以添加一个元素;或用鼠标将左端子向下拖动,也可以添加多个元素,如图4-18所示。在快捷菜单中选择"删除元素"命令,即可删除一个左端子;选择"删除全部"命令,则将整个移位寄存器删除。

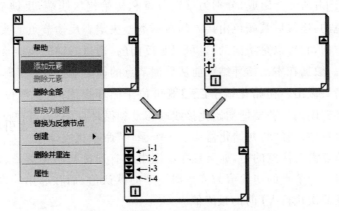

图4-18 添加移位寄存器左端子元素

移位寄存器的左端子元素分别对应前几次循环的输出数据,其保存的数目与左端子数目相同。第 i 次循环结束后，保存在右端子的数据便进入最上面的左端子，它当中原来的数据（即第 $i-1$ 次循环的数据）被挤到第 2 个端子上；第 2 个左端子中原来的数据（即第 $i-2$ 次循环的数据）被挤到第 3 个端子上；依此类推，最后一个端子上原来的数据被抛弃。

图 4-19 为一个在 For 循环中使用移位寄存器的示例，示例中要计算的是 $1+2+3+\cdots+100$ 的值。由于是累加的结果，所以要用到移位寄存器。因为 For 循环是从 0 执行到 $N-1$，因此在计数端要加 1，移位寄存器赋给的初始值为 0。

一个 For 循环或 While 循环可以建立多个移位寄存器。

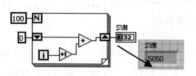

图 4-19　用移位寄存器求和示例

实训练习 1.mp4

实训练习 2.mp4

【实训练习】

（1）用 For 循环与移位寄存器计算一组随机数的最大值与最小值。

（2）用 For 循环和 While 循环分别实现 100 以内的奇数之和，即 $1+3+5+\cdots99$。

2. 反馈节点

反馈节点的功能与只有一个左端子的移位寄存器完全相同，同样用于将数据从一次循环传递到下一次循环。但和移位寄存器相比，反馈节点是一种在两次循环之间传递数据更简洁的表示形式。

反馈节点位于"函数"→"结构"子选板上，选中反馈节点后，在程序框图的合适位置单击，便放置了一个反馈节点。另外，在循环结构中，当把子 VI、函数或子 VI、函数组合的输出连接到同一子 VI、函数或组合的输入端时，将自动建立一个反馈节点。

反馈节点由两部分组成，分别为反馈节点和初始化接线端，反馈节点在没有连线的情况下是黑色的，连线后其颜色由接入的数据类型决定。反馈节点箭头表示连线上的数据流动方向，它可以是正向的，也可以是反向的，通过右键的快捷菜单中选择"修改方向"项来完成。数据在本次循环结束前从反馈节点的箭尾端进入，在下一次循环开始后从反馈节点的箭头流出。初始化端子既可位于循环框图内，也可位于循环框图外，默认为位于循环框图内。若要把初始化接线端移动到循环框图外，可在反馈节点上右击，从弹出的快捷菜单中选择"将初始化器移出一个循环"命令完成操作。

使用反馈节点需要注意的是，如果程序框图中没有连接初始化端子，将导致 VI 只有在第一次执行时反馈节点的初始值为该数据类型的默认值，而在非第一次执行时反馈节点的初始值是其前次执行 VI 时的最终值。

移位寄存器和反馈节点可以互相转换，在移位寄存器的右键快捷菜单中选择"替换为反馈节点"项，即可将移位寄存器转换为反馈节点。反之，移位寄存器也同样可替换为反馈节点。在图 4-20 所示的示例中，左、右两个程序实现的功能完全相同。但要注意的是，当移位寄存器的左端子多于 1 时它不能被转换成反馈节点。

下面举例用 While 循环计算 $1+2+3+\cdots+100$ 的值,程序框图如图 4-21 所示。

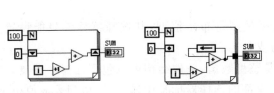 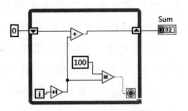

图 4-20 移位寄存器和反馈节点 　　　　　图 4-21 用 While 循环求和示例

【实训练习】

用反馈节点实现数值累加。要求数值从 1 开始,每隔 1 秒加 1,并显示运算结果。

实训练习.mp4

4.2 条件结构

条件结构位于"函数"→"结构"子选板中,它相当于 C 语言中的 switch 语句:

```
switch(表达式)
 { case 常量表达式 1:语句 1;
    case 常量表达式 2:语句 2;
       ⋮
    case 常量表达式 n:语句 n;
    default       :语句 n+1;
 }
```

条件结构是用来控制在不同条件下执行不同程序块的功能,创建条件结构的方法与创建循环相同。基本条件结构由条件结构分支程序子框架、分支选择器端子、选择器标签及减量增量按钮组成,如图 4-22 所示。

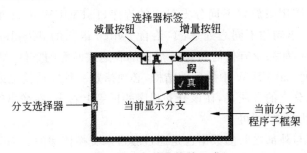

图 4-22 条件结构的组成

在条件结构中,分支选择器端子相当于 C 语言 switch 语句中的"表达式",每个分支的标签相当于"常量表达式 i"。执行条件结构时,LabVIEW 根据分支选择器的值选择对应标签的分支,并执行相应分支的程序。条件结构可以有多个分支,通过单击标签旁边的

"增量/减量"按钮可以查看各分支子程序。分支选择器的值可以是布尔型、字符串型、整型或者枚举类型，其颜色会随连接的数据类型而改变，同时根据分支选择接入的数据类型不同，选择器标签的设置也有差异，其默认数据类型为布尔型，同时自动生成两个选择器标签分别为"真"和"假"的子框架。

（1）布尔型。如选择器接线端的数据类型是布尔值型，其选择器标签只能设置为"真"和"假"，该结构只包含"真"和"假"分支。

（2）整型。如果分支选择器接线的是整型数值，条件结构可以包含任意个分支。对于每个分支，可使用标签工具在条件结构上部的选择器标签中输入值、值列表或值范围。如使用列表，数值之间用逗号隔开。如使用数值范围，指定一个类似 10..20 的范围可用于表示 10～20 的所有数字（包括 10 和 20）。也可以使用开集范围，例如,..100 表示所有小于或等于 100 的数,100.. 表示所有大于或等于 100 的数。

（3）字符串型。如果分支选择器接线的是字符串，条件结构同样可以包含任意个分支。对于每个分支，使用标签工具在条件结构上部的条件选择器标签中输入值、值列表或值范围。用字符型选项值表示范围时，不包含最后一个字符。例如，"a".."h"不包括 h 开头的字符选项值,.."a"和"a".. 表示开集范围,.."a"表示以小于 a（ASCII 码小于 97）开头的字符选项值；"a"仅表示单个字符 a，如要表示以 a 开头的字符选项值，须定义标签为"a".."b"。

需要注意的是，默认情况下，连接至选择器接线端的字符串区分大小写。如要让选择器不区分大小写，将字符串连接至选择器接线端后，在条件结构的快捷菜单中选择"不区分大小写匹配"选项即可，所有小写字母转换为大写后再进行范围比较。如果分支接线端是字符串，在选择器标签中输入的值将自动加上双引号。

（4）枚举型。对于分支选择器接线端接入枚举型数据，条件结构能自动将枚举选项识别为分支标签的值，若枚举选项列表中的某些选项值没有与其对应的分支子框图，可在条件结构的右键快捷菜单中选择"为每个值添加分支"选项，LabVIEW 根据枚举选项的数量自动添加相应的分支子框图。和接入字符串类型一样，接入组合框数据时，选择器标签的值自动加上双引号。

分支程序子框图用来放置不同分支对应的程序，LabVIEW 中条件结构的分支程序与 C 语言的 switch 语句的不同之处是：C 语言 switch 语句的 default 分支是可选项，在没有 default 分支时，如果没有任何和 case 后面的表达式匹配的条件，则任何 case 后面的程序都不会执行；而 LabVIEW 中的条件结构，必须指定一种默认情况或者列出所有可能的情况。设置默认分支的方法是，在该分支程序的标签上右击，在弹出的快捷菜单中选择"本分支设置为默认分支"即可。

条件结构内部与外部之间的数据也是通过隧道来交换传递的。向条件结构输入数据时，各个子框图程序可以不连接这个数据隧道。从条件结构向外输出数据时，各个子框图程序都必须为这个隧道连接数据，否则隧道图标是空心框，工具栏"运行"按钮也是断开的。当各个子程序框图都为这个隧道连接好数据以后，隧道图标才成为实框，程序才可以运行，如图 4-23 所示。如果允许没有连线的子框图程序输出默认值，可在数据隧道的快捷菜单中选择"未连线时使用默认"命令，在这种情况下，程序执行到没有为输出隧道连线的子程序时,就输出相应数据类型的默认值,如图 4-24 所示。

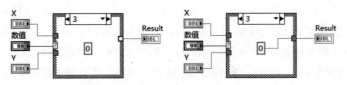

图 4-23　条件结构的输出隧道连接数据

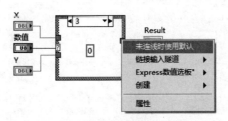

图 4-24　输出隧道的默认处理

在 LabVIEW 中,可将条件结构上的输入隧道转换为分支选择器。右击隧道,从快捷菜单中选择"替换为分支选择器",LabVIEW 将把该隧道转换为分支选择器。此时,新分支选择器的数据将改变选择器标签的值(不改变原分支程序);原分支选择器转换为输入隧道,如图 4-25 所示。

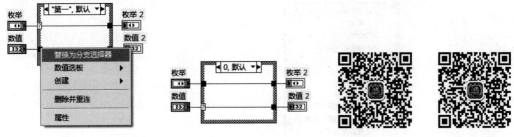

图 4-25　隧道转换为分支选择器示例　　　　实训练习 1.mp4　　实训练习 2.mp4

【实训练习】

(1) 用条件结构编写 VI,实现两个数的加、减、乘、除四则运算,要求用组合框作为分支选择器。

(2) 编写 VI,实现百分制成绩向五分制成绩的转换。要求:90 分以上为 A,80～89 分为 B, 70～79 分为 C, 60～69 分为 D,60 分以下为 E。

4.3　顺序结构

LabVIEW 作为一种图形化的编程语言,有其独特的程序执行顺序——数据流执行方式,数据流经节点的动作决定了程序框图上 VI 和函数的执行顺序。虽然数据流编程方式给用户带来了许多方便,但在某些复杂的情况下,这种方式也有不足之处。例如,如果有多个节点同时满足节点执行条件,那么这些节点会同时执行,而在实际中希望这些节点按一定的次序执行,这就需要引入顺序结构。顺序结构的功能是强制程序按一定的顺序执行。

LabVIEW 提供了两种顺序结构:平铺式顺序结构和层叠式顺序结构,这两种结构的功能相同,只是外观和用法略有差别。其中,平铺式顺序结构位于"函数"→"编程"→"结构"子选板中,如图 4-26 所示。顺序结构包含一个或多个按顺序执行的子程序框图(即帧)。

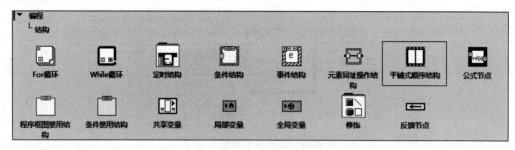

图 4-26　平铺式顺序结构

1. 平铺式顺序结构

新建的平铺式顺序结构只有一帧,为单框顺序结构,它只执行一步操作,通过帧的右键快捷菜单添加或者删除帧。通过拖动帧四周的方向箭头可以改变其大小,如图 4-27 所示。

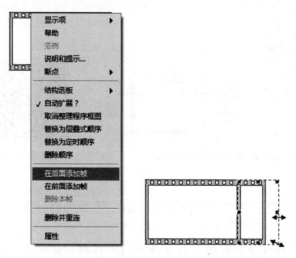

图 4-27　改为帧的大小

平铺式顺序结构将所有的帧按照 $0,1,2,\cdots$ 的顺序自左至右平铺,并按从左至右的顺序执行,能够确保子程序框图按一定顺序执行。平铺式顺序结构的数据流不同于其他结构的数据流,当所有连线至帧的数据都可用时,平铺式顺序结构的帧按从左至右的顺序执行。每帧执行完毕后会将数据通过连线直接穿过帧壁(隧道)传递至下一帧,即帧的输入可能取决于另一帧的输出。如图 4-28 所示,程序运算结果依次为 $A+B$、$(A+B)/2$ 和 $(A+B)\times 2$。

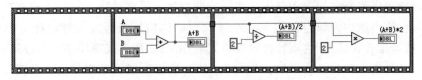

图 4-28　平铺式顺序结构数据通道

2. 层叠式顺序结构

层叠式顺序结构与平铺式顺序结构一样,能够确保子程序框图按一定顺序执行。但层叠式顺序结构没出现在选板上。如果要创建层叠式顺序结构,先在程序框图上创建平铺式顺序结构,然后右击该结构并选择"替换为层叠式顺序"菜单项。

在大多数情况下,需要按照顺序执行多步,因此需要在单框架的基础上创建多框架顺序结构。当层叠式顺序结构的帧超过两个时,所有帧的程序框图会堆叠在一起,如图 4-29 所示,它由顺序框架、选择器标签和递增/递减按钮组成。在层叠式顺序结构上右击结构边框,可选择"在后面添加帧""在前面添加帧""复制帧"及"删除本帧"来在当前帧上添加、复制或删除帧。

图 4-29　多框架层叠式顺序结构

当程序运行时,顺序结构会按照选择器标签 0,1,2,… 的顺序逐步执行各个框图中的程序。在程序的编辑状态中,单击"递增/递减"按钮可将当前编号的帧切换到前一帧或后一帧;在选择器标签的下拉菜单中可以选择切换到任一编号的帧,如图 4-29 所示。

层叠式顺序结构的帧间数据不能通过数据连线直接传递,需要通过使用顺序局部变量实现不同帧之间的数据传递。

(1) 添加顺序局部变量。在层叠式顺序结构的边框上右击弹出快捷菜单,选择"添加顺序局部变量"选项,在顺序结构边框上出现一个小方块(所有帧程序框的同一位置都有),表示添加了一个局部变量。小方块可以沿框四周移动,颜色随传输数据类型的不同而发生变化。添加局部变量后接入该局部变量的数据在当前帧后面的各个帧中可以作为输入数据使用,但是,之前帧将不能用当前帧局部变量的数据。用数据线连接局部变量后,局部变量小方块中的箭头表明了数据的流动方向,如图 4-30 所示。

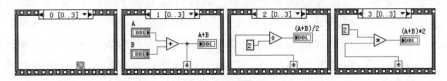

图 4-30　局部变量的使用

(2) 删除顺序局部变量。在局部变量的小方块上右击,选择快捷菜单中的"删除"命令,即可删除选中的局部变量。

3. 顺序结构之间的转换

层叠式顺序结构的优点是节省程序框图窗口空间,但用户在某一时刻只能看到一帧代码,这会给程序代码的阅读和理解带来一定的难度。平铺式顺序结构比较直观,方便代码的阅读,但它占用的窗口空间较大。平铺式顺序结构可以通过右键快捷菜单中的"替换"→"替换为层叠式顺序"选项转换到层叠式顺序结构,层叠式顺序结构可以通过右键快捷菜单中的"替换"→"替换为平铺式顺序"选项转换到平铺式顺序结构。如图 4-28 所示的平铺式顺序结构能替换为层叠式顺序结构,转换结果如图 4-30 所示。

4. 顺序结构内部与外部的数据交换

顺序结构内部与外部之间的数据传递是通过在结构边框上建立隧道实现的。隧道有输入隧道和输出隧道,输入隧道用于从外部向内部传递数据,输出隧道用于从内部向外部传递数据。在顺序执行前,输入隧道上得到输入值,在执行过程中,此值保持不变,且每帧都能读取此值。输出隧道上的值只能在整个顺序结构执行完后才会输出,如图 4-31 所示。

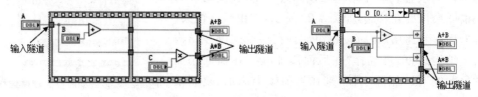

图 4-31　顺序结构内部与外部数据的交换示例

顺序结构虽然可以保证执行顺序,但编写代码有一定难度,同时也阻止了程序的并行执行,因此应避免过多使用顺序结构,同时要做到顺序结构优化,提高程序运行效率。如图 4-28 所示的程序框图中,删除第 0、1、3 帧,既达到了运算的要求,又提高了效率。

【实训练习】

将随机产生的数值与给定的数值比较,计算达到两数相等时所需时间。

实训练习.mp4

4.4　事件结构

所谓事件,是指对活动发生的异步通知。事件可以来自于用户界面、外部 I/O 或其他方式。用户界面事件包括鼠标点击(单击、双击)、键盘按键、窗口(关闭、缩小窗口)等动作;外部 I/O 事件则指诸如数据采集完毕或发生错误时硬件触发器或定时器发出信号;通过程序生成的事件,包括根据用户定义数据生成的用户事件和程序框图的其他事件。LabVIEW 支持用户界面事件和通过程序生成的事件,也支持 ActiveX 和.NET 等外部I/O 事件。

LabVIEW 中的事件结构也是一种能改变数据流执行方式的结构,使用事件结构可以实现用户在前面板的操作(事件)与程序执行的互动。在事件的驱动程序中,先要等待事件发生,然后按对应的指定事件的程序代码对事件进行响应后再回到等待事件状态。使用事件设置,可以达到用户在前面板的操作与图形代码同步执行的效果。用户每改变一个前面板控件的值或关闭前面板、退出程序等操作都能及时被程序捕捉到。

事件驱动可以让 LabVIEW 应用程序在没有指定事件发生时处于休息状态,直到前面板中有事件发生为止。在这段时间内,可以将 CPU 交给其他的应用程序使用,大大提高了系统资源的利用率。事件驱动程序通常包含一个循环,该循环等待事件的发生并执行代码来响应事件,然后不断重复以等待下一个事件的发生。程序如何响应事件取决于为该事件编写的代码。事件结构位于"函数"→"编程"→"结构"子选板上,如图 4-32 所示。

图 4-32　事件结构

4.4.1　事件结构的构成

事件结构由超时接线端、事件选择器标签、事件数据节点、增/减量按钮、当前事件分支子框架组成,如图 4-33 所示。和条件结构相似,事件结构也可以由多层框架组成,但与条件结构不同的是,事件结构虽然每次只能运行一个框图,但可以同时响应几个事件。

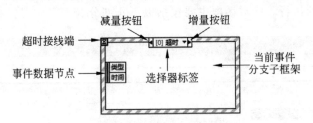

图 4-33　事件结构的组成

超时接线端用来设定超时时间,其接入数据是以毫秒为单位的整数值。若等待其他类型事件发生的时间超过设定的超时时间,将自动触发超时事件。也就是说在设定的超时时间内事件结构未触发,则超时时间结束时事件结构运行超时事件框架内的程序,然后事件结构停止运行。如果超时端子接入值为−1,则事件结构处于永远等待状态,直到指定的事件发生为止。在事件结构中,只要某一事件结构被触发,当这个事件所在的框架中程序运行结束后,事件结构都会退出并中止运行。显然,若要处理任意多的事件,就需要把事件结构放在 While 循环内部。

事件选择器标签表明由哪些事件引起了当前分支的执行,其增减与层叠式顺序结构和条件结构中的增减类似。

事件数据节点用于输出事件的参数,端口数目和数据类型根据事件的不同而不同。事件数据节点由若干个事件数据端子构成,数据端子的增减可以通过拖曳事件数据节点进行,也可以通过右击从弹出的快捷菜单中选择"添加/删除元素"选项进行。

在事件选择器标签上右击，弹出如图 4-34 所示的快捷菜单。其中，"删除事件结构"用于删除事件结构；"编辑本分支所处理的事件"用于编程当前事件分支的事件源和事件类型；"添加事件分支"用于在当前事件分支后面增添新的事件；"复制事件分支"用于复制当前事件，并把复制的结果放在当前事件分支的后面；"删除本事件分支"用于删除当前事件分支。"显示动态事件接线端"用于显示动态事件端子。

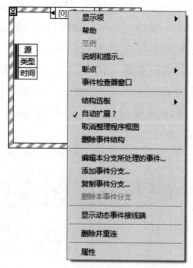

事件结构同样支持隧道。默认状态下，不必为每个分支中的事件结构输出隧道连线，因为所有未连线隧道的数据类型都将使用默认值。如果用户通过右击，从弹出的快捷菜单中选择取消"未连线时使用默认"选项，则必须为事件结构的所有隧道连线。

图 4-34　事件选择器标签的右键快捷菜单

4.4.2　事件结构的设置

对于事件结构，执行编辑、添加或复制等操作，都会出现如图 4-35 所示的"编辑事件"对话框，每个事件分支都可以配置多个事件，当这些事件中的任何一个发生时，对应事件分支的代码会得到执行。该对话框主要包括以下几部分。

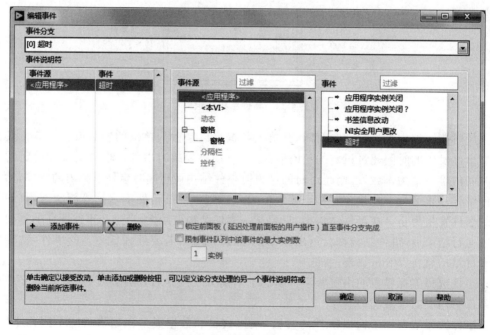

图 4-35　"编辑事件"对话框

"事件分支"列出所有事件分支的序号和名称。通过在下拉菜单中选择事件分支为可编辑事件。选择其他分支时,事件结构将进行更新,并在程序框图上显示选定的事件分支。

"事件说明符"列出事件源和事件结构的当前分支处理的所有事件。对话框的事件源和事件部分高亮显示事件源和事件说明符中选定的事件名。单击事件源或事件中的项可改变对话框的事件说明符部分高亮显示的项。单击添加事件说明符或删除按钮可添加或删除该列表中的事件。

- 事件源——列出事件源(如应用程序、VI、动态事件或控件)。
- 事件——列出当前分支处理的所有事件的名称。
- 添加事件——在当前结构中添加新的事件。
- 删除——在事件说明符列表中删除选定的事件。

"事件源"列出按类排列的事件源,对其进行配置以生成事件。

"事件"列出对话框的事件源和事件栏中选定事件源的可用事件。通知事件用绿色符号表示,过滤事件用红色符号表示。

"锁定前面板(延迟处理前面板的用户操作)直至该事件分支完成"表明事件发生时锁定前面板,在事件结构完成事件处理前停止处理用户操作。对于通知事件,可取消该选项,过滤事件除外。

"限制事件队列中该事件的最大实例数"用于限制事件在事件队列中的发生次数。如限制某个事件的数量,事件结构仅处理指定数量的事件,在新的事件进入队列时自动丢弃旧的多余事件。

图 4-35 中为"事件分支[0]超时"指定了一个事件,事件源是"应用程序",事件名称是"超时",即由应用程序本身产生的超时事件。

4.4.3　通知事件和过滤事件

LabVIEW 中能够响应的事件有两种类型:通知事件和过滤事件。由图 4-35 所示可以看出,通知事件用绿色箭头标注,过滤事件用红色箭头标注并以问号结尾。

1. 通知事件

通知事件用于通知程序代码某个用户界面事件发生了,并且 LabVIEW 已经进行了最基本的处理。例如修改一个数值控件的数值时,LabVIEW 会先进行默认的处理,即把新数值显示在数值控件中。此后,如果已经为这个控件注册了"值改变"事件,该事件的代码将得到执行。

2. 过滤事件

过滤器事件用于告诉程序代码某个事件发生了,LabVIEW 还未对其进行任何处理,从而便于用户就程序如何与用户界面的交互做出自己相应的定制。使用过滤事件参与事件处理可能会覆盖事件的默认行为。在过滤事件的事件结构分支中,可在 LabVIEW 结束处理该事件之前验证或改变事件数据,或完全放弃该事件以防止数据的改变影响到VI。例如,将一个事件结构配置为放弃前面板关闭事件可防止用户关闭 VI 的前面板。

过滤事件的名称以问号结束，如"前面板关闭?"，以便与通知事件区分。

处理过滤事件的事件结构分支有一个事件过滤节点，可将新的数据值连接至这些接线端以改变事件数据。如果不对某一数据项连线，那么该数据项将保持不变。可将"真"值连接至"放弃?"接线端以完全放弃某个事件。

事件结构分为静态和动态两种。如果只需对前面板对象进行操作判断，使用静态事件结构就完全可以实现；但如果需要实时改变注册内容或将程序中的数据作为事件的发生条件等特殊情况时就要用到动态事件结构。

动态事件结构的创建就需要使用注册事件节点注册事件（指定事件结构中事件的事件源和事件类型的过程称为注册事件），再将结果输出到事件结构动态事件注册端子上。若要创建一个事件动态注册端子，可以在事件结构框图上右击，在弹出的快捷菜单中选择"显示动态事件接线端"选项即可。

动态事件必须使用注册事件节点，它位于"函数"→"编程"→"对话框与用户界面"→"事件"子选板内，也可以直接在事件动态注册端子上右击从弹出的快捷菜单中选择"事件选板"，则弹出如图4-36所示的动态注册事件界面。

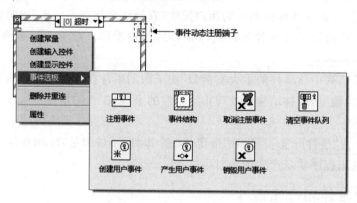

图4-36　动态注册事件

在图4-36所示的选板中，"创建用户事件"用于返回用户事件的引用。LabVIEW通过连线的用户事件数据类型确定事件的事件名称和数据类型。连线用户事件输出输出端至注册事件函数可注册事件。连线用户事件输出输出端至产生用户事件函数，可发送事件和相关数据至为该事件注册的所有事件结构。"产生用户事件"用于广播连线至用户事件输入端的用户事件，发送用户事件和相关的事件数据至注册为处理该事件的每个事件结构。"取消注册事件"用于取消注册与事件注册引用句柄关联的所有事件。"销毁用户事件"通过销毁用户事件引用句柄，释放用户事件引用，所有注册为该用户事件的事件结构不再接收该事件。"清空事件队列"用于放弃一个或多个事件队列中最早的通知事件；如要放弃的事件队列包含过滤事件，则该函数将在队列的第一个过滤事件停止，仅放弃停止前发生的事件。

4.4.4　事件结构的应用举例

在前面板放置两个确认按钮，分别取名为"按钮1"和"按钮2"，再放置一个停止按钮，

然后放置两个数值显示控件,取名为"计数器 1"和"计数器 2"。程序实现以下功能:

(1) 单击按钮 1 时,计数器 1 中的值增加 1。

(2) 单击按钮 1 或按钮 2 时,计数器 2 中的值均增加 1。

(3) 单击停止按钮时,程序自动退出运行。

事件结构.mp4

分支 0:响应"按钮 1"控件上"鼠标按下"的通知事件,当单击按钮 1 时,计数器 1 加 1,实现对单击操作进行计数。

分支 1:同时响应"按钮 1"和"按钮 2"控件的"值改变"通知事件,即分支 1 同时处理了两个事件,当单击这两个按钮中的任何一个以改变按钮的取值,则计数器 2 加 1 以实现计数。

分支 2:响应"停止"按钮控件的"鼠标按下?"过滤事件,该分支放置了一个双按钮对话框,并将对话框的输出取反接入事件过滤节点中的"放弃?"。

分支 3:响应"停止"按钮控件的"鼠标按下"通知事件,该分支放入了一个真常量,并将其连接至 While 循环条件接线端。当程序运行时,按下"停止"按钮,则弹出对话框,如果选择"是","鼠标按下"事件得以发生,分支 3 中的程序得以执行,循环结束,VI 停止运行;若选择"否","鼠标按下"事件被屏蔽,分支 3 中的程序不运行,VI 继续执行。

通过以上描述实现的程序框图如图 4-37 所示,运行界面如图 4-38 所示。

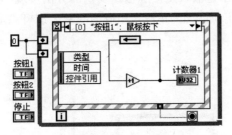

(a) 按钮1鼠标按下通知事件

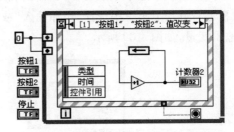

(b) 按钮1、按钮2值改变通知事件

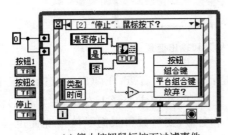

(c) 停止按钮鼠标按下过滤事件

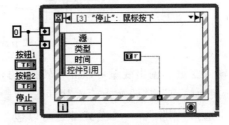

(d) 停止鼠标按下通知事件

图 4-37 利用事件结构实现的计数器程序框图

图 4-38 利用事件结构实现的单击计数器

【实训练习】

利用事件结构实现数字的自动累加，即在数值输入控件中，每当用户输入一个数字后，累加值就及时发生变化。例如，依次输入 1、2 时，累加值为 3，再按下 5 时，累加值为 8。

实训练习.mp4

4.5 公式节点

公式节点是一种便于在程序框图上执行数学运算的文本节点，适用于含有多个变量或较为复杂的方程。

公式节点使用算术表达式实现算法过程，C 语言的 If 语句、While 循环和 For 循环等都可以在公式节点中使用。公式节点可以通过复制、粘贴的方式将已有的文本代码移植到公式节点中，不必通过图形化编程方式再次创建相同的代码。

1. 公式节点的建立

公式节点位于"函数"→"编程"→"结构"子选板及"函数"→"数学"→"脚本与公式"子选板中，在程序框图中放置公式节点的方法以及公式节点边框大小的调整与循环结构的操作相同。公式节点中参数的输入、输出利用创建输入变量和输出变量的方法实现，通过在边框上右键快捷菜单中选择"添加输入"或"添加输出"并输入相应的变量名即可添加输入、输出变量，如图 4-39 所示。

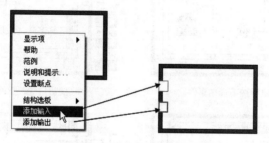

图 4-39 公式节点的输入和输出变量

输入变量和输出变量可以互相转换，方法是：在变量上右击，在弹出的快捷菜单中选择"转换为输出"或"转换为输入"即可。要删除变量，可在相应变量上右击，在弹出的快捷菜单中选择"删除"。一个公式节点可以包含多个变量，变量数目根据具体情况而定，但要注意的是，变量名称对大小写字母很敏感。

2. 公式节点的语法

每个赋值语句中，赋值运算符（＝）的左侧仅可有一个变量，且必须以分号（;）结束。注释内容可通过/＊…＊/封闭起来。在公式节点中输入公式时，必须确保使用正确的公式节点语法。

LabVIEW 公式节点主要有以下几种语句：变量声明语句、赋值语句、条件语句、循环语句、Switch 语句、控制语句。

3. 应用举例

利用公式节点完成表达式 $y1=2x^2+3x+1$, $y2=a*x+b$ 的运算,其中,x 的取值为 $0\sim20$ 的整数值。VI 的前面板和程序框图如图 4-40 所示。两个等式用一个公式节点完成,输入 a 和 b,运行结果如图 4-40 所示。

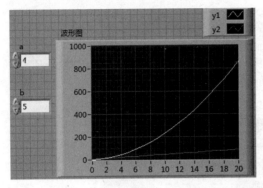
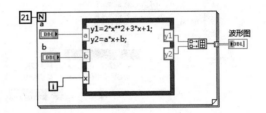

图 4-40 利用公式节点应用示例

【实训练习】

1. 使用公式节点实现 $y=\cos(x)$,并将输出用图形显示。

2. 设计 VI 计算 z 值:当 $x\geqslant0$,$z=x^3+y^2-1$;当 $x<0$,$z=3x^2+y+4$。

实训练习.mp4

4.6 LabVIEW 中变量的数值传递

LabVIEW 是一种图形化的编程语言,在程序设计中通过连线节点、控件来实现数据交换。但当程序比较复杂时,这种连线容易杂乱无序,导致程序的可读性变差,而且在不同 VI 之间的数据无法通过连线来完成数据的传递。为此,在 LabVIEW 中引入了局部变量和全局变量。局部变量实现了数据在同一 VI 程序中的复用,而全局变量实现了数据在不同 VI 程序中的共享,这和 C 语言中的局部变量、全局变量的意义相同。

4.6.1 局部变量

当无法访问某前面板对象或需要在程序框图节点之间传递数据时,可创建局部变量。局部变量仅出现在程序框图上,不会出现在前面板上。通过局部变量,可对前面板上的输入控件或显示控件进行数据读写。

使用局部变量可以在一个 VI 的不同位置实现对前面板控件的访问,也可以在无法连线的框图区域传递数据。一个前面板控件可以建立多个局部变量,从任何一个局部变量都可以读取该控件中的数据;向其中任何一个局部变量写入数据,都会改变包括控件本身和其他局部变量在内的所有数据备份。另外,局部变量也能实现对输入控件的写操作和对显示控件的读操作。

1. 局部变量的创建

局部变量的创建方式有两种。

（1）在前面板控件或它的框图端子上右击，从弹出的快捷菜单中选择"创建"→"局部变量"选项，便可为该对象创建一个局部变量，如图 4-41 所示。

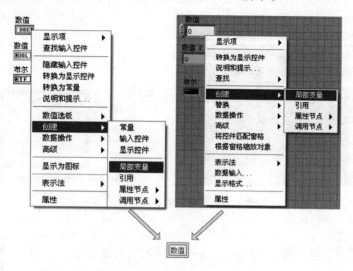

图 4-41　创建局部变量的方法之一

（2）从图 4-1 所示的"结构"子选板中选择"局部变量"并将其拖放到程序框图上。此时局部变量尚未与一个输入控件或显示控件相关联，其显示为一个图标。用鼠标"操作值"工具直接单击该图标，弹出包含所有控件自带标签的下拉菜单，选中某控件标签即可建立局部变量与该控件的关联；也可在局部变量图标上右击，快捷菜单的"选择项"的下拉菜单中同样列出了所有控件的自带标签，选中某控件标签也能建立局部对象与控件的关联，如图 4-42 所示。

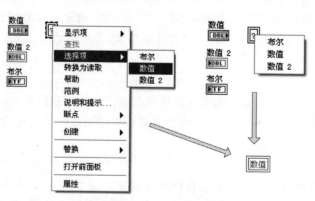

图 4-42　创建局部变量的方法之二

2. 局部变量的读写

创建了局部变量后，就可从该局部变量读写数据了。默认状态下，局部变量都是写入端子,接收数据。将新数据写入该局部变量,与之相关联的前面板输入控件或显示控件将由于新数据的写入而更新。

局部变量可配置为读取端子,提供数据。右击局部变量,从快捷菜单中选择"转换为读取"命令便将局部变量转换成读取端子。

如需使变量从程序框图接收数据而不是提供数据,可右击该变量并从快捷菜单中选择"转换为写入"。

在程序框图上,读取局部变量与写入局部变量的区别相当于输入控件和显示控件的区别。与输入控件类似,读取局部变量的边框较粗;写入局部变量的边框较细,类似于显示控件。

3. 局部变量应用举例

图 4-43 所示为一个利用局部变量控制两个 While 循环的示例。

该示例通过典型的并行循环结构,使用布尔开关局部变量读取开关的值,可同时停止两个循环。由于布尔控件的"单击时触发"机械动作与局部变量不兼容,因此通过另一个局部写入变量将开关值重置为"开",仿真"单击时触发"机械动作。

应用举例.mp4

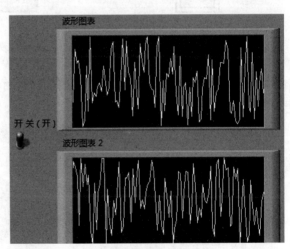

图 4-43　利用局部变量控制两个 While 循环的示例

【实训练习】

利用局部变量实现数值输入控件与显示控件间的数据传递。

4.6.2　全局变量

局部变量主要用于在程序内部传递数据,不能实现程序之间进行数据传递。局部变量的这个缺陷可以通过全局变量实现,它可以同时在运行的多个 VI 或子 VI 之间访问和传递数据。全局变量是内置的 LabVIEW 对象。创建全局变量时,LabVIEW 将自动创建一个有前面板,但无程序框图的特殊全局 VI。向该全局 VI 的前面板添加控件,可定义其中所含全局变量的数据类型及变量数目。该前面板实际成为一个可供多个 VI 进行数据访问的容器。

1. 创建全局变量

若要创建一个全局变量,可以从如图 4-1 所示的"结构"子选板中选择"全局变量"并将其拖放到程序框图上,得到如图 4-44 所示的全局变量的图标。

双击该全局变量图标,弹出一个全局变量的前面板,可在该面板中放入需要创建为全局变量的输入控件或显示控件。如图 4-45 所示为已放入控件的全局变量 VI,全局变量中的每个控件都同时拥有读和写的权限。保存此 VI 并关闭。

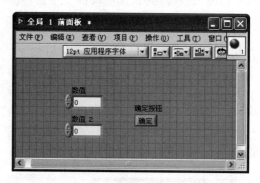

图 4-44　全局变量的图标　　　　　　　图 4-45　"全局变量"界面

另一种创建全局变量的方法是,在 LabVIEW 前面板或程序框图的菜单中选择"文件"→"新建"选项,弹出一个如图 4-46 所示的窗口,在窗口中选择"全局变量"并确定后,同样弹出一个全局变量的前面板,按上一种方法操作即可。

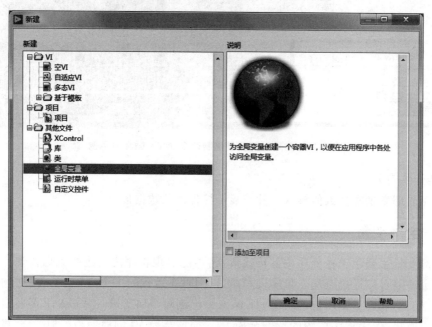

图 4-46　从"文件"下拉菜单创建全局变量

LabVIEW以自带标签区分全局变量,因此应当对前面板中的输入控件和显示控件使用描述性的自带标签来进行标注。用户可创建多个仅含有一个前面板对象的全局变量,也可创建一个含有多个前面板对象的全局变量,从而将相似的变量归为一组。

同局部变量一样,全局变量既可以是写入端子,也可以是读取端子,不用考虑最初放入全局变量VI前面板的控件是输入控件还是显示控件。同样,在全局变量上右击,在弹出的快捷菜单中选择"转换为读取"或"转换为写入"命令便可以实现全局变量的读或写数据。

2. 调用全局变量

(1)选择函数选板的"选择VI"命令,弹出"选择需打开的VI"对话框,选中所需的全局变量VI,单击"确定"按钮,在程序框图中放置这个全局变量。

(2)用操作工具在创建的全局变量上单击,弹出的下拉菜单中列出了全局变量所包含所有控件的标签,根据需要选择相应的控件,如图4-47所示。

(a)通过鼠标右键关联全局变量　　(b)通过鼠标左键关联全局变量

图4-47　选择一个全局变量

(3)若在一个VI中需要使用多个全局变量,可用拷贝和粘贴全局变量的方法实现全局变量的复制。

3. 全局变量应用举例

如图4-48所示为一个全局变量应用示例。

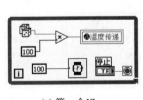
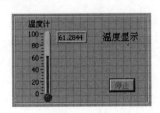
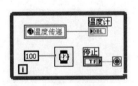

(a)第一个VI　　　　(b)第二个VI前面板　　　　(c)第二个VI程序框图

图4-48　全局变量应用示例

第一个VI用来产生随机数,并将随机数写入全局变量"数值"中。

第二个VI用来显示数据,数据来自于全局变量的"数值",并通过温度计数值显示控件显示。

同时运行两个VI，第一个VI产生数据，通过全局变量传递到第二个VI并显示出来。

【实训练习】

利用全局变量传递数据，要求：

（1）全局变量中包含"数值"与"停止"两个控件。

（2）第一个VI用来产生随机数，并将随机数写入全局变量"数值"中，同时第一个VI的循环受全局变量"停止"的控制。

实训练习.mp4

（3）第二个VI用来显示数据，数据来自于全局变量的"数值"，并通过波形图表显示，同时第二个VI的"停止"按钮用来控制两个VI循环的运行，控制第一个VI循环的执行需要通过全局变量"停止"来实现。

思考题和习题

1. 简述 For 循环和 While 循环的区别。

2. 移位寄存器和反馈节点的功能是什么？它们之间有哪些异同点？

3. 循环结构内部与外部传递数据时，循环隧道自动索引功能开启与关闭有什么不同？

4. 产生 1000 个随机数，求其中的最大值与最小值和这 1000 个随机数的平均值，并求出程序执行的时间。

5. 分别用公式节点和图形代码实现运算：$z = x^2 + 3xy - y^2 + 2x$。

6. 分别说明局部变量与全局变量的作用范围有什么不同。

第 5 章

数据的图形显示

本章学习目标

- 熟练掌握波形图、波形图表的组件和功能,以及有关属性的设置和使用方法
- 掌握 XY 图和 Express XY 图的功能和使用方法
- 熟悉数字波形图的功能和使用方法
- 熟悉三维图形控件的使用方法

数据的图形显示具有直观明了的特点,能够增强数据的表达能力,许多实际仪器都提供了图形显示功能,如示波器、频谱分析仪等。图形显示是虚拟仪器面板设计的重要内容。LabVIEW 提供了丰富的图形显示功能,根据数据显示和更新方式的不同,LabVIEW 的图形显示控件分为图形(也称事后记录图)和图表(也称实时趋势图)两类。

图表显示是将数据源(如采集到的数据)在某一坐标系中实时、逐点地显示出来,它可以反映出被测量的变化趋势,如传统的示波器显示一个实时变化的波形或曲线,也可以同时显示若干个数据点。图形则是对已采集数据进行事后处理,它先将被采集数据存放在数组中,然后根据需要组织成相应的图形显示出来。它的缺点是不能实时显示,但是它的表现形式要丰富得多。例如,采集一个波形数据后,经过处理可以显示其频谱图。

本章首先介绍波形图、波形图表的功能及使用方法,然后介绍 XY 图、强度图及强度图表的使用方法,最后介绍数字波形图和三维图形控件的使用。

5.1 波形显示

波形显示包括波形图和波形图表两种方式,在前面板"控件"→"新式"→"图形","经典"→"经典图形"和"银色"→"图形"及 Express→"图形显示控件"等子选板中均包含了各种各样的图形图表控件,如图 5-1 所示。

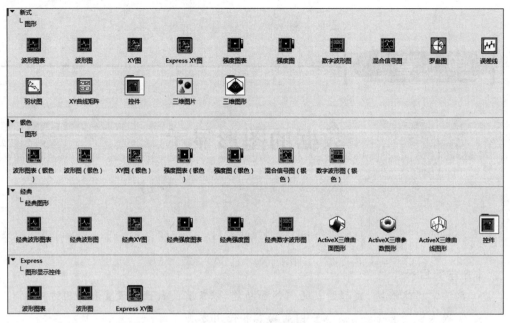

图 5-1　图形图表控件

5.1.1　波形图

波形图用于对已采集数据进行事后显示处理，它根据实际要求将数据组织成所需的图形一次显示出来。其基本的显示模式是按等时间间隔显示数据点，而且每一时刻对应一个数据点。

在前面板的波形图上右击，选中快捷菜单的"显示项"后，将弹出"显示项"子菜单，如图 5-2 所示。可以根据需要选择波形图的显示项，如图 5-3 所示为带有"显示项"子菜单所有选项的波形图。

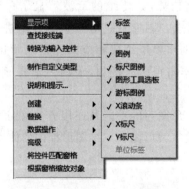

图 5-2　波形图的右键快捷菜单

下面介绍波形图上各个显示项的功能和使用方法。

1. 图例

波形图的图例可以定义图中曲线的各种参数。单击图例曲线将弹出图例快捷菜

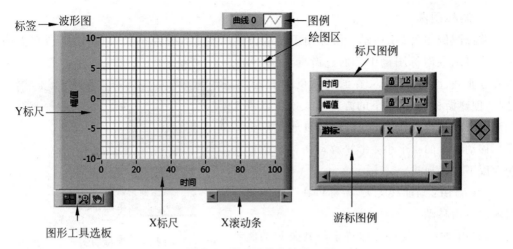

图 5-3　波形图的完整显示项

单,如图 5-4 所示。可以在该快捷菜单中设置曲线的类型、线条颜色、线条宽度、数据点样式等内容。在"常用曲线"中,可以选择平滑曲线、数据点方格等。

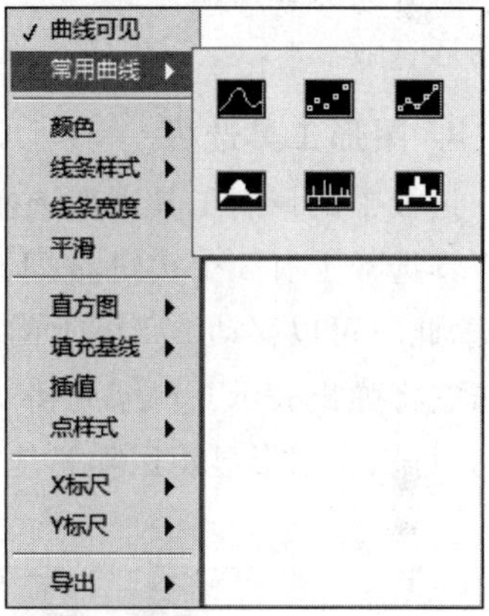

在图例的快捷菜单中,"平滑"可以使曲线变得更光滑;"直方图"可以设置显示直方图的方式;"填充基线"用来设置曲线的填充参考基线,包括0、负无穷大和无穷大几种;"插值"提供绘制曲线的 6 种插值方式;"点样式"用来设置曲线数据点的样式,有圆点、方格和星号等样式。

在图例上拖动其边缘,可以增加或减少图例。双击图例名称,可以改变图例的曲线名称。

2. 标尺图例

图 5-4　图例快捷菜单及常用曲线

标尺图例用于设置 X 坐标和 Y 坐标的相关选项,其中各个选项名称如图 5-5 所示。在"坐标名称"中可以更改两个坐标轴的名称;打开自动缩放功能,波形图会根据输入数据的大小自动调整刻度范围,使曲线完整地显示在波形图上;"一次性自动缩放"可以对当前曲线的刻度进行一次性的缩放,单击"锁定自动缩放"按钮后,"一次性锁定自动缩放"也处于按下状态;单击刻度格式按钮,在弹出的刻度格式子菜单中可以设置坐标刻度的格式、精度、映射模式和网格颜色等,如图 5-6 所示。

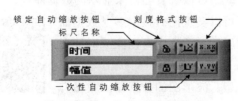

图 5-5　标尺图例图

图 5-6　刻度格式菜单

3. 游标图例

游标图例如图 5-7 所示。游标用于读取波形曲线上任意点的精确值，游标所在点的
坐标值显示在游标图例中。通过游标图例，可
以在波形图上添加游标：在游标图例中右击，
选择"创建游标"子菜单下的游标模式便可以添
加游标。当选中某个游标后，还可以通过单击
游标移动器上的 4 个小菱形来移动游标。游标
包含以下 3 种模式。

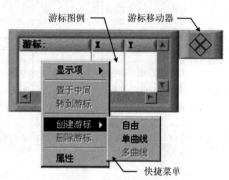

图 5-7　游标图例

（1）自由：与曲线无关，游标可在整个绘图
区域内自由移动。

（2）单曲线：仅将游标置于与其关联的曲
线上，游标可在关联的曲线上移动。

（3）多曲线：将游标置于绘图区域内的特定数据点上。多曲线游标可显示与游标相
关的所有曲线在指定 X 值处的值，可置于绘图区域内的任意曲线上，该模式只对混合信
号图形有效。

4. 图形工具选板

选板中的控制工具用来选择鼠标的操作模式从而实现对波形缩放、平移等操作。图
形工具选板上有 3 个按钮，按下第一个带有十字光标的按钮，表示处于通常情况下的操作
模式，此时可以移动波形图上的游标。第二个有放大镜标志的按钮用于对波形进行缩放，
单击它将弹出表示 6 种缩放格式的 6 个选项，如图 5-8 所示。按下手形标志的第三个按
钮时，可以在图形显示区随意地拖动图形。

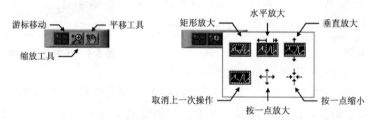

图 5-8　"图形工具"选板及缩放工具选项

5. X 滚动条

X 滚动条用于滚动显示图形，拖动滚动条可以查看当前未显示的数据曲线。

波形图除了具备以上各个功能外，还可以实现同时显示多条数据曲
线，对曲线进行注释等功能。在波形图的属性对话框中可以完成对波形
的一些常用设置。

使用波形图时，要注意输入的数据类型。波形图的数据输入类型有
一维数组、二维数组、簇、簇数组、波形数据等。

波形图示例.mp4

下面通过一个范例介绍波形图能够接收的数据类型,程序框图如图 5-9 所示。

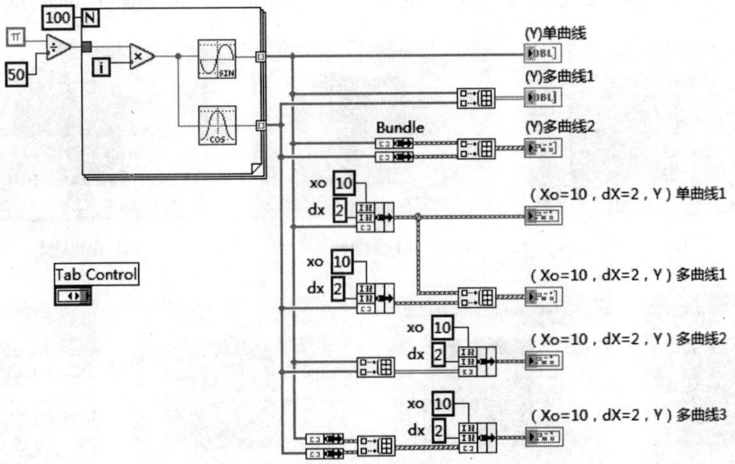

图 5-9　不同数据类型的波形图程序框图

程序首先利用 For 循环分别产生 $0 \sim 2\pi$ 均匀分布的 100 个正弦信号数据点和 100 个余弦信号数据点,然后将这些点输出到 For 循环数据隧道上,并通过不同的方式将它们作为波形图的输入,使波形图接收不同的数据类型。波形图可以显示一条或多条曲线。当绘制一条曲线时,波形图的输入数据类型可以为以下两种。

(1) 一维数组,其对应的输出波形图是 (Y) 单曲线,如图 5-10(a) 所示。曲线从时刻 0 开始,在时刻 100 结束,数据点时间间隔为 1。

(2) 簇数组,其对应的输出波形是 $(X_0=10, \mathrm{d}X=2, Y)$ 单曲线 1,如图 5-10(d) 所示。程序利用捆绑函数将 100 个正弦数据点和 X_0、$\mathrm{d}X$ 捆绑成一个簇,作为波形图的输入。该波形图从时刻 10 开始,时间间隔为 2,以 100 个数据点绘制正弦曲线。

当绘制多曲线时,波形图的输入数据可以为以下 5 种类型。

(1) 二维数组,其对应的输出波形是 (Y) 多曲线 1,如图 5-10(b) 所示。程序将 100 个正弦数据点与 100 个余弦数据点组成一个二维数组,作为波形图的输入。波形图上绘制的两条曲线均从时刻 0 开始,数据点时间间隔为 1。

(2) 簇数组,其对应的输出波形是 (Y) 多曲线 2,如图 5-10(c) 所示。程序将 100 个正弦数据点与 100 个余弦数据点分别捆绑成簇,再将两个簇组成一个簇数组作为波形图的输入。两条曲线均从时刻 0 开始,数据点时间间隔为 1。

(3) 含有多个元素的簇组成的簇数组,其对应的输出波形是 $(X_0=10, \mathrm{d}X=2, Y)$ 多曲线 1,如图 5-10(e) 所示。程序利用捆绑函数将 100 个正弦数据点、100 个余弦数据点和 X_0、$\mathrm{d}X$ 分别捆绑成两个簇,再将两个簇组成一个簇数组作为波形图的输入。两条曲线均从时刻 10 开始,时间间隔为 2。

(4) 簇类型输入,其对应的输出波形是 $(X_0=10, \mathrm{d}X=2, Y)$ 多曲线 2,如图 5-10(f) 所示。程序将二维数组和 X_0、$\mathrm{d}X$ 组成一个簇,作为波形图的输入,从时刻 10 开始,时间间隔为 2。

（5）元素中含有簇数组的簇类型，其对应的输出波形是（$X_0=10, dX=2, Y$）多曲线 3，如图 5-10(g)所示。两条曲线共用最外层簇提供的起始时刻 10 和数据点，时间间隔为 2。

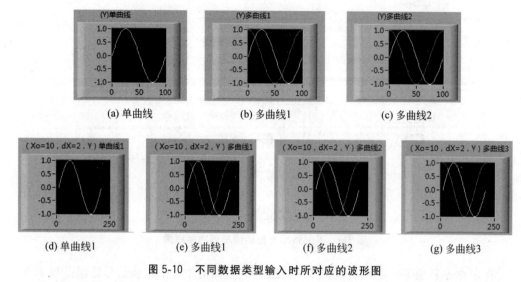

（a）单曲线　　　　　　　　（b）多曲线1　　　　　　　　（c）多曲线2

（d）单曲线1　　　（e）多曲线1　　　（f）多曲线2　　　（g）多曲线3

图 5-10　不同数据类型输入时所对应的波形图

除了上述几种输入数据类型外，波形图还可以接收波形数据作为输入。例如，利用"信号处理"→"波形生成"子选板上的正弦波形 VI 产生一个正弦信号，将其直接接入波形图上就能显示正弦波形，如图 5-11 所示。

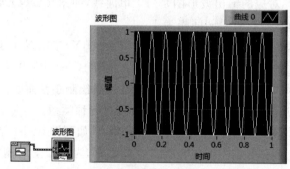

图 5-11　波形数据作为输入的波形图

用波形图显示二维数组数据时，数组中的一行即一条曲线。如果想把二维数组中的每一列数据生成一条曲线，就需要转置数组，可利用波形图快捷菜单中的"转置数组"项。图 5-12 所示给出了转置前后的显示结果，程序先产生 10 行 3 列的随机数，直接接到波形图时，显示的 10 条 3 个点的曲线，选择波形图的右键快捷菜单上的"转置数组"项后，波形成 3 条 10 个数据点的曲线显示在波形图中，与先将 For 循环输出的二维数组转置后的数组作为输入的显示结果相同。

【实训练习】

（1）用波形图显示用随机函数产生的 50 个随机数。

（2）设计一个显示正弦波信号的 VI。要求正弦波信号由"正弦信号"VI（Sine

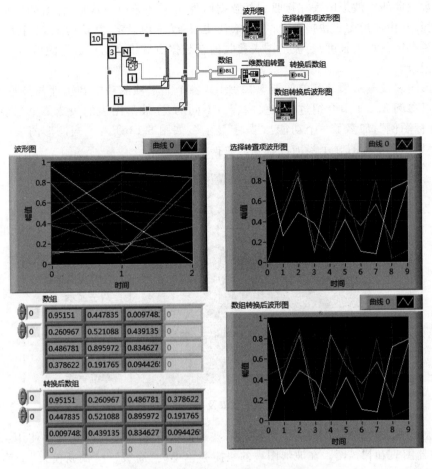

图 5-12　选择"转置数组"项的示例

Pattern. vi)产生,共 50 个采样点, $t_0=0$, $dt=2ms$,图形显示能够反映出实际的采样时间及采样得到的信号。

（3）分别用随机数产生两组数据并同时显示在波形图上,其中一组数据为 60 点, $X_0=0$, $dX=2$,另一组数据为 40 点, $X_0=10$, $dX=3$ 。

实训练习（2）.mp4

实训练习（3）.mp4

5.1.2　波形图表

波形图一次性显示接收到的所有数据点,当新数据到达时,先把已有数据曲线完全清除,然后根据新数据重新绘制整条曲线。而波形图表可以逐点接收数据并显示,即可以实时绘制数据曲线。波形图表在接收到新数据时保留了部分历史数据,保留的数据长度可以自行指定(由波形图表快捷菜单的"图表历史长度"选项设定,默认为1024个数据点,也是显示缓存区的最大长度)。波形图表接收的新数据点续接在历史数据的后面,实现了实时数据记录。

波形图表及显示项子菜单如图5-13所示,各个显示项的功能和属性与波形图类似,具体可以参阅5.1.1节介绍过的相关内容。不同的是,波形图表的快捷菜单"显示项"中没有"游标图例",却多了一个功能:"数字显示",如图5-13所示。当波形图表接收数据时,数字显示框能实时显示当前接收到的数据值。

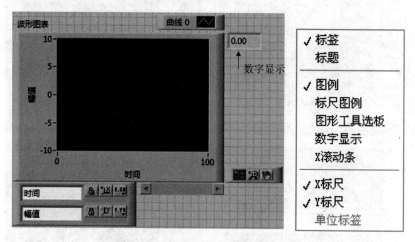

图5-13　波形图表及"显示项"子菜单

当波形图表接收的数据超过绘图区时,波形图表有3种刷新模式可供使用:带状图表、示波器图表和扫描图。在波形图表的快捷菜单中的"高级"→"刷新模式"子菜单下可以对3种刷新模式进行切换。

带状图表是波形图表刷新的默认模式,波形从左到右绘制,到达右边界时,旧数据开始从波形图表左边界移出,新数据接续在旧数据之后显示;在示波器图表模式下,波形从左到右绘制,到达右边界后整个显示区被清空,然后重新从左到右绘制波形;在扫描图模式下,从左到右绘制波形,到右边界后,波形重新开始从左到右绘制,原有波形并不马上清空,而是在最新数据点上的清除线随新数据向右移动,逐渐擦除旧波形,如图5-14所示。

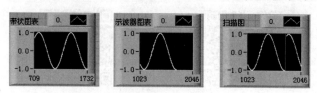

图5-14　波形图表的3种刷新模式

下面通过一个简单的例子来说明波形图表与波形图的不同使用方法。如图5-15所示,用波形图表和波形图分别显示20个随机数产生的曲线。观察程序框图,两个波形图表分别处于不同的位置,一个波形图表在For循环内,另一个波形图表与波形图位于For循环外面,程序运行时,循环内的波形图表每接收到一个点就显示一个,而在循环外的波形图表与波形图是在 50 个数据都产生后,一次性显示出整个数据曲线。

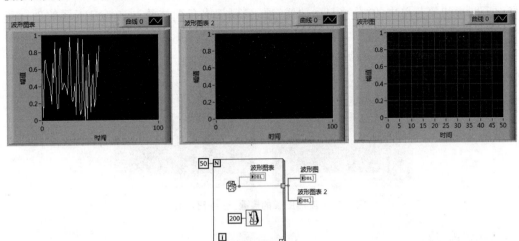

图 5-15　波形图表与波形图的比较

　　由上面的例子也可以看出,波形图表在绘制单曲线时,可以接受的数据格式有两种,分别是标量数据和数组。标量数据和数组被接在旧数据的后面显示出来。输入标量数据时,曲线每次向前推进一个点;输入数组时,曲线推进的点数等于数组的长度。

　　绘制多条曲线时,波形图表可以接受的数据格式也有两种。第一种是每条曲线的一个新数据点(数值类型)打包成簇,然后输入到波形图表中,这时波形图表的所有曲线同时推进一个点;第二种是每条曲线的一个数据点打包成簇,若干个这样的簇作为元素构成数组,再把数组送入到波形图表中,数组中的元素决定了绘制波形图表时每次更新数据的长度。如图 5-16 所示。该示例共绘制两条曲线,"波形图表(单点)"每秒为每条曲线更新 1 个点,"波形图表(4 点)"每秒钟内为每条曲线更新 4 个点。

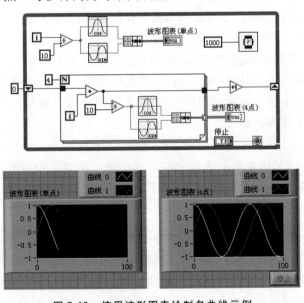

图 5-16　使用波形图表绘制多曲线示例

在绘制多条曲线时,波形图表的默认状态是把这些曲线绘制在同一个坐标系中。选择波形图表快捷菜单中的"分格显示曲线"项,可以把多条曲线绘制在各自不同的坐标系中,这些坐标系从上到下排列。此时,该选项变成"层叠显示曲线",用于在同一坐标系中显示多条曲线,图 5-17 所示为两种显示方式的对比情况。

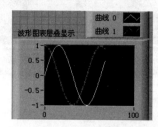 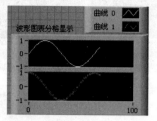

图 5-17　波形图表的层叠/分格显示方式

【实训练习】

(1) 在一个波形图表中用红、绿、蓝 3 种颜色表示范围 0～1、0～5、0～10 的 3 个随机数构成的 3 条曲线。要求分别用层叠和分格两种方式显示。

(2) 创建一个 VI,使用扫描刷新模式将两条随机曲线显示在波形图表中。两条曲线中一条为随机数曲线,另一条曲线是每个数据点为第一条曲线对应点前 5 个数据值的平均值。

实训练习(2).mp4

5.2　XY 图和 Express XY 图

5.2.1　XY 图

波形图和波形图表只适用于显示均匀波形数据,其横坐标默认为采样序号,纵坐标为测量数值。这在实际应用中有一定的局限性。例如,对于 Y 值随 X 值变化的曲线,如圆曲线 $x^2+y^2=1$,就无法使用波形图和波形图表。因此,LabVIEW 专门设计了 XY 图,用于显示多值函数,曲线形式由用户输入的 X、Y 坐标决定,可显示任何均匀采样或非均匀采样的点的集合。XY 图也是波形图的一种,它需要同时输入相互关联的 X 轴和 Y 轴的数据,并不要求 X 坐标等间距。

XY 图窗口及属性对话框与波形图类似,如图 5-18 所示。

与波形图一样,XY 图也是一次性完成波形的显示刷新。但 XY 图控件接收多种数据类型,从而把数据在显示为图形前进行类型转换的工作量减到最小。

1. 单曲线

用 XY 图绘制单条曲线常采用以下两种方法,如图 5-19 所示。

(1) X 数组和 Y 数组打包生成的簇。绘制曲线时,把相同索引的 X 和 Y 数组元素值作为一个点,按索引顺序连接所有的点生成曲线图。使用这种方式来组织数据要确保两个数组的数据长度相同,否则以长度较短的数组为准,长度较长的数组多出的部分将无法

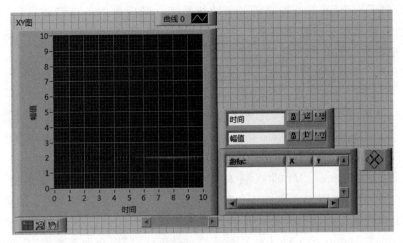

图 5-18　XY 图

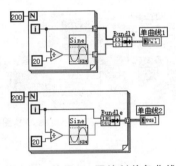

图 5-19　使用 XY 图绘制单条曲线

在图中显示。

（2）簇组成的数组，每个数组元素都是由一个 X 坐标值和一个 Y 坐标值打包生成的簇。绘制曲线时，按照数组索引顺序连接数组元素解包后组合而成的数据坐标点。

2. 多曲线

与绘制单条曲线类似，绘制多曲线也有两种方法，如图 5-20 所示。

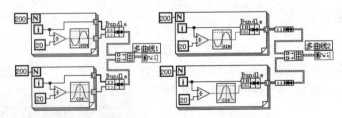

图 5-20　在 XY 图中显示多条曲线

（1）先由 X 数组和 Y 数组打包成簇建立一条曲线，然后把多个这样的簇作为元素建立数组，即每个数组元素对应一条曲线。

（2）先把 X 和 Y 两个坐标值打包成簇作为一个点，以点为元素建立数组。然后把每个数组再打包成一个簇，每个簇表示一条曲线数据。最后建立由簇组成的数组。把由点构成的数组打包成簇这一步是必要的，因为 LabVIEW 中不允许建立以元素为数组的数组，必须先把数组用簇包起来然后才能作为数组元素。

5.2.2 Express XY 图

Express XY 图利用了 LabVIEW 提供的 Express 技术，当把该控件放置在前面板上时，界面与 XY 曲线图控件相同，但在程序框图上除了 XY 图端子外，还自动添加了一个"创建 XY 图"的 Express VI，如图 5-21 所示。

"创建 XY 图"Express VI 的"X 输入"和"Y 输入"接收动态数据类型的输入参数后，直接从"XY 图"输出参数到 XY 图控件绘制波形曲线，无须像普通的 XY 图那样先将 X 轴和 Y 轴坐标数据进行捆绑才能将其输入到 XY 图进行曲线绘制。当把非动态类型的数据直接连到该 Express VI 时，LabVIEW 会自动创建"转换至动态数据"Express VI，将输入参数强制转换成动态类型的数据，再输出给"创建 XY 图"VI，示例如图 5-22 所示。

图 5-21　Express XY 图
程序框图

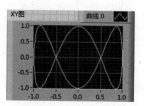

图 5-22　Express XY 图的非动态数据输入

【实训练习】

绘制李萨如图形，并在 XY 图中显示。

李萨如图形.mp4

5.3　强度图形

强度图形包括强度图和强度图表两种，通过二维平面上放置颜色块的方式显示三维数据，常用来形象地显示温度图、地形图（以量值代表高度）等。

5.3.1　强度图

强度图控件如图 5-23 所示，强度图与图形图控件在外形上的最大区别在于，强度图拥有标签为"幅值"的颜色控制组件，如果把标签为"时间"和"频率"的坐标轴分别理解为 X 和 Y 轴的标尺，则"幅值"组件相当于 Z 轴的标尺。

图 5-24 所示是利用强度图显示三维数据的一个例子。数组的行序号对应于强度图的 X 坐标，列序号对应于强度图的 Y 坐标，数组的元素对应于强度图的 Z 坐标，其值大小通过颜色的深

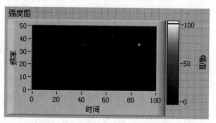

图 5-23　"强度图"控件

浅反映,从而实现了用强度图表征一个二维数组各元素值的大小。需要注意的是,数组的每一行对应于强度图上的一列颜色块,而每一列对应于强度图上的每一行颜色块。如果想改变这种行列对应关系,在强度图快捷菜单中选择"转置数组"命令即可。

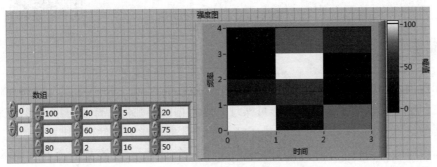

图 5-24 强度图的应用

在强度图中,用来反映数值大小的颜色块的颜色可以任意设定。利用 Z 坐标上右击的快捷菜单即可实现数值—颜色映射关系的设置,如图 5-25 所示。其步骤如下。

(1)利用"添加刻度"增加一个刻度并设定刻度的数值。

(2)右击刻度,利用"刻度颜色"选项,在其弹出的下级"颜色设置图形选板"中选择该刻度对应的颜色完成数值—颜色的映射。

(3)勾选"插值颜色"选项来平滑颜色的过渡操作。

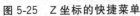

图 5-25 Z坐标的快捷菜单

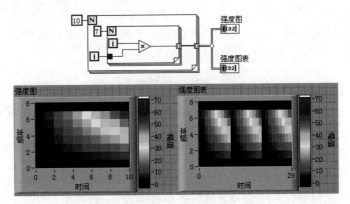

图 5-26 强度图与强度图表应用示例

5.3.2 强度图表简介

强度图表与强度图的异同类似于波形图表与波形图的异同,两者的主要差别在于数据的刷新方式不同。强度图一次性接收所有需要显示的数据,并将其全部显示在强度图中;而强度图表在显示数据时使用缓存区,它在接收新数据时,原来的旧数据向左移动,新数据显示在旧数据的右边。当显示区域占满后,最先的数据被移出显示区。强度图表可以逐点地显示数据,以反映数据的变化趋势,如图 5-26 所示。

【实训练习】

使用 For 循环生成一个 5 行 6 列的二维数组，数组元素由范围为 0～120 的随机数组成。要求在强度图中用不同的颜色表示数组元素的值所处范围。

强度图示例.mp4

5.4 三维图形

大量实际应用中的数据，例如某个表面的温度分布、联合时频分析、飞机的运动等，都需要在三维空间中可视化显示。三维图形可实现三维数据的可视化。修改三维图形的属性可改变数据的显示方式。LabVIEW 提供了 3 个三维数据的显示控件：三维曲面图、三维参数图和三维曲线图，它们分别用于三维空间绘制一个曲面、一个参数曲面和一条曲线。这 3 个控件实质上是 ActiveX 控件。它们都位于"控件"→"新式"→"图形"→"三维图形"及"经典"→"经典图形"子选板中。

5.4.1 三维曲面图形

把三维曲面图形控件放置在前面板时，在程序框图中会同时出现两个图标：3D Graph 和三维曲面图设置 VI，其中 3D Graph 只是用来显示图形，作图功能则由三维曲面图设置 VI 完成。三维曲面图接线端口及图标如图 5-27 所示，其中"x 向量""y 向量"的输入数据类型为一维数组，"z 矩阵"的输入数据类型为二维数组，"x 向量"的元素 $x[i]$ 和"y 向量"的元素 $y[j]$ 在 X-Y 平面上确定矩形网格，"z 矩阵"中的数据点 $z[i,j]$ 在 X-Y 平面投影点是 $(x[i],y[j])$，所有 Z 方向数据点平滑连接构成了三维曲面。默认情况下，"x 向量"和"y 向量"的元素值为 $(0,1,2,\cdots)$。

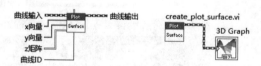

图 5-27 三维曲面图接线端口及图标

图 5-28 给出了一个使用三维曲面图形绘制正弦信号的示例。图中使用的数据源是正弦信号，位于"信号处理"→"信号生成"子选板中。注意，不能使用正弦波形 VI，因为正弦波形输出的是簇数据，而 z 矩阵的输入数据类型要求是二维数组，二者不匹配。

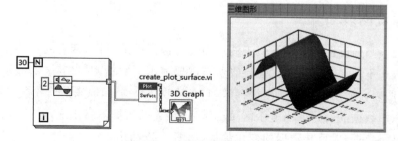

图 5-28 三维曲面图应用示例

在三维图形界面上右击，弹出的快捷菜单如图 5-29 所示。快捷菜单的相应选项可以完成三维曲面的属性设置。如选择"三维图形属性"项，弹出的窗口共有 6 个属性页，每个属性页各自对应着设置一定的功能，用来设置图像亮度、颜色、显示网格、字体、游标等属性，如图 5-30 所示。

图 5-29　三维曲面图的快捷菜单图

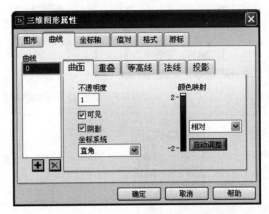

图 5-30　"三维图形属性"对话框

【实训练习】

使用三维曲面图显示 $z = \sin x \cos y$，其中，x、y 都在 $0 \sim 2\pi$ 的范围内，X、Y 坐标轴的步长为 $\pi/50$。

实训练习.mp4

5.4.2　三维参数图形

相对于只能绘制非封闭的三维曲面图而言，三维参数图形控件用于描绘一些更复杂的三维空间图形，特别是绘制三维封闭图形。三维参数图的前面板显示与三维曲面图类似，当控件放置在前面板后，程序框图中将出现两个图标：一个是 3D Graph，另一个是三维参数图设置 VI，如图 5-31 所示。与三维曲面图不同，它需要输入 X 矩阵、Y 矩阵、Z 矩阵，并且 3 个输入端子的数据类型都是二维数组，分别决定了相对于 X 平面、Y 平面和 Z 平面的封闭曲面。

图 5-31　三维参数图接线端口及图标

已知圆环曲面的参数方程为

$$x = (R + r\cos\alpha)\cos\beta$$
$$y = (R + r\cos\alpha)\sin\beta$$
$$z = r\sin\alpha$$

其中，α、β 的角度变化区间均为 $0 \sim 2\pi$。图 5-32 所示给出了生成圆环曲面的程序框图及运行结果。

117

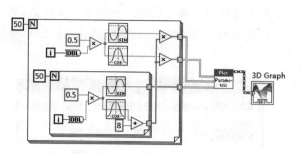
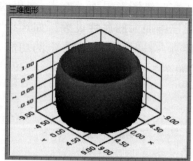

图 5-32　三维参数图应用示例

实训练习.mp4

图 5-33　三维曲线图接线端口及图标

【实训练习】

使用三维参数图显示一个半径为 1 的圆球。

5.4.3　三维线条图形

三维曲线图用于显示三维空间曲线，其接线端口及图标如图 5-33 所示，它的输入相对简单，三维曲线图标的 x 向量、y 向量端口分别输入一个一维数组，用于指定曲线的 x 轴坐标和 y 轴坐标。与三维曲面图、三维参数图不同，此时 z 向量端口输入的仍为一维数组，用于指定三维曲线的 z 轴坐标。

如图 5-34 所示的程序绘制了一条三维空间内的正弦曲线。正弦信号 VI 设置为幅度 2，周期数为 2，采样数为 200。可以看出，该三维空间曲线在 X 平面、Y 平面内的投影均为一条正弦曲线，在 Z 平面内投影为一条直线。

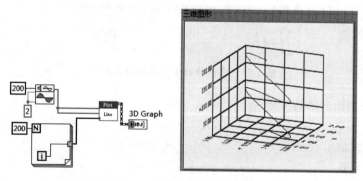

图 5-34　三维曲线图应用示例

【实训练习】

绘制螺旋线：$x = \cos\theta$，$y = \sin\theta$，$z = \theta$。其中 θ 在 $0 \sim 8\pi$ 的范围内，步长为 $\pi/12$。

实训练习.mp4

5.5 数字波形图

数字波形图用于显示数字数据，多用于时序波形的显示，尤其适合于用到定时框图或逻辑分析器时使用。

典型的数字波形图如图 5-35 所示。它的显示项中最不同于其他波形图的地方是其树型视图图例。图例中波形标志的名称和颜色都与数字波形图中相对应，这样的图例更加清晰和直观。用户也可以在数字波形图中右击，从弹出的快捷菜单中选择"高级"→"更改图例至标准视图/更改图例至树形视图"选项将图例恢复成普通样式与树形样式。

数字数据控件用于创建或显示数字数据。数字数据中的每一列都对应于数字波形图中的一行信号，数字数据中的每一行就是一个采样。如图 5-35 所示，从上到下的各条曲线代表从低到高的数字数据各个位。

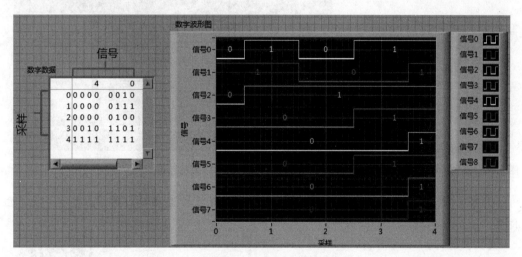

图 5-35 数字波形图

数字波形图的窗口及属性设置与波形图类似，可以参照波形图进行设置。在数字波形图的图例上右击，弹出如图 5-36 所示的快捷菜单，可以在此进行一些数字波形图的特殊设置。

（1）标签格式：设置曲线中数字的格式，曲线中的数字可以十六进制、十进制、八进制或二进制格式显示，也可选择从曲线上移除标签的"无"格式。

（2）转换类型：设置 LabVIEW 如何区别曲线中的不同值。该设置仅影响超过一个位的曲线。有矩形边缘和倾斜边缘供选择。矩形边缘用于显示简单的状态变化。倾斜边缘用于强调状态间有抖动或稳定时间。

（3）转换位置：设置显示从高到低过渡的位置，可以是前一点、中间点或 x 轴上的新点。默认为从 x 轴的新点开始，从高到低显示过渡。

（4）线条样式：设置 LabVIEW 在曲线中使用细线还是粗线来区分值的高低以及某根曲线线条的偏移。选择最左面的选项则保持默认的线条粗细。

（5）Y 标尺：设置与 Y 轴相关的变量。

数字波形图接收数字波形数据类型、数字数据类型和上述数据类型的数组作为输入。下面以图 5-37 所示 VI 为例介绍数字波形图，"数组"是由数值输入控件组成的一维数组，"二进制至数字转换"函数（位于"函数"→"编程"→"波形"→"数字波形"→"数字转换"子选板上）配置为"二进制 U8 至数字波形"，利用"创建波形"函数（位于"函数"→"编程"→"波形"→"数字波形"子选板上）生成数字波形，最后在数字波形图上显示。

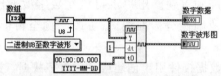

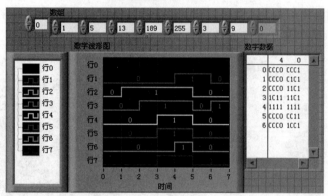

图 5-36　图例的右键快捷菜单　　　　图 5-37　数字波形图应用示例

注意："数字数据"显示控件是以二进制形式将输入数据显示出来，"数字波形图"控件则以图形方式将其显示出来。

【实训练习】

用数字波形图显示数组各元素对应的二进制信号，数据元素为（0，1，2，3，4，5，6，7，8，9，10，11，12，13，14，15）。

实训练习.mp4

思考题和习题

1. 简述波形图表与波形图的区别。

2. 分别说明波形图表控件的 3 种刷新模式各自的含义以及它们之间的区别。

3. 在一个波形图表中显示 3 条曲线，分别用红、蓝、黄 3 种颜色表示范围为 0～1、5～6、2～3 的随机数。

4. 在一个波形图中用两种不同的线宽和颜色来分别显示一条正弦曲线和一条锯齿

波。设置曲线长度为 256 个点，$x_0 = 10$，$\Delta x = 2$。

5. 使用 For 循环生成一个二维数组，并在波形图显示该二维数据。要求将二维数组的每一列生成一条曲线。

6. 使用 XY 图绘制一个半径为 10 的圆。

7. 产生一个 5 行 5 列的二维数组，数值成员为 0～120 的随机整形数，用强度图显示出来。

8. 三维曲面图与三维参数图的主要区别是什么？

9. 应用"二维曲面"VI 在二维空间绘制 9 个正弦波曲线，这 9 个正弦曲线的幅值分别从 1 至 9。

第 6 章

文件 I/O

本章学习目标

- 了解各类文件的特点
- 掌握文件 I/O 函数的使用
- 熟练掌握文件输入、输出的使用方法与技巧

在实际应用中,一个完整的测试系统或数据采集系统常常需要将采集到的数据以一定格式存储在文件中加以保存,或者从配置文件中读取硬件的配置信息等,这些都需要与文件之间进行交互。LabVIEW 支持多种数据格式的文件,用来实现数据的存储与读取。本章主要介绍利用 LabVIEW 进行文件输入、输出的方法与技巧,详细讲述文件操作函数和 VI 的应用。

6.1 文件的类型

当把 LabVIEW 用于测控领域时,通常需要对不同类型的测试数据进行实时存储,以供日后进行数据分析、波形回放或生成各种类型的报表。LabVIEW 提供了丰富的文件类型用于满足用户对存储格式的需求,所支持的文件类型分为 3 类: 文本文件、二进制文件和数据记录文件。

6.1.1 文本文件类型

LabVIEW 支持的文本文件类型包括纯文本文件、电子表格文件、XML 文件、配置文件、基于文本的测量文件。

1. 纯文本文件

文本文件是一种最通用的文件类型,以 ASCII 码的形式存储。它可包含不同数据类型的信息,几乎适用于任何计算机。文本文件的最大优点是通用性强,文件内容能被常用的应用软件(如记事本、Word 等)读取,也易于进行整体互换。其缺点是占用较大的磁盘空间,保存和读取数据速度慢,因为在文本文件的存取数据过程中存在 ASCII 码与机器

码的互换。

2. 电子表格文件

电子表格文件是一种特殊的文本文件,它将文本信息格式化,并在格式中添加了空格、换行符等特殊标记,以便于能被 Excel 等一些常用电子表格软件读取并处理数据文件中存储的数据。电子表格文件输入的是一维或二维的数组,这些数组的内容可以是字符串类型的、整型的或浮点型的,用它来存储数据非常方便。

3. XML 文件

XML 是 Extensible Markup Language 的缩写,即可扩展标记语言,利用 XML 文件可以用来存储数据、交换数据和共享数据。LabVIEW 中的任何数据类型都能转换为 XML 语法格式的文本存储在 XML 文件中。XML 文件实质上也是一种文本文件。

4. 配置文件

配置文件是标准的 Windows 配置文件,用于读写一些硬件或软件的配置信息,并以 INI 文件的形式进行存储。一般来说,一个 INI 文件是一个键/值对的列表。

5. 基于文本的测量文件

基于文本的测量文件将动态数据按一定的格式存储在文本文件中,并可以在数据前加上一些信息头,如采集时间等。该类文件可以通过 Excel 等文本编辑器打开以查看其内容。基于文本的测量文件的后缀为".lvm"。

6.1.2 二进制文件类型

LabVIEW 支持的二进制文件类型包括二进制文件、波形文件、数据存储文件(即 TDM 文件)和高速数据存储文件(即 TDMS 文件)。

1. 二进制文件

二进制格式是存储数据最快速和紧凑的一种文件存储格式,用这种方式存储数据不需要进行数据格式的转换,并且存储格式紧凑,占用的硬盘空间小。二进制格式的数据文件字节长度固定,与文本文件相比更容易实现数据的定位查找。但其数据无法被常用的字处理软件识别,当进行数据还原时必须知道输入数据类型才能恢复出原有数据,故通用性差。

2. 波形文件

波形文件专门用于记录波形数据,这些数据输入类型可以是动态波形数据或一维、二维的波形数组。波形数据中包含有起始时间、采样间隔、采样数据等波形信息。波形文件既可以以文本的格式保存,也可以以二进制的形式保存。

3. 数据存储文件和高速数据存储文件

数据存储文件可以将波形数据、文本数据和数值数据等数据类型存储为 TDM 格式或者从 TDM 文件中读取波形信息。使用数据存储文件格式可以为数据添加描述信息,如用户名、起始时间、注释信息等,通过这些描述信息能方便地进行数据的查找。它被用来在 NI 各种软件间共享和交换数据。TDMS 文件比 TDM 文件在存储动态类型数据时读写速度更快并且无容量限制，非常适合存储数据量庞大的测试数据。

6.1.3 数据记录文件

数据记录文件本质上也是一种二进制文件，但它是 LabVIEW 等 G 语言中定义的一种文件格式，它能简单、快捷地存储复杂结构的数据，而且很容易随机访问数据。

数据记录文件以相同的结构化记录序列并存储数据（类似于电子表格），每行均表示一个记录。数据记录文件中的每条记录都必须是相同的数据类型。LabVIEW 会将每个记录作为含有待保存数据的簇写入该文件。每个数据记录可由任何数据类型组成，并可在创建该文件时确定数据类型。例如，可创建一个数据记录，其记录的数据类型是包含字符串和数字的簇，则该数据记录文件的每条记录都是由字符串和数字组成的簇，例如，第一个记录可以是("Voltage",5)，第二个记录可以是("Temperature",17)。

数据记录文件只需进行少量处理，因而其读写速度更快。数据记录文件将原始数据块作为一个记录来重新读取，无须读取该记录之前的所有记录，因此使用数据记录文件简化了数据查询的过程。仅需记录号就可访问记录，因此可更快更方便地随机访问数据记录文件。创建数据记录文件时，LabVIEW 按顺序给每个记录分配一个记录号。

6.2 文件操作

在 LabVIEW 程序设计中，常常需要调用外部文件数据，同时也需要将程序产生的结果数据保存至外部文件中，这些都离不开文件 I/O 操作。文件 I/O 操作是 LabVIEW 和外部交换数据的重要方式。

6.2.1 文件的基本操作

LabVIEW 提供了一组文件操作节点，利用这些节点可以执行创建新文件，读、写文件，删除、移动及复制文件，查看文件及目录列表等一系列操作。

基本的文件操作包含 3 个步骤。

（1）打开一个已存在文件或创建一个新文件。

（2）对文件进行读或写。

（3）关闭文件。

除此之外，LabVIEW 的文件操作还包括以下 3 个方面的内容：

（1）重命名与移动文件或目录。

（2）修改文件属性。

（3）创建、修改与读取系统设置文件。

在介绍文件 I/O 函数之前，先对一些与文件 I/O 操作相关的概念与术语做出说明。

1. 文件路径

任何一个文件的操作，都需要确定文件在磁盘中的位置。LabVIEW 中文件路径分为绝对路径和相对路径。绝对路径指文件在磁盘中的位置，LabVIEW 可以通过绝对路径访问存储在硬盘的文件；相对路径是指相对于一个参照位置的路径，相对路径必须最终形成绝对路径才能访问磁盘中的文件。

2. 文件引用句柄

文件引用句柄是 LabVIEW 对文件操作进行区分的一种标识符。打开一个文件时，LabVIEW 会生成一个指向该文件的引用句柄。文件引用句柄包含文件的位置、大小、读写权限等信息。所有针对该文件的操作都通过这个引用句柄进行，当文件关闭后，与之对应的引用句柄就会被释放。引用句柄的分配是随机的，同一文件被多次打开时，其每次分配的引用句柄一般是不同的。

3. 文件 I/O 流程控制

文件 I/O 流程控制保证文件操作按顺序依次执行。文件 I/O 操作过程中，一般有一对保持不变的输入参数和输出参数用来控制程序流程。文件标识号就是其中之一，除了区分文件外，还可以进行流程控制。将输入端口、输出端口依次连接起来，可保证操作按顺序依次执行，实现对程序流程的控制。

4. 文件 I/O 出错管理

文件 I/O 出错管理反映文件操作过程中出现的错误。LabVIEW 对文件进行 I/O 操作时，一般提供一个错误输入端和一个错误输出端用来保留和传递错误信息。错误信息的数据类型为一个簇，包含一个布尔量（判断是否出错）、一个整型量（错误代码）和一个字符串（错误和警告）。在程序中需要将所有错误输入端和错误输出端依次连接起来。它具有以下 3 个功能。

（1）用于检查错误信息。如果一个节点发生操作错误，该节点的错误输出端就会返回一个错误信息。这个错误信息传递到下一个节点时，下一个节点就不运行，只是将错误信息继续传递下去。

（2）通过将一个节点的错误输出与另一个节点的错误输入连接可以指定程序执行的顺序，起到一个数据流的功能。

（3）错误输出端输出的簇信息可以作为其他事件的触发事件。在程序末端连接错误处理程序，可实现对程序中所有错误信息的管理。

6.2.2 文件 I/O 选板

LabVIEW 提供了丰富的实现文件 I/O 操作的函数，这些函数位于程序框图的"函数"→"编程"→"文件 I/O"子选板中，如图 6-1 所示。

除了该选板下的函数外，还有个别文件 I/O 函数位于"波形"子选板和"图形与声音"子选板内。下面对文件 I/O 函数子选板中常用的几个 I/O 函数进行简单介绍。

1. 打开/创建/替换文件

打开/创建/替换文件函数的图标及端口如图 6-2 所示，该函数的功能是打开现有文件，创建新文件或替换现有文件。其中"提示"端子是显示在文件对话框的文件、目录列表或文件夹上方的信息；"文件路径"端子输入的是文件的绝对路径，如没有连线文件路径端子，函数将弹出用于选择文件的对话框。"操作"端子定义要进行的文件操作，可以输入

图 6-1　文件 I/O 子选板

0～5 的整型量（0 为打开已存在的文件；1 为替换已存在的文件；2 为创建新文件；3 为打开已存在的文件，若文件不存在则自动创建新文件；4 为创建新文件，若文件已存在则替换旧文件；5 与 4 进行的操作一致，但文件存在时必须拥有权限才能替换旧文件）。"权限"端子指定访问文件的方式，默认为可读写状态。"引用句柄输出"是打开文件的引用号，如果文件无法打开，则值为非法引用句柄。

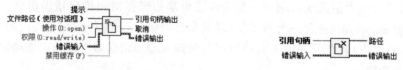

图 6-2　打开/创建/替换文件函数的图标及端口　　图 6-3　关闭文件函数的图标及端口

2. 关闭文件

在用句柄连接的函数最末端通常要添加关闭文件函数。该函数关闭"引用句柄"指定的打开文件，并返回至引用句柄相关文件的路径。其图标及端口如图 6-3 所示。

关闭文件的执行步骤如下。

（1）把在缓冲区中的文件数据写入到物理存储介质上。

（2）更新文件列表信息。

（3）释放引用句柄。

3. 格式化写入文件

格式化写入文件函数可以将字符串、数值、路径或布尔数据格式转化为文本类型并写入文件，其图标及端口如图 6-4 所示，拖动函数下边框可以为函数增加多个输入。输入端子指定要转换的输入参数。格式化写入文件函数还可用于判断数据在文件中显示的先后顺序。其中"格式字符串"端子用来指定如何转换输入参数，默认状态下将匹配输入参数的数据类型。右击函数，在弹出的快捷菜单中选择"编辑格式字符串"项，可编程格式字符串，该输入端最多支持 255 个字符。

4. 扫描文件

扫描文件函数与格式化写入函数功能相对应，可以扫描位于文本中的字符串、数值、路径及布尔数据,将这些文本数据类型转换为指定的数据类型并返回重复的引用句柄及转换后的输出,该输出结果以扫描的先后顺序排列。输出端子的默认数据类型为双精度浮点型,如图 6-5 所示。该函数不可用于 LLB 中的文件。

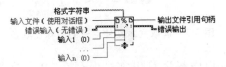

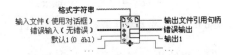

图 6-4 格式化写入文件函数的图标及端口　　　　图 6-5 扫描文件函数的图标及端口

为输出端子创建输出数据类型有 4 种方式可供选择。

（1）通过默认 $1..n$ 输入端子创建指定输入数据类型,该数据类型即输出数据类型。

（2）通过格式字符串定义输出类型。但布尔量和路径的输出类型无法用格式字符串定义。

（3）先创建所需类型的输出控件,然后连接输出端子,自动为扫描文件函数创建相应的输出类型。

（4）双击扫描文件函数或在该函数的快捷菜单上选择"编辑扫描字符串"命令,可显示"编辑扫描字符串"对话框,该对话框用于指定将输入的字符串转换为输出参数的方式。

6.3 常用文件类型的使用

无论哪种类型的文件,其输入与输出操作基本流程都是相同的。本节将通过举例说明文件输入、输出操作的具体方法。

6.3.1 文本文件

文本文件是最常用的文件类型。LabVIEW 提供的创建文本文件最简便的方法是使用文本文件写入函数。写入/读取文本文件函数位于"函数"→"编程"→"文件 I/O"子选板中。

1. 写入文本文件

写入文本文件函数的图标及端口如图 6-6 所示,该函数将实现字符串或字符串数组按行写入文件的功能。"文件"端子可以输入引用句柄或绝对文件路径,不可以输入空路径或相对路径。写入文本文件函数根据文件路径端子打开已有文件或创建一个新文件。"文本"端子要求输入字符串或字符串数组类型的数据,如果数据为其他类型,必须先使用格式化写入字符串函数（位于"函数"→"编程"→"字符串"子选板）,把其他类型数据转换为字符串型的数据。

2. 读取文本文件

读取文本文件函数的图标及端口如图 6-7 所示,该函数以只读方式打开文件并从字节流文件中读取指定数目的字符或行。"计数"端子可以指定函数读取的字符数或行数的最大值。如计数端子输入<0,函数读取从当前位置开始的整个文件。若选择快捷菜单上

的"读取行"，则只读取一行；若取消勾选该菜单项，则读取整个文件。

图6-6　写入文本文件函数的图标及端口

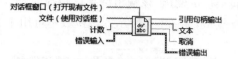

图6-7　读取文本文件函数的图标及端口

图6-8给出了简单的文本文件写入操作，该程序将字符串常量保存在"文本文件.txt"中。图6-9是读取该文本文件的操作实例。

图6-8　文本文件写操作实例

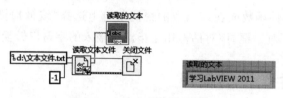

图6-9　文本文件读操作实例

6.3.2　电子表格文件

1. 写入带分隔符电子表格

写入带分隔符电子表格VI的图标及端口如图6-10所示，该VI可以接收字符串、带符号整数或双精度数的二维或一维数组，并将其转换为文本字符串写入电子表格文件。其中各个参数的含义如下。

（1）格式：指定如何使数字转化为字符。如格式为％.3f（默认），VI可创建包含数字的字符串，小数点后有三位数字。如格式为％d，VI可使数据转换为整数，使用尽可能多的字符包含整个数字。如格式为％s，VI可复制输入字符串。

（2）添加至文件？：若该值为True，VI可把数据添加至已有文件；若该值为False（默认），VI可替换已有文件中的数据。如不存在已有文件，VI可创建新文件。

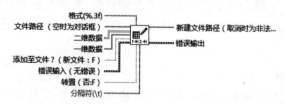

图6-10　写入带分隔符电子表格VI的图标及端口

（3）转置：若该值为 True，VI 可在字符串转换为数据后对其进行转置。默认值为 False，对 VI 的每次调用都在文件中创建新的行。

（4）分隔符：用于对电子表格文件中的栏进行分隔的字符或由字符组成的字符串。例如，","指定用单个逗号作为分隔符。默认值为\t，表明用制表符作为分隔符。

图 6-11 所示为电子表格文件的写操作实例，两者的区别是转置端的设置。

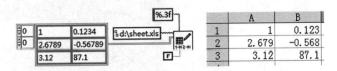

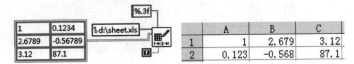

图 6-11　电子表格文件的写操作实例

2. 读取带分隔符电子表格

读取带分隔符电子表格 VI 的图标及端口如图 6-12 所示，其作用是：在数值文本文件中从指定字符偏移量开始读取指定数量的行或列，并将数据转换为双精度的二维数组，数组元素可以是数字、字符串或整数。该 VI 可读取以文本格式存储的电子表格文件。

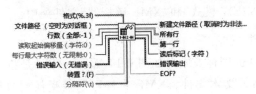

图 6-12　读取带分隔符电子表格 VI 的图标及端口

图 6-13 所示为电子表格文件读操作实例，两者的区别是读取全部行数据还是指定行的数据。

【实训练习】

（1）编写程序，要求将产生的 20 个 0~1 的随机数存储为文本文件，然后读取该文本文件。

（2）编写程序，要求将产生的 3 行 4 列随机数存储为电子表格文件，然后编写读取电子表格文件程序，要求只显示电子表格文件中第二行以后的数据。

实训练习（1）.mp4

实训练习（2）.mp4

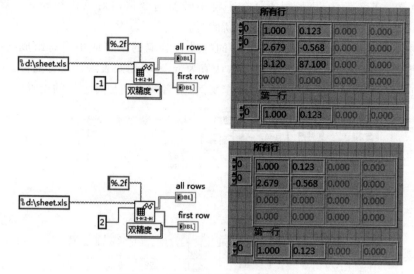

图 6-13　电子表格文件的读操作示例

6.3.3　XML 文件

LabVIEW 处理 XML 文件有两种模式：一种是 LabVIEW 模式；另一种是 XML 解析器模式。其中，LabVIEW 模式用于操作 XML 格式的 LabVIEW 数据，而 XML 解析器模式则是通过 XML 解析器处理 XML 文档。相应的函数和 VI 分别位于"编程"→"文件 I/O"→"XML"→"LabVIEW 模式"和"XML 解析器"文件夹中。

1. 写入 XML 文件

写入 XML 文件 VI 的图标及端口如图 6-14 所示，该 VI 是将 XML 数据的文本字符串与文件头标签同时写入文本文件。XML 文件可以接受任何数据类型的输入，不过需要先将数据通过 XML 语法格式化。图 6-15 所示是将 XML 数据与字符串通过平化至 XML 函数转化后写入 XML 文件的操作实例。

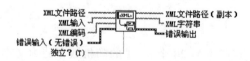

图 6-14　写入 XML 文件 VI 的图标及端口

2. 读取 XML 文件

读取 XML 文件 VI 的图标及端口如图 6-16 所示，该 VI 的作用是读取并解析 LabVIEW XML 文件中的标签。

如图 6-17 所示是 XML 文件的读取操作实例，通过它还原出图 6-15 中的写入数据。

```
<?xml version="1.0" standalone="true"?>
- <LVData xmlns="http://www.ni.com/LVData">
    <Version>10.0</Version>
  - <String>
      <Name>string</Name>
      <Val>Write XML File</Val>
    </String>
  - <Cluster>
      <Name>Data</Name>
      <NumElts>3</NumElts>
    - <Array>
        <Name/>
        <Dimsize>4</Dimsize>
      - <DBL>
          <Name/>
          <Val>0.00000000000000</Val>
        </DBL>
      - <DBL>
          <Name/>
          <Val>1.00000000000000</Val>
        </DBL>
      - <DBL>
          <Name/>
          <Val>2.00000000000000</Val>
        </DBL>
      - <DBL>
          <Name/>
          <Val>3.00000000000000</Val>
        </DBL>
      </Array>
    - <Boolean>
        <Name/>
        <Val>1</Val>
      </Boolean>
    - <String>
```

图 6-15　XML 文件的写操作实例

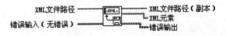

图 6-16　读取 XML 文件 VI 的图标及端口

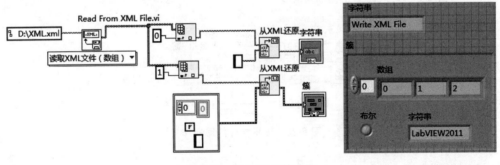

图 6-17　XML 文件的读取

6.3.4　Windows 配置文件

配置文件是一种标准的 Windows 配置文件,可以独立于平台进行创建、读取和修改。配置文件由段(Section)和键(key)两部分组成。每个段名必须取不同的名称,每个段内的键名也应不同。键名代表配置选项,值代表该选项的设置。键值可以使用的数据类型包括:字符串、路径、布尔、64 位双精度浮点数、32 位有符号整数和 32 位无符号整数。其格式如下。

```
[Section 1]
    key1=value
```

```
    key2=value
[Section 2]
    key1=value
    key2=value
```

在"函数"→"编程"→"文件 I/O"→"配置文件 VI"子选板中给出了各种配置文件的操作 VI,在此介绍两个基本的配置文件操作 VI,即写入键 VI 和读取键 VI。

1. 写入键

写入键 VI 的图标及端口如图 6-18 所示,该 VI 将值写入引用句柄指定的配置数据中某个段的键。"段"连接要写入指定键的段的名称;"引用句柄"是配置文件的引用号;"键"是要写入的键的名称;"值"是要写入的键值。如果要写入的键存在,则输入的键值取代现有的值;如果键不存在,则将键值添加至指定的段尾;如果段不存在,则将段和键值添加至配置文件的尾部。

图 6-19 所示为配置文件。图 6-20 所示为该配置文件的写操作。

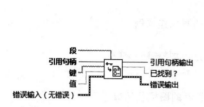

图 6-18　写入键 VI 的图标及端口

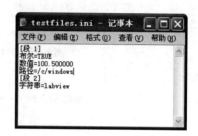

图 6-19　配置文件

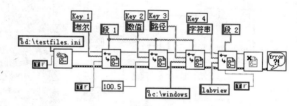

图 6-20　配置文件的写操作

2. 读取键

读取键 VI 的图标及端口如图 6-21 所示,该 VI 用于读取"引用句柄"指定的配置文件中某个段的键值。如果该键不存在,则 VI 返回默认值。"默认值"指当函数没有在指定的段找到键或者发生错误时返回的值。

图 6-22 所示为读取键 VI 的应用示例。

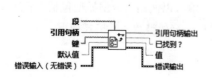

图 6-21　读取键 VI 的图标及端口

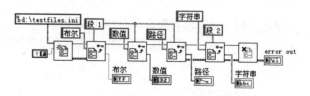

图 6-22　读取键 VI 的应用示例

6.3.5 基于文本的测量文件

基于文本的测量文件(.lvm)是一种特殊格式的文本文件,按一定格式存储动态类型数据。LVM 文件会在数据前加上一些信息头,比如采集时间等,可以用 Excel 等文本编辑器打开并查看 LVM 文件的内容。LVM 文件的读、写 Express VI 只有"写入测量文件"和"读取测量文件"两个 Express VI。

"写入测量文件"和"读取测量文件"均为 Express VI,如图 6-23 所示。这两个函数不仅可以用来存储 LVM 文件,还可以用来存储 TDM 文件和 TDMS 文件。当放置这两个函数到程序框图中时,将弹出对应的配置对话框。通过对对话框中选项的设置可以实现对 Express VI 的配置。图 6-24 所示为一个 LVM 文件的写入与读取应用示例。

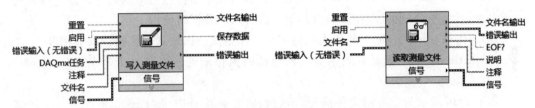

图 6-23 写入测量文件和读取测量文件 VI 的图标及端口

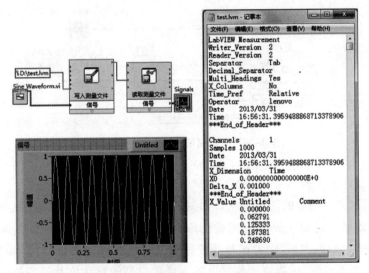

图 6-24 LVM 文件的写入与读取应用示例

6.4 二进制文件的写入与读取

LabVIEW 支持多种以二进制格式存取的文件类型,包括二进制文件、数据存储文件(TDM 文件)、高速数据流文件(TDMS 文件)和波形文件等。

6.4.1　二进制文件

1. 写入二进制文件

写入二进制文件函数的图标及端口如图 6-25 所示，该函数用于写入二进制数据至新文件，添加数据至现有文件，或替换文件的内容。该函数不可用于 LLB 中的文件。"预置数组或字符串大小？"表明当数据为数组或字符串时，LabVIEW 在引用句柄输出的开始是否包括数据大小信息，如其值为 False，LabVIEW

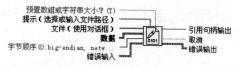

图 6-25　写入二进制文件函数的图标及端口

将不包含大小信息，默认值为 True；"字节顺序"设置结果数据的 endian 形式，表明在内存中整数是否按照从最高有效字节到最低有效字节的形式表示，可以设置成以下 3 种形式：

（1）big-endian, network order（默认）：最高有效字节占据最低的内存地址。该形式用于 PowerPC 平台，也可以在读取由其他平台写入的数据时使用。

（2）native, host order：使用主机的字节顺序格式。该形式可提高读取写速度。

（3）little-endian：最低有效字节占据最低的内存地址。该形式用于 Windows、Mac OS X 和 Linux。

如图 6-26 所示为二进制文件的写入示例，将正弦信号产生的 1000 个点写入二进制文件中，数据按 8 字节 Little Endian 格式写入。

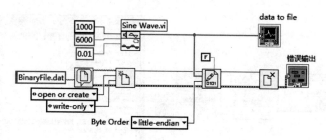

图 6-26　将正弦信号写入二进制文件

2. 读取二进制文件

读取二进制文件函数的图标及端口如图 6-27 所示，该函数的作用是从文件中读取二进制数据，在数据中返回。数据怎样被读取取决于指定文件的格式。该函数不可用于 LLB 中的文件。"数据类型"设置函数用于读取二进制文件的数据类型，如果 LabVIEW 发现数据与类型不匹配，函数将把数据设置为指定类型的默认值并返回错误。"总数"端口用来指定要读取的数据元素的数量，如总数为－1，函数将读取整个文件；当总数小于－1，函数将返回错误。

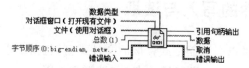

图 6-27　读取二进制文件函数的图标及端口

图 6-28 是读取二进制文件的程序示例。

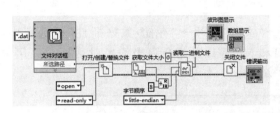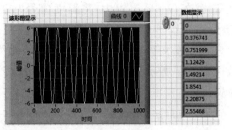

图 6-28　二进制文件读取

【实训练习】

编写程序,要求将产生的 20 个 0～1 的随机数存储为二进制文件,然后读取该文件,并用波形图显示出来。

实训练习.mp4

6.4.2　数据存储文件

数据存储文件(TDM 文件)相当于测量文件的二进制形式,文件将动态类型的信号数据存储为二进制文件,同时可以为每一个信号添加一些附加信息,这些信息以 XML 的格式存储在扩展名为.tdm 的文件中,在查询时可以通过这些附加信息来查询所需要的数据。而信号数据则存储在扩展名为.tdx 的文件中,这两个文件以引用的方式自动联系起来。因此,用户只需对 TDM 文件进行操作即可。

每一个 TDM 文件以 3 个不同层次来存储附加信息:文件、通道组和通道。每一个 TDM 文件有一个唯一的"根"(文件)和任意数量的通道组,通道组又可以包含有数目不限的通道。每个通道包含一个一维数据值数组。TDM 数据模型如图 6-29 所示。允许用

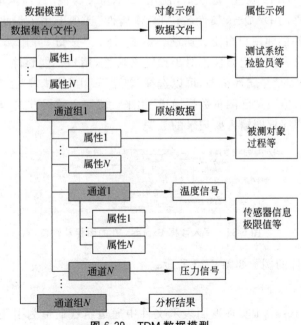

图 6-29　TDM 数据模型

户为文件、通道组和通道添加数目不限的属性。通道组可以用来给信号分类，如将电压信号归类在 Voltage 组中，将温度信号归类在 Temperature 组中。每一个通道代表一个通道的输入信号。

TDM 文件的操作函数位于"函数"→"文件 I/O"→"存储/数据插件"子选板中，如图 6-30 所示。其文件操作函数均为 Express VI，因此会弹出配置对话框方便用户配置。

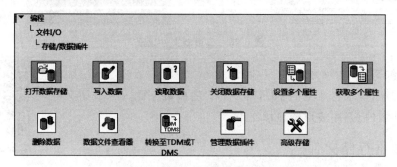

图 6-30　存储/数据插件子选板

1. 写入数据

写入数据 Express VI 实现添加一个通道组或单个通道至指定文件，也可以使用这个 VI 定义被添加的通道组或者单个通道的属性，图标及端口如图 6-31 所示。该 VI 放入程序框图时会弹出如图 6-32 所示的"配置写入数据"对话框。其中，"对象类型"可以选择"通道组"或"通道"，选择"通道组"时为文件添加一个通道组并能为通道组添加属性；选择"通道"时为文件添加一个通道并能为通道添加属性和写入数据。"属性"选项区域包括"TDM 属性"和"DAQmx 属性"选项卡，使用"DAQmx 属性"选项卡能选择和编辑用于.tdm 和 .tdms 文件的 DAQmx 属性名；"TDM 属性"选项卡用于编辑预定义属性，并为.tdm 和 .tdms 文件创建用户自定义属性。单击"插入"按键，可以添加并配置新属性。单击"删除"按键，可删除选定属性。对于预定义属性，用户不能删除，只能选择它的"源"和编辑它的"值"。"源"是属性来源，可以选择"忽略"或由"接线端"在程序框图中输入，还可以使用配置中的"值"。"已测量数据通道"用来设置写入数据方式，勾选"显示数据通道的接线端"才能由程序框图输入要记录的数据。

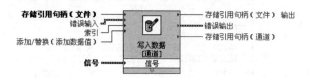

图 6-31　写入数据 Express VI 的图标及端口

写入 TDM 文件的例子如图 6-33 所示。

2. 读取数据

读取数据 Express VI 实现返回表示文件中通道组或通道的引用句柄数组的功能。

图 6-32 "配置写入数据"对话框

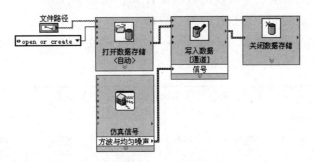

图 6-33 写入 TDM 文件的示例

该 VI 放入程序框图时会弹出如图 6-34 所示的对话框。其中,"读取对象类型"可以选择通道或通道组;"比较属性"选项可以选择写数据时添加的属性并进行数据筛选。"输出数据通道格式"可以选择数据输出的类型。

图 6-35 所示的程序能把前面程序所存储的 TDM 文件数据读出并显示在波形图上。

6.4.3 高速数据流文件

高速数据流文件(TDMS 文件)是 TDM 文件的增强模式,它的读写速度更快,属性定义接口更简单。TDMS 文件和 TDM 文件之间可以互相转换,且 TDMS 文件有逐步取代 TDM 文件的趋势。TDMS 文件的逻辑结构仍是文件、通道组、通道三层。一个 TDMS

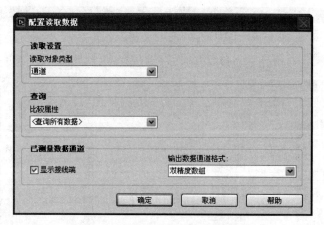

图 6-34　配置读取 TDM 数据对话框

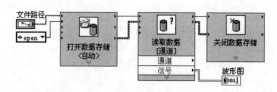

图 6-35　读取 TDM 文件数据

文件同样分为一个扩展名为.tdms 的数据文件和扩展名为.tdms_index 的索引文件,该索引文件提供关于属性和数据指针的统一信息。

TDMS 文件的操作函数位于“函数”→“编程”→“文件 I/O”→TDMS 子选板中,如图 6-36 所示。

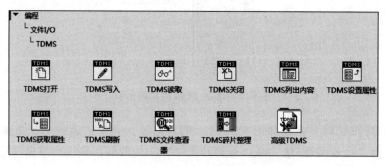

图 6-36　TDMS 函数子选板

1. TDMS 写入

TDMS 写入函数的图标及端口如图 6-37 所示,该函数实现将数据写入指定的.tdms 文件的功能。通过“组名称输入”和“通道名输入”的值可确定要写入的数据子集。其主要端口的含义如下。

（1）TDMS 文件:指定生成指向要进行操作的.tdms 文件的引用句柄。

（2）组名称输入:指定要进行操作的通道组名称,默认值为未命名。

（3）通道名输入：表明要进行操作的通道。如该输入端没有连接数据，LabVIEW 可自动为通道命名，如连线波形至"数据"输入端，LabVIEW 将使用波形名。通道名输入支持字符串或一维字符串数组输入。数据类型依据"数据"输入有所不同。

2. TDMS 读取

TDMS 读取函数的图标及端口如图 6-38 所示，函数读取指定的.tdms 文件并以"数据类型"输入端指定的格式返回"数据"。如"数据"包含缩放信息，VI 将自动换算数据。"总数"和"偏移量"输入端用于读取指定的数据子集。

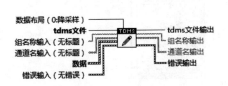

图 6-37　TDMS 写入函数的图标及端口

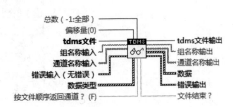

图 6-38　TDMS 读取函数的图标与端口

3. TDMS 设置属性

TDMS 设置属性函数的图标及端口如图 6-39 所示，该函数用于设置指定的.tdms 文件、通道组或通道的属性。如连线"组名称"和"通道名"，函数可在通道中写入属性。如只连线"组名称"，函数可在通道组中写入属性。如未连线"组名称"和"通道名"，属性由文件确定。如"通道名称"连接了输入值，则"组名称"输入端也必须连接一个值。其主要端口的含义如下。

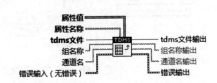

图 6-39　TDMS 设置属性函数的图标及端口

（1）属性值：指定通道组、通道或.tdms 文件的属性值。该输入端接受以下数据类型：有符号或无符号整数、定点数、时间标识、布尔、不包含空字符的由数字和字符组成的字符串、包含上述数据类型的变体数据。如需使用同一函数设置多个属性，可将由上述某一数据类型组成的数组连线至"属性值"输入端。数组中的每个值对应一个属性。但是，数组值不能为单个属性。

（2）属性名称：指定通道组、通道或.tdms 文件的属性名。

（3）组名称：指定要进行操作的通道组名。如"通道名"连接了输入值，则此输入端也必须连接一个值。

（4）通道名：指定要进行操作的通道。如输入端连接了输入值，则"组名称"输入端也必须连接一个值。

图 6-40 所示给出了写入 TDMS 文件与读取 TDMS 文件的应用示例。TDMS 文件写入后，可以使用"TDMS 文件查看器"函数来查看写入的文件，包括查看文件的属性、值及写入的数据。

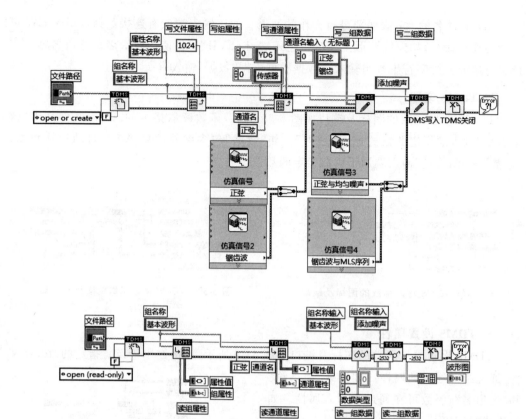

图 6-40　写 TDMS 文件与读 TDMS 文件的应用示例

【实训练习】

用仿真信号产生一个频率为 20Hz、采样率为 1000、采样数为 1000 的正弦仿真信号，并将其写入 TDMS 文件，要求同时为该通道设置两个属性：频率和采样数。

实训练习.mp4

6.4.4　波形文件

波形文件专门用于存储波形数据类型数据，它将波形数据以一定的格式存储在二进制文件或电子表格文件中。每个波形文件都包含波形的起始采样时间 t_0、采样间隔 dt 和采样数据 y 共 3 部分。LabVIEW 中提供 3 个波形文件 I/O 函数，位于"函数"→"编程"→"文件 I/O"→"波形文件 I/O"子选板上，如图 6-41 所示。

1. 写入波形至文件

写入波形至文件 VI 的图标及端口如图 6-42 所示，其功能是将指定数量的记录写入创建的新文件或添加至现有文件，然后关闭文件，检查是否发生错误。每条记录都是波形数组。通过连线数据至"波形"输入端可以确定要使用的多态实例，也可以手动选择实例。

图 6-41 波形文件 I/O 函数

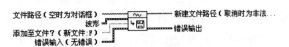

图 6-42 写入波形至文件 VI 的图标及端口

2. 从文件读取波形

打开使用"写入波形至文件"函数创建的文件,每次从文件中读取一条记录。每条记录可能含有一个或多个独立的波形。图标及端口如图 6-43 所示,该 VI 将"记录中所有波形"和"记录中第一波形"单独输出。要获取文件中的所有记录,在循环中调用该函数,直到文件结束为止。

【例】 用方波波形与正弦波形组成两路信号,先将它们存储到波形文件中,然后再将它们读出,程序框图如图 6-44 所示。

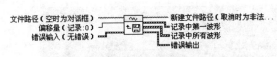

图 6-43 从文件读取波形 VI 的图标及端口

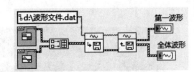

图 6-44 波形文件操作

3. 导出波形至电子表格文件

利用"导出波形至电子表格文件"VI 可以将波形文件保存成电子表格文件。保存时首先将波形转换为文本字符串,然后将字符串写入新字节流文件或将字符串添加到现有文件。通过连线数据至"波形"输入端可确定要使用的多态实例,也可手动选择实例,图标及端口如图 6-45 所示。主要端口含义说明如下。

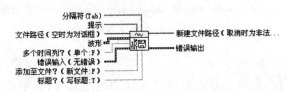

图 6-45 导出波形至电子表格文件 VI 的图标及端口

(1) 分隔符:用于对电子表格文件中的栏进行分隔的字符或由字符组成的字符串,默认状态下指定单个制表符作为分隔符。

(2) 波形:包含要导出至电子表格文件的波形。

(3) 多个时间列?:用于规定各波形文件是否使用同一波形时间,若其值为 True,VI 可为每个写入文件的通道使用单独的时间列。若其值为 False(默认),则用时间列表示在相同时间范围内写入文件的波形。

(4) 添加至文件?:用于确定是否将数据添加至已有文件,若其值为 True,VI 可把数据添加至已有文件。若其值为 False（默认），VI 可替换已有文件中的数据。如不存在已有文件，VI 则创建新文件。

（5）新建文件路径（取消时为非法路径）：VI 要写入数据的文件的路径。通过该输出端可在对话框中指定打开文件的路径。如选择取消，则新建文件路径为〈非法路径〉。

图 6-46 所示给出了一个导出波形至电子表格文件的应用示例。先用"采集波形数组（仿真）"函数产生 5 组随机波形值，用"写入波形到文件"函数将数据写入波形文件；然后用"从文件读取波形"函数读取波形文件，再用"导出波形至电子表格文件"函数将波形文件保存成电子表格文件，由于"如多个时间列"的值为 T，则电子表格文件中有 5 列时间列，如图 6-47 所示。

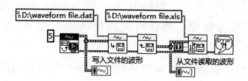

图 6-46 导出波形至电子表格文件的应用示例

	A	B	C	D	E	F	G	H	I	J
1	waveform	[0]		[1]		[2]		[3]		[4]
2	t0	28:45.9		28:45.9		28:45.9		28:45.9		28:45.9
3	delta t	0.2		0.2		0.2		0.2		0.2
4										
5	time[0]	Y[0]	time[1]	Y[1]	time[2]	Y[2]	time[3]	Y[3]	time[4]	Y[4]
6	28:45.9	3.23E+01	28:45.9	8.33E+01	28:45.9	2.84E+01	28:45.9	6.63E+01	28:45.9	5.80E+01
7	28:46.1	2.90E+01	28:46.1	8.76E+01	28:46.1	2.61E+01	28:46.1	9.13E+01	28:46.1	4.51E+01
8	28:46.3	6.24E+01	28:46.3	6.50E+01	28:46.3	3.83E+01	28:46.3	9.60E+01	28:46.3	6.48E+01
9	28:46.5	9.51E+01	28:46.5	9.40E+01	28:46.5	6.34E+01	28:46.5	2.32E+00	28:46.5	1.00E+02
10	28:46.7	7.08E+01	28:46.7	4.83E+01	28:46.7	9.71E+01	28:46.7	1.26E+01	28:46.7	6.10E+00
11										

图 6-47 导出的电子表格文件

【实训练习】

编写一个程序，将产生的正弦波形数据存储为波形文件，记录的时间为系统当前时间，然后把波形文件转存为电子表格文件。

实训练习.mp4

6.5 数据记录文件

数据记录文件本质上也是一种二进制文件，它是 LabVIEW 定义的一种文件格式，用于在 LabVIEW 中访问和操作数据，并可以快速方便地存储复杂的数据结构，如簇和数组数据。

数据记录文件以相同的结构化记录序列存储数据（类似于电子表格），每行均表示一个记录。数据记录文件中的每条记录都必须是相同的数据类型。LabVIEW 会将每个记录作为含有待保存数据的簇写入该文件。每个数据记录可由任何数据类型组成,并可在创建该文件时确定数据类型。例如,可创建一个数据记录,其记录数据的类型是包含字符串和数字的簇,则该数据记录文件的每条记录都是由字符串和数字组成的簇。第一个记录可以是("JWC",1),而第二个记录可以是("PT",7)。

数据记录文件操作函数位于"函数"→"编程"→"文件 I/O"→"高级文件函数"→"数据记录"子选板上,如图 6-48 所示。下面介绍其中的"写入数据记录文件""读取数据记录文件"及"设置数据记录位置"这 3 个函数。

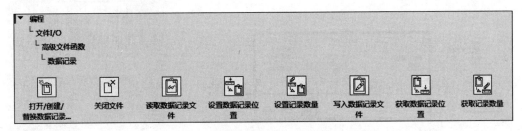

图 6-48　数据记录文件函数

1. 写入数据记录文件

写入数据记录文件函数的图标及端口如图 6-49 所示,函数将"记录"写入由"引用句柄"指定的已打开的数据记录文件,文件尾即是写入的起始位置。其中,"记录"包含要写入数据记录文件的数据记录。记录必须是匹配记录类型(打开或创建文件时指定)的数据类型,或者是该记录类型的数组。在前一种情况下,函数将"记录"作为单个记录写入数据记录文件。如需要,函数可将数值数据强制转换为该参数的记录类型表示法。在后一种情况,函数将把数组中的每条记录分别写入按行排序的数据记录文件。

2. 读取数据记录文件

读取数据记录文件函数的图标及端口如图 6-50 所示,其功能是读取由"引用句柄"所指定的数据记录文件的记录并将记录在"记录"中返回。当前的数据记录位置是读取的起始位置。其中,"总数"是要读取的数据记录的数量,函数将在记录中返回总数数据元素,如果到达文件结尾,则返回已经读取的全部完整的数据元素和文件结尾错误。默认状态下,函数将返回单个数据元素。如总数为-1,函数将读取整个文件。如总数小于-1,函数将返回错误。

图 6-49　写入数据记录文件函数的图标及端口　　图 6-50　读取数据记录文件函数的图标及端口

图 6-51 所示是写入与读取数据记录文件应用示例。写入数据记录文件函数将记录写入数据记录文件,每次写入一条记录,共写入 10 个记录(簇),每个记录都包含一个 ID 字符串和一个随机数数组。利用读取数据记录文件函数将数据记录读取并显示,由于函

数的总数值未连线,因此函数仅返回单个记录。

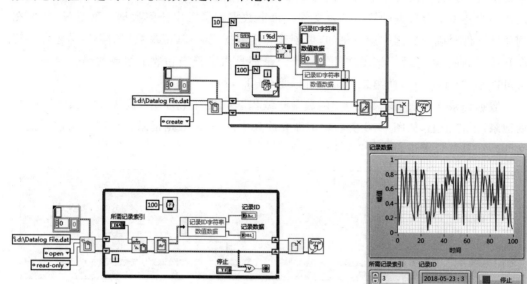

图 6-51　写入与读取数据记录文件应用示例

3. 设置数据记录位置

设置数据记录位置函数的图标及端口如图 6-52 所示,该函数的作用是在文件存储时

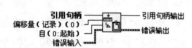

图 6-52　设置数据记录位置函数
的图标及端口

指定数据存储位置,其中,"自"端口和"偏移量(记录)"端口相配合,可以将引用句柄指定文件的当前数据记录的位置移动至偏移量(字节)指定的数据记录的位置。

如果连线"偏移量(记录)",且"自"端口为默认值 0,则偏移量相对于文件的起始位置。如果没有连线"偏移量(记录)",且"偏移量(记录)"的默认值为 0,"自"端口的默认值为 2,则操作将从当前的数据记录处开始。操作接线端口值及其对应的含义见表 6-1。

表 6-1　操作接线端口值及其对应的含义

整数值	含　义
0	start:在文件起始处设置数据记录位置偏移量(记录)。若"自"端口为 0,则"偏移量(记录)"应为正
1	end:在文件结尾处设置数据记录位置偏移量(记录)。若"自"端口为 1,则"偏移量(记录)"应为负
2	current:在当前文件记录处设置数据记录位置偏移量(记录)

【例】　往 text.txt 的文本文件中写入"1234xyz",然后在该文本的开始位置偏移量为 1 的地方写入"abc",则需要用到设置文件位置来实现,如图 6-53 所示。

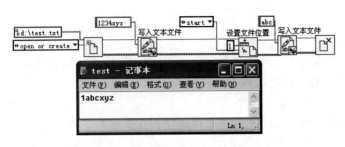

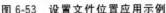

图 6-53 设置文件位置应用示例　　　　　　实训练习.mp4

【实训练习】

编写程序,把 10 条记录写入数据记录文件中,要求每次写入一条记录,其中记录是簇型数据,包括一个 ID 字符串和一个随机数组,然后编程读取该数据记录文件。

6.6 压缩文件

压缩文件是指在程序运行过程中就对文件直接以压缩文件的形式进行存放。这样做的最大优点是文件占用存储空间小,可以节约有限的资源,但压缩过程占用系统资源,运行速度比其他文件操作要慢。

6.6.1 压缩函数

在 LabVIEW 中,Zip VI 用于创建新的 Zip 文件、将文件添加到 Zip 文件、解压缩 Zip 文件以及关闭 Zip 文件。压缩函数位于"函数"→"编程"→"文件 I/O"→Zip 子选板中,如图 6-54 所示。

图 6-54 Zip 函数

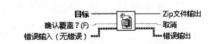

图 6-55 新建 Zip 文件 VI 的图标及端口

1. 新建 Zip 文件

新建 Zip 文件 VI 的图标及端口如图 6-55 所示,该 VI 用于在目标指定的路径中新建空的 Zip 文件。其端口含义如下。

(1)目标:指定新建或已有 Zip 文件的路径。如果 Zip 文件已存在,VI 将删除并重写文件,但不能为 Zip 文件添加数据。

(2)确认覆盖?:指定对已有 Zip 文件进行覆盖,默认值为 False。如果设置该值为 True,VI 将提示对删除 Zip 文件进行确认。

(3)Zip 文件输出:返回打开的 Zip 文件,Zip 文件输出类似于引用句柄或任务 ID。

（4）取消：如用户取消覆盖确认对话框，该端口将返回 True。

2．添加文件至 Zip 文件

添加文件至 Zip 文件 VI 的图标及端口如图 6-56 所示，该 VI 用于将源文件路径指定的文件添加至 Zip 文件。其主要端口含义如下。

（1）Zip 文件输入：指定打开的 Zip 文件。

（2）源文件路径：指定要添加至 Zip 文件的文件路径。

（3）Zip 文件目标路径：指定 VI 将文件编码至 Zip 文件时，源文件使用的文件名和路径。

3．关闭 Zip 文件

关闭 Zip 文件 VI 的图标及端口如图 6-57 所示，该 VI 用于关闭"Zip 文件输入"指定的 Zip 文件。其中，"注释"端口用于输入包含 Zip 文件要包括的文本。

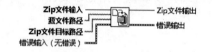

图 6-56　添加文件至 Zip 文件 VI 的图标及端口　　　图 6-57　关闭 Zip 文件 VI 的图标及端口

4．解压缩

解压缩 VI 的图标及端口如图 6-58 所示，该 VI 用于将压缩文件的内容解压缩至目标目录，但该 VI 无法解压缩有密码保护的压缩文件，其主要端口的含义如下。

图 6-58　解压缩 VI 的图标及端口

（1）仅预览？：指定是否不解压缩 Zip 文件而显示 Zip 文件中的所有文件。如果值为 True，则 VI 不解压缩 Zip 文件，预览将显示 Zip 文件中的文件列表，默认值为 False。

（2）目标目录：指定 VI 解压缩 Zip 文件的目录路径。默认目录是含有该 Zip 文件的路径。如指定含有该文件名的路径，VI 将从路径中移除文件名，并将文件解压缩至该路径。

（3）解压缩的文件：列出 VI 解压缩的所有文件。

（4）预览：列出 Zip 文件中文件的路径。

6.6.2　文件压缩

压缩函数可以压缩各类文件，方便了数据的储存。图 6-59 就是将一个文件压缩到目

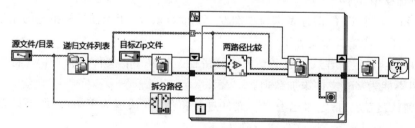

图 6-59　压缩文件的程序框图

标位置的程序框图,而前面板上只需要放置两个路径输入控件,用来输入压缩文件的保存位置和源文件的位置,分别改名为"目标 zip 文件"和"源文件/目录"。下面对程序中的主要步骤加以说明。

(1)递归文件列表 VI 与两路径比较 VI 均位于"函数"→"文件 I/O"→"高级文件函数"子文件夹。

(2)递归文件列表 VI 用于找到源目录中的所有文件;为解决 Zip 文件中相对路径的问题,用两路径比较 VI 在源目录中生成当前文件的相对路径。

(3)程序的主要步骤是:调用 Zip VI 之前,用递归文件列表 VI 找到源目录中的所有文件,然后调用新建 Zip 文件 VI。在循环中,用添加文件至 Zip 文件 VI 将每个文件添加至新建的 Zip 文件。最后用关闭 Zip 文件 VI 关闭 Zip 文件引用。

6.7 高级文件 I/O 函数

高级文件操作用来完成一些目录、文件大小和路径等操作,位于"函数"→"编程"→"文件 I/O"→"高级文件函数"子选板中,如图 6-60 所示。此子选板包含了许多对文件的特殊操作函数,如获取文件的信息、删除文件等操作。

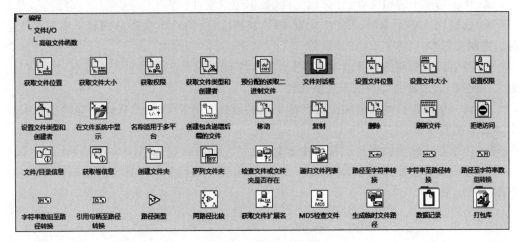

图 6-60 高级文件函数

下面用实例来说明高级文件函数的使用。

【例】 在计算机的 D 盘上创建 text 文件夹,用来存放名为 rewrite 的文本文件,该文件用字符串 abcd 循环写入 5 次。

电子表格文件通过设置写入带分隔符电子表格 VI 的"添加至文件?"为 True 可以实现文件的循环写入,而不覆盖原有的数据,但对于文本文件和二进制文件就不这么方便了,需要通过"获取文件大小""设置文件位置"等函数来实现。程序框图与运行结果如图 6-61 所示。

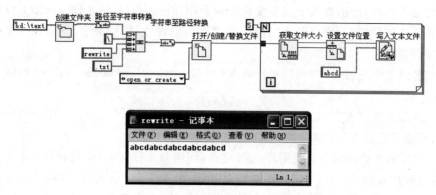

图 6-61　程序框图与运行结果

思考题和习题

1. LabVIEW 提供的常用文件类型主要有哪些？

2. 文本文件与二进制文件的主要区别是什么？各自有什么优缺点？

3. 什么是电子表格文件、二进制文件、数据记录文件？

4. 数据记录文件、XML 文件、配置文件、波形文件、TDMS 文件分别属于文本文件还是二进制文件？

5. 产生若干周期的正弦波数据，以当前系统日期和自己的名字为文件名，分别存储为文本文件、二进制文件和电子表格文件。

6. 将一组随机信号数据加上时间标记存储为数据记录文件，然后再将存储的数据读出并显示在前面板上。

7. 产生矩形脉冲数据并记录为波形文件。

8. 将一个方波波形保存为 TDMS 文件，加上文件属性。再将此文件正确读出，用波形图显示出来。

第 7 章

数 据 采 集

本章学习目标

- 掌握数据采集的基本理论知识
- 了解数据采集系统的构成、数据采集助手 DAQ Assistant 的使用
- 掌握 DAQ 节点的组织结构与常用参数设置
- 熟练掌握数据采集任务的建立

在测试、测量及工业自动化等领域中,都需要进行数据采集,而基于 LabVIEW 设计的虚拟仪器主要用于获取物理世界的数据并进行数据分析与呈现,因此就要用到数据采集(Data Acquisition,DAQ)技术。DAQ 技术是 LabVIEW 的核心技术,LabVIEW 提供了丰富的数据采集软件资源,使其在测试测量领域发挥强大的功能。本章主要介绍数据采集的基础知识、数据采集卡的配置以及 DAQ 技术的应用。

7.1 数据采集基础

在学习 LabVIEW 提供的功能强大的数据采集和应用模块之前,必须对基本的数据采集知识有所了解。本节先介绍信号类型和测试系统的连接方式,然后介绍数据采集系统的基本组成。

7.1.1 奈奎斯特采样定理

自然界中的物理量大多数是时间、幅值上连续变化的模拟量,而信息处理多是以数字信号的形式由计算机完成。所以,将模拟信号变为数字信号是实现信息处理的必要过程,该过程的第一步是对模拟信号进行采样。设连续信号 $x(t)$ 的带宽有限,其最高频率为 fc,对 $x(t)$ 采样时,若保证采样频率 $fs \geqslant 2fc$,即可由采样后的数字信号 $x(nTs)$ 恢复出原信号 $x(t)$,此基本原则称为奈奎斯特采样定理。如果采样频率 $fs < 2fc$,则通过采样后的数字信号无法重构原信号,称为欠采样,如图 7-1 所示出现了伪信号。一般情况下,fs 至少为 fc 的 2 倍,工程上常取 6~8 倍。

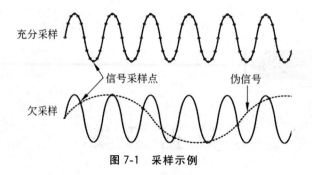

图 7-1　采样示例

7.1.2　信号类型

根据信号运载信息的方式不同，可将信号分为模拟信号和数字信号。模拟信号有直流、时域、频域信号，而数字(二进制)信号分为开关信号和脉冲信号两种，如图 7-2 所示。

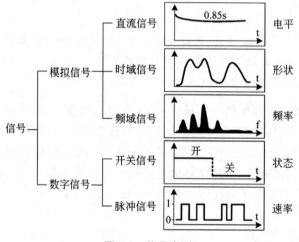

图 7-2　信号类型

1. 数字信号

数字信号分为开关信号和脉冲信号两类。开关信号运载的信息与信号的即时状态信息有关。开关信号的一个实例就是 TTL 信号，一个 TTL 信号的电平如果为 $2.0\sim2.5V$，就定义为逻辑高电平，如果为 $0\sim0.8V$，就定义为逻辑低电平。

脉冲信号由一系列的状态转换组成，包含在其中的信息由状态转换数目、转换速率、一个转换间隔或多个转换间隔的时间表示，如一个步进电动机需要用一系列的数字脉冲作为输入来控制位置和速度。

2. 模拟直流信号

模拟直流信号是静止的或者随时间变化非常缓慢的模拟信号。常见的直流信号有温度、流速、压力、应变等。由于模拟直流信号是静止或缓慢变化的，因此测量时更应注重于测量电平的精确度，而并非测量速率。采集系统在采集模拟直流信号时，需要有足够的精度,以正确测量信号电平。

3. 模拟时域信号

模拟时域信号运载的信息不仅包含信号的电平,还包含电平随时间的变化。测量一个时域信号(也称为波形)时,需要关注一些与波形形状相关的特性,如斜率、峰值、到达峰值的时刻和下降时刻等。

为了测量某个时域信号,必须有一个精确的时间序列以及合适的时间间隔,以保证信号的有用部分被采集到。此外,还要有合适的测量速率,这个测量速率能跟上波形的变化。用于测量时域信号的采集系统通常包括 A/D 转换器、采样时钟和触发器。A/D 转换器要具有高分辨率,以保证采集数据的精度,有足够高的带宽用于高速率采样;精确的采样时钟,用于以精确的时间间隔采样;而触发器使测量在恰当的时间开始。日常生活中存在许多不同形式的时域信号,如视频信号、心脏跳动信号等。

4. 模拟频域信号

模拟频域信号与时域信号类似,都描述模拟信号的特性。然而,从频域信号中提取的信息是基于信号的频域内容,而不是波形的形状,也不是随时间变化的特性。

一个用于测量频域信号的系统必须有 A/D 转换器、采样时钟和用于精确捕捉波形的触发器。另外,系统必须有必要的分析功能,用于从信号中提取频域信息。为了实现这样的数字信号处理,可以使用应用软件或特殊的 DSP 硬件实现。

上述几种信号并不是互相排斥的,一个特定的信号可能包含多种信息,因此有时可以用几种方式定义和测量信号,用不同类型的系统测量同一个信号,并从信号中提取需要的各种信息。

7.1.3 信号的参考点与测量系统

信号源按参考点不同(接地与不接地)分为基准信号和非基准信号两种类型。基准信号源通常称为接地信号,而非基准信号源则称为未接地信号或浮动信号。

1. 信号接地

接地信号源的电压信号是以系统的地(如建筑物的地)作为参考点,如图 7-3(a)所示。通过电源插座的接地线接入建筑物地的设备,如信号发生器和供电设备,都是接地信号源最常见的实例。

未接地信号源的电压信号没有相应的诸如大地或建筑物这样的绝对参考点,如图 7-3(b)所示。一些常见的未接地信号的实例包括电池组、电池供电源、热电偶、变压器、隔离放大器和那些输出信号明显不接地的各种仪器。

2. 测量系统

根据信号接入方式的不同,测量系统可以分为差分测量系统(DEF)、参考地单端测量系统(RSE)、无参考地单端测量系统(NRSE)3 种类型。

1)差分测量系统

在差分测量系统中,信号的两个输入端分别连接数据采集设备的两个模拟通道输入端,如图 7-4 所示是一个 8 通道的差分测量系统,通过多路开关选择通道,AIGND(模拟输入地）是测量系统的地。通常具有仪器放大器的数据采集卡设备可配置成差分测量系统。一个理想的差分测量系统有很好的抑制共模电压的能力。

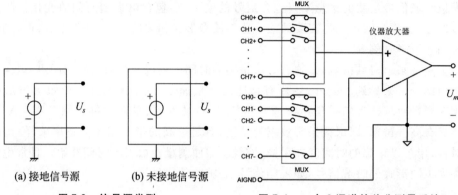

(a) 接地信号源　　(b) 未接地信号源

图 7-3　信号源类型　　　　　　图 7-4　一个 8 通道的差分测量系统

当输入信号有以下情况时，可使用差分测量系统。

- 输入信号是低电平（一般小于 1V）。
- 信号电缆比较长或者没有屏蔽，环境噪声比较大。
- 任何一个输入信号要求单独的参考点。

2）参考地单端测量系统

一个参考地单端测量系统，也叫做接地测量系统，被测信号一端接模拟输入通道，另一端接仪器放大器的模拟输入地 AIGND。图 7-5 所示为一个 16 通道的 RSE 测量系统。对浮动信号进行测量时，经常用参考地单端测量的方法。

3）无参考地单端测量系统

在 NRSE 测量系统中，信号的一端接模拟输入通道，另一端接一个公用参考端，但这个参考端电压相对于测量系统的地来说是不断变化的。图 7-6 所示为一个 16 通道的 NRSE 测量系统。无参考地单端测量系统主要用于测量接地信号。

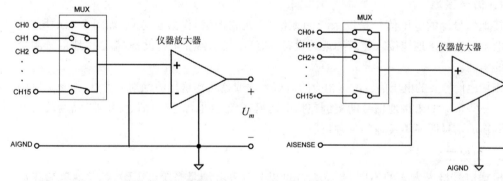

图 7-5　一个 16 通道的 RSE 测量系统　　　图 7-6　一个 16 通道的 NRSE 测量系统

输入信号满足以下情况时，可采用单端测量系统。

- 输入信号是高电平（一般大于 1V）。
- 信号电缆比较短（一般小于 5m）或者有合适屏蔽，环境噪声比较小。

- 所有输入信号共用一个参考点。

3. 选择合适的测量系统

两种信号源和三种测量系统一共可以组成3种连接方式,见表7-1。

表 7-1　信号源和测量系统的连接方式

测试系统	接地信号	浮动信号
DEF	√	√
RSE	×	√
NRSE	√	√

7.1.4　数据采集系统构成

一个典型的基于PC的数据采集系统的框图如图7-7所示,包括传感器、信号调理、数据采集卡、PC和软件。

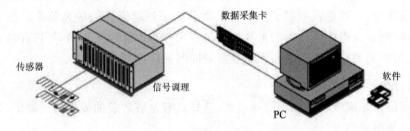

图 7-7　数据采集系统

各部分的作用如下。

(1) 传感器:感应被测对象的状态变化,并将其转化成可测量的电信号。例如热电阻传感器、压力传感器可以测量温度和压力,并产生与温度和压力成比例的电信号。

(2) 信号调理:联系传感器与数据采集设备的桥梁,主要包括放大、滤波、隔离、激励、线性化等,其作用是对传感器输出的电信号进行加工和处理,转换成便于传输、显示和记录的电信号。

(3) 数据采集卡:实现数据采集功能的计算机扩展卡。一个典型的数据采集卡的功能有模拟输入、模拟输出、数字I/O、计数器/计时器等。通常,数据采集卡都有自己的驱动程序。

(4) PC和软件:软件使PC和数据采集卡形成一个完整的数据采集、分析和显示系统。

7.2　数据采集卡的选用与配置

一个典型的数据采集卡的功能有模拟输入、模拟输出、数字I/O、计数器/计时器等,这些功能分别由相应的电路来实现。

7.2.1　选用数据采集卡的基本原则

在挑选数据采集卡时,主要考虑的是根据需求选取适当的总线形式、采样速度、输入输出等,达到既能满足工作要求,又能节省成本的目的。

1. 数据分辨率和精度

分辨率可以用 ADC/DAC(模数/数模转换)的位数来衡量。ADC/DAC 的位数越多,分辨率就越高,可区分的最小电压就小。当分辨率足够高时,数字化信号才能有足够的电压分辨能力,从而较好地恢复原始信号。

在组建测试系统时,对测量结果要有一个精度指标。这个精度要从系统的整体考虑,不仅要考虑 A/D 变换的精度,还要考虑到传感器、信号调制电路及计算机数据处理等各部分的误差,要根据实际情况确定对数据采集卡的精度要求。

数据采集卡的分辨率往往高于其精度,分辨率等于一个量化单位,和 A/D 转换器的位数直接相关,而精度包含了分辨率、零位误差等各种误差因素。一般 A/D 转换器的分辨率优于精度一个数量级或按二进制来说高出 2~4 位比较合适。

2. 最高采样速率

数据采集卡的最高采集速率一般用最高采样频率来表示,它表示其单通道采样能使用的最高采样频率,这也就限制了该数据采集卡能够处理信号的最高频率。如果要进行多通道采样,则每通道能够达到的采样率是最高采样频率除以通道数,所以在考虑这个指标时,首先要明确测试信号的最高频率及需要同时采样的通道数。

3. 通道数

根据测试任务确定满足要求的通道数,选择具有足够数量的模拟输入输出、数字输入输出端口的数据采集卡。

4. 总线标准

数据采集硬件设备分为内插式和外挂式。内插式 DAQ 板卡包括基于 PCI、PXI/Compact CPI、PCMCIA 等各种计算机内总线的板卡。外挂式板卡则包括 USB、IEEE 1394、RS-232/RS-485 和并口板卡。内插式 DAQ 板卡速度快,但插拔不方便;外挂式 DAQ 板卡连接使用方便,但速度相对较慢。选择总线方式时,应该根据数据采集设备、计算机的支持类型和系统数据传输特点选择恰当的方式。

5. 是否有隔离

工作在强电磁干扰环境中的数据采集系统,选择具有隔离配置的数据采集卡,对于保证数据采集的可靠性是非常重要的。

6. 支持软件驱动程序及其软件平台

数据采集卡能在什么环境下使用、是否有良好的驱动程序,也是选择数据采集卡的一个重要因素。数据采集卡相关软件除了与现有测试系统兼容外,还应考虑更广泛的兼容性和灵活性,以备在其他任务或系统中也能使用。

数据采集卡的选择还应该考虑输入信号的电压范围、增益、非线性误差等一些常用指标。

数据采集卡的性能优劣对于整个系统举足轻重。选购时不仅要考虑其价格,更要综合考虑、比较其质量、软件支持能力、后续开发和服务能力等。

7.2.2 数据采集卡的配置

在使用 LabVIEW 进行 DAQ 编程之前,首先要安装 DAQ 硬件,将其与计算机相连,然后在计算机上安装 DAQ 驱动程序,即 NI-DAQmx,并进行必要的配置。安装与配置数据采集卡的步骤如图 7-8 所示。

下面以 NI 公司生产的 PCI-6221 多功能数据采集卡为例,说明基于 DAQ 系统的数据采集卡的配置。PCI-6221 具有 16 路单端接地或 8 路差分的模拟输入通道,16 位的分辨率,最高采样率为 250kS/s,最大电压范围为−10～+10V,具有 2 路模拟输出、24 条数字 I/O 线、32 位计数器。PCI-6221 共有 68 个接线端子,如图 7-9 所示。

```
┌─────────────────┐
│  安装DAQ设备硬件  │
└─────────────────┘
         ↓
┌─────────────────┐
│  安装DAQ设备驱动  │
│   (NI-DAQmx)    │
└─────────────────┘
         ↓
┌─────────────────┐
│   配置DAQ设备    │
└─────────────────┘
         ↓
┌─────────────────┐
│     配置通道     │
└─────────────────┘
         ↓
┌─────────────────┐
│   LabVIEW编程   │
└─────────────────┘
```

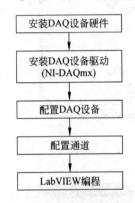

图 7-8 安装与配置数据
　　　采集卡的步骤

图 7-9 PCI-6221 多功能数据采集卡及配件

连接好附件后安装 NI 设备驱动程序 NI-DAQmx(最新版的 NI-DAQmx 可从 NI 网站上下载)即完成安装工作。

1. 数据采集卡的测试

安装 NI-DAQmx 或 LabVIEW 软件时,系统会自动安装 Measurement & Automation Explorer(测量与自动化资源浏览器)软件,简称 MAX,该软件用于管理和配置硬件设备。运行 MAX,在弹出的窗口左侧"配置"管理树中展开"我的系统"→"设备和接口",如果数据采集卡的安装无误,则在"设备和接口"节点下将出现"NI PCI-6221"的节点,如图 7-10 所示。

选中"NI PCI-6221"节点,窗口右侧将列出数据采集卡设置信息,如序列号、PCI 总线及校准信息等,同时通过该节点右键菜单(如图 7-11 所示)或右侧窗口上部的快捷菜单按钮还可以进行数据采集卡的自检、测试面板、重启设备、创建任务、配置 TEDS、设备引脚、自校准等操作。通过选择"自检"命令,让设备进行自检,自检完成后会显示"自检成功完成"信息。如果需要进行详细测试,选择"测试面板",即可打开如图 7-12 所示的测试面板窗口。

在测试面板上选择"模拟输入"选项卡,如图 7-12 所示。选择通道名 Dev1/ai1,即使用 PCI-6221 的模拟输入 1 通道,按照图 7-12 所示设置。测量信号从端口 33、66 采用差分方式输入频率为 20Hz、幅值为 1.5V 的正弦信号,单击"开始"按钮,数据采集卡模拟输入 1 通道采集到该信号并显示于图表窗口。模拟输出、数字 I/O、计数器 I/O 的测试与模

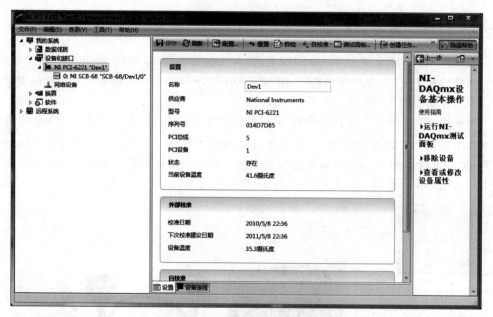

图 7-10　MAX 配置与管理对话框

拟输入的测试类似。

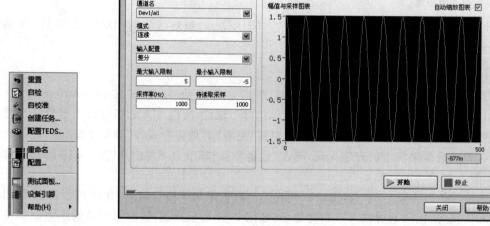

图 7-11　快捷菜单　　　　　　　　　　　图 7-12　测试面板

2. 采集卡的任务配置

进行数据采集卡配置时，会用到以下几个有关采集的基本概念。

（1）物理通道。物理通道是采集和产生信号的接线端或管脚。支持 NI-DAQmx 的设备上的每个物理通道具有唯一的名称，它由设备号和通道号两部分组成。

（2）虚拟通道。虚拟通道是一个由名称、物理通道、I/O 端口连接方式、测量或产生信号类型以及标定信息等组成的设置集合。在 NI-DAQmx 中，每个测量任务都必须配置虚拟通道,虚拟通道被整合到每一次具体的测量中。

(3)任务。任务是带有定时、触发等属性的一个或多个虚拟通道的集合,是 NI-DAQmx 中一个重要的概念。一个任务表示用户想做的一次测量或者一次信号发生,用户可以设置和保存一个任务里的所有配置信息,并在应用程序中使用这个任务。

在一个任务中,所有通道的 I/O 类型必须相同。例如,同为模拟输入或计数器输出等,但是通道的测量类型可以不一样,如一个模拟输入温度的测量和一个模拟输出电压测量。

(4)局部虚拟通道。在 DAQmx 中,用户可以将虚拟通道配置成任务的一部分或者与任务分离,创建于任务内部的通道称为局部虚拟通道。

(5)全局虚拟通道。定义于任务外部的虚拟通道称为全局虚拟通道。用户可以在 MAX 或应用程序中创建全局虚拟通道,然后将其保存在 MAX 中,也可以在任意的应用程序中使用全局虚拟通道或者把它们添加到许多不同的任务中。如果用户修改了一个全局虚拟通道,这个改变将会影响所有引用该全局虚拟通道的任务。

一个全局虚拟通道只是引用了物理通道,并没有包含定时或触发功能,它可以被许多任务包含和引用,而对于一个任务,它是一个独立的实体,不能被其他任务包含或引用。

利用数据采集卡实现数据采集时,需要首先配置任务。在 MAX 中配置一个模拟输入电压采集的任务,方法如下。

(1)在 MAX 主窗口左侧的配置树中选择"设备和接口"→NI PCI-6221 "Dev1",然后单击 MAX 窗口右上角的"创建任务"选项,弹出新建 NI-DAQmx 任务对话框,如图 7-13 所示。

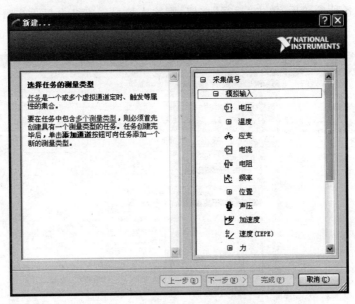

图 7-13 新建 NI-DAQmx 任务窗口

(2)选择"模拟输入"→"电压",对话框将切换为"物理通道"选择界面,在界面上选择一个信号输入的物理通道,如"ai0",表明要采集从 ai0 输入的模拟信号,如图 7-14 所示。然后单击"下一步"按钮进入任务名定义界面,在界面对应文本输入框中输入要指定的任务名称,如默认值为"我的电压任务",单击"完成"按钮就完成了一个模拟输入电压测量任务的创建。

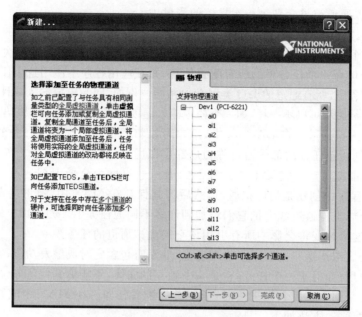

图 7-14　创建一个本地通道

（3）在 MAX 主窗口左侧配置树的"数据邻居"中选定创建好的任务节点，在右侧窗口中合理配置各种参数后，单击"运行"按钮，则输入信号采集结果显示在窗口右侧上部的图表中，如图 7-15 所示。另外，在窗口中还可以给任务添加新的通道，以实现多个测量。

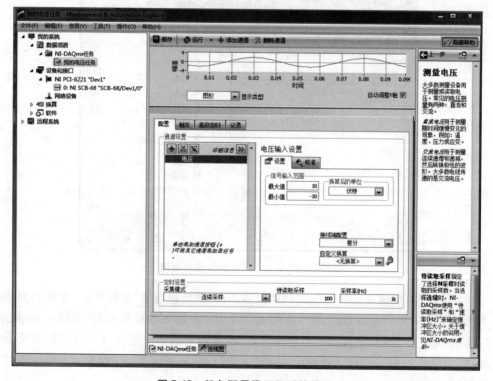

图 7-15　任务配置及运行后的界面

在窗口的下侧单击"连线图"选项页,将弹出信号输入连线方式,如图 7-16 所示。

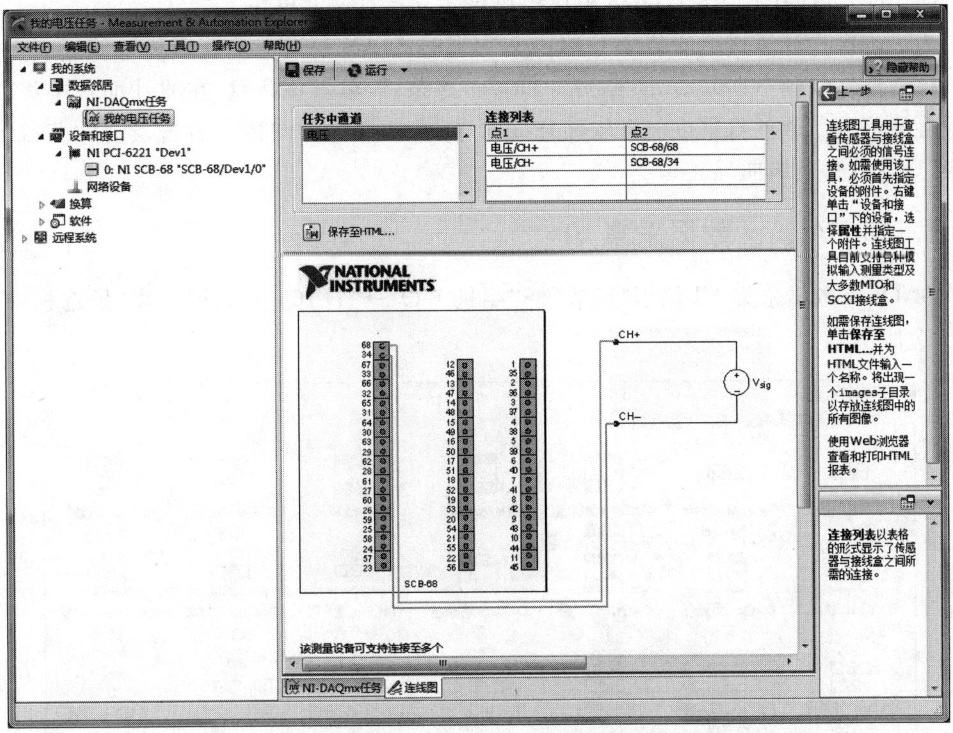

图 7-16 任务配置连线图界面

(4) 单击"保存"按钮可以对任务进行保存,保存后可以在其他应用程序中使用。

任务配置还可采用其他方法,如通过"DAQ 助手"来创建和配置任务;在应用编程中创建及配置任务,如通过前面板控件对象"DAQmx 任务名"和程序框图中的常量"DAQmx 任务名"的右键快捷菜单"新建 NI-DAQmx 任务"→MAX 选项,也可以创建并在 MAX 中保存 NI-DAQmx 任务。

7.3 NI-DAQmx 简介

NI-DAQ 驱动软件是一个用途广泛的库,该软件提供了多种函数及 VI,可从 LabVIEW 中直接调用,从而实现对测量设备的编程。NI-DAQmx 是最新的 NI-DAQ 驱动程序,带有控制测量设备所需的最新 VI、函数和开发工具。与早期版本的 NI-DAQ 相比,NI-DAQmx 的优点在于:

(1) 提供了 DAQ 助手,无须编程就可进行测量任务,并能生成对应的 NI-DAQmx 代码,易于学习。

(2) 性能更高,单点模拟 I/O 更快,支持多线程。

(3) 提供的仿真设备无须连接实际的硬件,就可进行应用程序的测试和修改。

(4) API 更为简洁直观。

（5）支持更多的 LabVIEW 功能，可使用属性节点和波形数据类型。

（6）对 LabVIEW Real-Time 模块提供更多支持且速度更快。

为了确保在计算机上安装了 DAQmx，可通过 MAX 窗口左侧管理树中展开"我的系统"→"软件"，找到 NI-DAQmx Device Driver 等条目，单击该条目，在属性面板中将显示该条目的信息。软件目录也包含软件升级向导，在软件目录图标上右击，选择"获取软件更新"运行软件升级向导。

7.3.1 NI-DAQmx 数据采集 VI

DAQmx 数据采集 VI 位于"函数"→"测量 I/O"→"DAQmx-数据采集"子选板中，如图 7-17 所示。

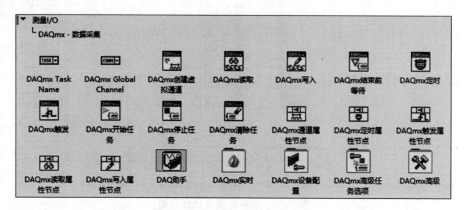

图 7-17 NI-DAQmx 数据采集 VI

表 7-2 列出了几个常用的 VI 及简要的功能说明。

表 7-2 常用的 VI 及简要的功能说明

图标	名称	功能说明
	DAQmx 创建虚拟通道	创建一个或多个虚拟通道，并将其添加至任务
	DAQmx 读取	读取用户指定的任务或虚拟通道中的采样，该多态 VI 的实例分别对应返回采样的不同格式、同时读取单个/多个采样或读取单个/多个通道的数据
	DAQmx 写入	在用户指定的任务或虚拟通道中写入数据，该多态 VI 的实例分别用于写入不同格式的采样、写入单个/多个采样，以及对单个/多个通道进行写入
	DAQmx 结束前等待	等待测量或生成操作完成。该 VI 用于在任务结束前确保完成指定操作
	DAQmx 定时	配置要获取或生成的采样数，并创建所需的缓冲区
	DAQmx 触发	配置任务的触发类型
	DAQmx 开始任务	使任务处于运行状态，开始测量或生成

续表

图标	名　　称	功　能　说　明
	DAQmx 停止任务	停止任务,使其返回 DAQmx 开始任务 VI 运行之前的状态,或"自动开始"输入端为 True 时,DAQmx 写入 VI 运行之前的状态
	DAQmx 清除任务	在清除之前,VI 将停止该任务,并在必要情况下释放任务保留的资源。清除任务后,将无法使用任务的资源,必须重新创建任务
	DAQ 助手	使用图形界面创建、编辑、运行任务

在 LabVIEW 中,有一些 VI 是多态 VI。多态性是指 VI 的输入、输出端子可以接受不同类型的数据。因此,多态 VI 可以适应不同的数据类型。显然,多态 VI 实际上是具有相同模式连线板的子 VI 的集合,集合中的每个 VI 都是多态 VI 的一个实例,每个实例都有至少一个输入或输出接线端连接的数据类型与其他实例不同。例如,DAQmx 读取 VI 就是一个多态 VI,其默认值接线端可以接收的数据类型有模拟输入、数字输入、计数器及更多选项,如图 7-18 所示。

图 7-18　多态 VI 选择多态类型示例

7.3.2　DAQ 助手的使用

DAQ 助手是一个向导式的 Express VI,它拥有一个交互式的图形界面,根据提供的向导就能一步一步配置任务、通道、信号自定义换算等,并且能自动生成 LabVIEW 代码而无须编程。

启动 DAQ 助手有如下几种方法。

(1) 在函数选板中直接调用 DAQ 助手 Express。DAQ 助手位于"函数"选板→"测量 I/O"→"DAQmx-数据采集"子选板中,将其放置到程序框图后将自动弹出一个"新建"对话框,如图 7-19 所示,通过该对话框可以开始一个数据采集任务的创建,其创建步骤与在 MAX 创建任务类似。

例如,频率 10Hz、幅值为 1V 的正弦波信号从 ai0 通道作为输入,采集模式为"连续采样"、待读取采样为"1k"、采样率为"1kHz",配置后的 DAQ 助手运行结果如图 7-20 所示。如果有必要,还可以修改配置后再次测量。单击"确定"按钮后返回程序框图,DAQ 助手显示为一个 Express VI 图标,将"数据"端口与波形图输入端口连接,数据采集显示结果如图 7-21 所示。

当配置后的 DAQ 助手在其输入端口(如采样率、采样数等)不输入新的参数值时,DAQ 助手将以对话框中的配置参数作为默认参数执行数据采集功能。而"数据"端子将

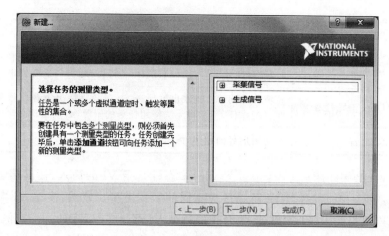

图 7-19 "新建"对话框

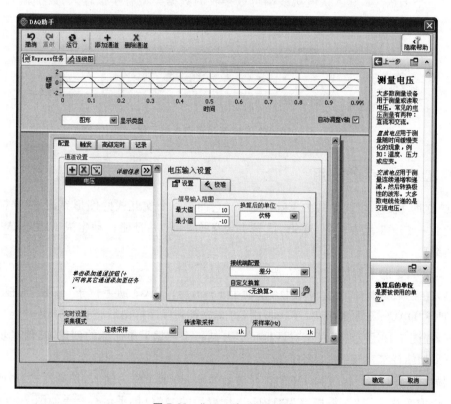

图 7-20 "DAQ 助手"对话框

根据数据采集所要实现的不同任务可作为测量任务的输出以及模拟/数字输出任务的输入。

使用 DAQ 助手创建的任务是临时任务，未保存到 MAX 中，在没有转换为 NI-DAQmx 任务之前只能在创建该 DAQ 助手的 VI 中使用。通过快捷菜单选项"转换为 NI-DAQmx 任务"可以将该任务转换为长期任务并保存到 MAX 实现其调用功能，如

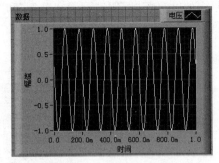

图 7-21　配置后的 DAQ 助手及数据输出

图 7-22 所示。

（2）在 VI 前面板上添加"DAQmx 任务名"控件，它位于"控件"→"新式"→I/O→"DAQmx 名称控件"子选板中，右击该控件，从快捷菜单中选择"新建 NI-DAQmx 任务"→ MAX，如图 7-23 所示，然后自行启动 DAQ。

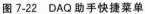

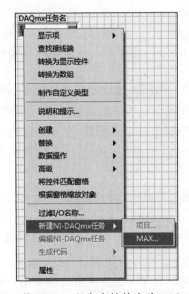

图 7-22　DAQ 助手快捷菜单　　　　图 7-23　从 DAQmx 任务名控件启动 DAQmx 助手

（3）在 MAX 中右击"数据邻居"选项，从快捷菜单中选择"新建"，然后在弹出的对话窗口中选择"NI-DAQmx 任务"，单击"下一步"按钮即可启动"新建 NI-DAQmx 任务"窗口。

（4）在 MAX 的"设备和接口"下右击 DAQ 设备名，选择"创建任务"命令也可启动 DAQmx 助手。

通过 DAQ 助手或 MAX 配置的任务只能完成基本的数据采集功能，实际应用需要根据要求添加相应的功能，以实现对数据采集更多的控制。故有时需要将配置的任务转化为程序代码，从而通过修改程序代码实现更复杂的功能，常用的两种方法如下。

1. 通过任务生成程序代码

通过"DAQmx 任务名"常量或控件选定 MAX 中的任务后，用控件或常量快捷菜单

"生成代码"子菜单中的"范例""配置""配置和范例"和"转换为 Express VI"4 个选项生成不同程序图形代码，如图 7-24 所示。

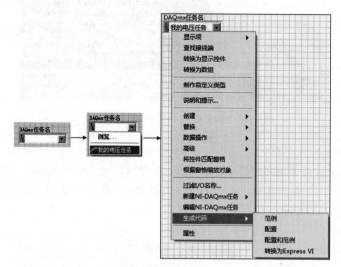

图 7-24　4 种生成代码的方式

（1）范例：生成运行任务或通道所必需的所有代码，如读取范例的 VI，开始和停止任务的 VI、循环或图表等。如运行任务或通道的目的是确认代码生成的有效性，或在简单的应用程序中使用自定义配置，则可选择该类型。在 LabVIEW 中，该方式将代码添加至当前工作的 VI。生成的代码是一个简单的 NI-DAQmx 范例，可根据应用的实际需要进行修改。

（2）配置：生成的代码将复制任务和通道的配置。LabVIEW 将 DAQmx 任务名控件替换为包含 VI 和属性节点的子 VI，其中包括任务或通道中使用的通道创建、配置、定时配置、触发配置的 VI。如需将应用程序部署到另一个系统，则选择该类型。

生成配置代码时，应用程序与 DAQ 助手之间的链接将丢失。对生成的配置代码所作任何修改都不在 DAQ 助手中反映出来。配置代码可从 DAQ 助手生成，但生成的代码不包括之前对代码所做的修改。

注意：尽管生成的配置代码包含创建虚拟通道和任务的代码，但是它不包含创建信号自定义换算的代码。如生成的配置代码将要部署在具有换算的应用程序中，则必须确保目标计算机已配置了换算。

（3）配置和范例：为通道或任务同时生成"范例"代码和"配置"代码。

（4）转换为 Express VI：根据 MAX 中任务的配置将"DAQmx 任务名"控件或"DAQmx 任务名"常量转换为"DAQ 助手"形式的 Express VI。

图 7-25 是由图 7-15 生成的"我的电压任务"生成范例、范例和配置的程序框图。

2. 将 DAQmx 助手 Express VI 转换为程序图形代码

在 DAQ 助手上右击，从弹出的快捷菜单中选择"生成 NI-DAQmx 代码"选项

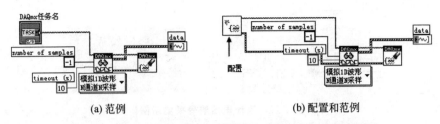

(a) 范例　　　　　　　　　　(b) 配置和范例

图 7-25　由"我的电压任务"生成范例、配置和范例的程序框图

(图 7-22)，DAQ 助手将自动把配置完成的任务生成 NI-DAQmx 代码，其代码同时包括范例和配置，如图 7-26 所示，由于 DAQ 助手中配置成连续采样，在程序框图中生成了 While 循环来保证数据连续的采样，并有 DAQmx 开始任务函数 VI。

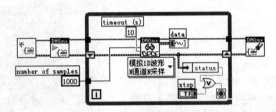

图 7-26　由 DAQ 助手生成的 NI-DAQmx 代码

7.4　DAQmx 应用实例

本节将从模拟信号输入、模拟信号输出、数字 I/O、计数器等基本应用介绍 DAQmx 数据采集应用程序设计。

7.4.1　模拟信号输入

采集模拟信号是测试系统中最普遍、最典型的任务。按数据测量的多少通常分为单点直流信号采集、有限波形采集和连续波形采集。按使用的通道数可分为单通道采集、多通道采集。

1. 直流电压信号的采集

在模拟信号采集中，直流电压信号的采集常采用单通道单点数据采集方式。图 7-27 所示为一个单通道单点数据采集的示例。对于直流信号，每次采集只需要一个电压点，因此在编程时利用"DAQmx 创建虚拟通道""DAQmx 读取""DAQmx 清除任务"等几个基本的数据采集 VI 即可实现。由于所采集的信号为电压信号，因此"DAQmx 创建虚拟通道"多态 VI 设置为"VI 电压"，选择"模拟输入"→"电压"。由于输入接线端配置为"差分"、物理通道为 ai0，所以对应的接线端为 68、34。

2. 有限波形采集

有限波形采集是从一个或多个通道分别采集多个点组成一段波形。由于是多点采集，所以在采集程序设计时还需要确定采样频率(即确定两个数据点间的时间间隔)、采样

图 7-27　直流电压信号采集示例

点数等参数。图 7-28 所示为一个双通道有限波形采集的示例。下面对示例中各 VI 的功能及其端口分别进行说明。

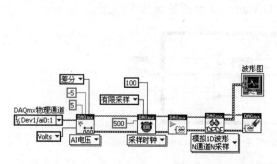
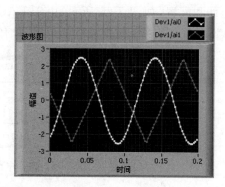

图 7-28　多通道有限采样示例

（1）"DAQmx 创建虚拟通道"VI 用于创建单个或多个虚拟通道，并将其添加至任务，如果没有指定任务，那么该函数将创建一个任务。该 VI 是多态 VI，示例中设置为"AI 电压"。各个参数的含义如下。

任务输入：用于指定创建的虚拟通道的任务的名称，如果没有指定任务，则 NI-DAQmx 将自行创建任务并将 VI 创建的通道添加至该任务。

物理通道：指定用于生成虚拟通道的物理通道，DAQmx 物理通道通常包含系统已安装设备上的全部物理通道，示例中接线端设置为"Dev1/ai0∶1"（单击 DAQmx 物理通道的下拉箭头，选择"浏览"选项，在弹出的"选择项"窗口利用键盘上的 Ctrl 或 Shift 键可以实现多通道的选择），表示信号输入的物理通道分别为 ai0 和 ai1。

输入端接线配置：指定通道的输入接线端配置，有差分、RSE、NRSE 和伪差分四种模式可供选择，当选择默认时，NI-DAQmx 将为通道选择默认的测量方式，示例中设置为"差分"，即输入方式为差分输入。

最大值、最小值：用来指定所测量的电压上下限值，示例中设置为 5 和 -5，指明输入信号的电压范围在 -5～+5V。

单位：设置为 Volts，指定从通道返回的测量电压使用的单位。

任务输出：VI 执行结束后对任务的引用。

（2）"DAQmx 定时"VI 用于配置要获取或生成的采样数、采样率，并创建所需的缓冲区。它也是个多态 VI，有采样时钟（模拟/计数器/数字）、握手（数字）和隐式（计数器）等实例可供选择。示例中设置为"采样时钟"，以实现对采样时钟的源、频率以及采样或生成的采样数量进行设置。各个参数的含义如下。

采样模式：用于指定任务是连续采样，还是采集有限数据；或连续生成采样，还是生成有限数量的采样。

每通道采样数：指定在有限采样时每通道要获取或生成的采样数，如果采样模式为连续采样，则 DAQmx 将使用该值确定缓存区大小。

采样率：指定每个通道的采样率，当外部源作为采样时钟时，需要将输入设置为该时钟的最大预期速率。

源：指定采样时钟的信号源，若端口未连接时，则使用采集卡上的默认板载时钟。

有效边沿：指定在时钟脉冲的上升沿还是下降沿进行采集或生成采样。

（3）"DAQmx 开始任务"VI 使任务处于运行状态，开始测量或生成，如果没有使用该 VI，则在"DAQmx 读取"VI 运行时测量任务将自动开始，而"DAQmx 写入"VI 的自动开始输入端口用于确定"DAQmx 写入"VI 运行时，生成任务是否自动开始。

（4）"DAQmx 读取"VI 用于从指定任务或虚拟通道中读取采集的数据。该多态 VI 的实例分别对应于返回采样的不同格式、同时读取单个/多个采样或读取单个/多个通道。各个参数的含义如下。

任务/通道输入：指定要使用的任务名或虚拟通道列表，如果使用虚拟通道列表时，NI-DAQmx 将自动创建一个任务。

超时：指定等待可用采样的时间，单位为秒（s），如果超时，VI 将返回错误和超时前的读取的所有采样，默认的超时时间为 10s，当超时的值为 -1 时，VI 将无限等待，当超时的值为 0 时，VI 将尝试读取所需采样一次，并在无法读取时返回错误。

每通道采样数：指定要读取的采样数，如果该端口未连线或将其设置为 -1，NI-DAQmx 将根据任务进行连续采样或采集一定数量的样点，确定要读取的采样数。

数据：根据"DAQmx 读取"VI 的设置，返回采样的不同格式、同时读取单个/多个采样或读取单个/多个通道的数据。例如，选择"模拟 DBL 1 通道 1 采样"，返回 1 个采样；选择"模拟 1D DBL 1 通道 N 采样"，返回由采样组成的一维数组，数组中的每个元素都对应通道中的一个采样；选择"模拟 1D 波形 N 通道 N 采样"，返回由波形组成的一维数组，数组中的一个元素对应任务中的一个通道，数组中的通道顺序对应向任务添加通道的顺序，或待读取通道属性中指定的通道顺序。

（5）"DAQmx 清除任务"VI 用于清除一个任务，在清除之前，VI 首先停止该任务，然后释放任务保留的资源。清除任务后，将无法使用该任务的资源，除非重新创建任务。

示例中的输入信号分别为正弦信号和三角波信号，频率均为 10Hz，峰峰值为 5V，运行结果如图 7-28 所示。

【实训练习】
利用 PCI-6221 多功能数据采集卡完成多路数据采集。

3. 连续波形采集

要实现一个连续的波形采集，将读取数据及必要的数据处理程序放入循环即可。

注意,不能将整个数据采集程序放入循环,否则每执行一次数据采集操作,都会包含设置、启动、清除等操作,而在相邻的两次采集之间存在这些操作,就很难保证采集连续进行。

图7-29所示为一个单通道连续波形采集的示例。程序中将"DAQmx读取"函数及波形图表显示置于一个While循环中,同时将"DAQmx定时"函数的"采样模式"设置为"连续采样",从而实现连续波形的采集。其中While循环的作用是保证任务不结束,这样硬件就会一直输出数据,除非发生错误或单击停止按钮。

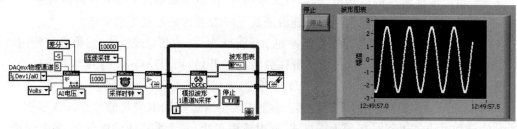

图7-29　单通道连续波形采集的示例

对于连续采集,必须注意缓冲问题。"DAQmx定时"VI的定时模式设置为"采样时钟"、采样模式设置为"有限采样"时,"每通道采样"指定每通道需要读取或生成的采样数,当采样模式设置为"连续采样"时,NI-DAQmx将使用该值确定缓冲区的大小。

在连续采样中,如果"DAQmx读取"函数从缓存中读取数据的速度小于设备向缓存中存放数据的速度,则会出现在向缓冲区写入数据时覆盖掉还没有被读取的数据而产生数据丢失,使数据采集不连续,这种情况下有时会返回错误,通过设置合适的"每通道采样数"的值可避免该错误的发生,通常此值设置为缓存大小的 $1/2 \sim 1/4$ 较为合适。

【实训练习】

利用PCI-6221多功能数据采集卡完成多通道的数据连续采样。

7.4.2　模拟信号输出

实训练习.mp4

在实际应用中,需要用数据采集设备输出模拟信号。信号包括稳定的直流信号、有限波形信号和连续波形信号。模拟信号输出与模拟信号输入所使用函数大部分是相同的,最大的区别在于模拟信号输入采用"DAQmx读取"VI,而模拟信号输出要采用"DAQmx写入"VI。

1. 直流信号输出

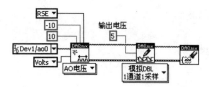

图7-30　单点模拟直流信号输出示例

当需要DAQ产生一个模拟直流信号时,一般采用单点输出。图7-30所示为一个单点模拟直流信号输出示例。与模拟直流信号示例比,将"DAQmx创建虚拟通道"VI设置为"AO电压",同时将"DAQmx读取"VI改成"DAQmx写入"VI即可,其中"DAQmx 写入"VI 负责将"数据"端给定数据写入通道。示例结果可以用示波器或万用表在 ao0 端(即接线盒的 22、55 脚)测得设置的电压值。

需要注意的是,模拟信号输出时,产生信号的是硬件,即使停止而且清除了任务,采集卡输出端口也将维持任务结束时最后一个数据样本的状态,直到新任务开始或设备断电。如果采集卡在不需要输出信号时长期保持非零电平状态,容易造成损坏,因此在模拟输出任务完成,不需要输出信号后,需运行一段单点输出代码,将该通道的输出置为 0。

2. 有限波形输出

有限波形输出是输出一段固定长度的波形数据。图 7-31 所示为一个正弦信号有限波形输出示例。其中"DAQmx 结束前等待"VI 用于等待测量或生成操作完成,该 VI 用于在任务结束前确保完成指定操作。

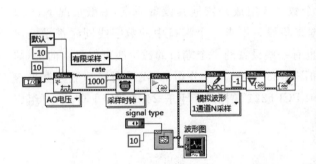
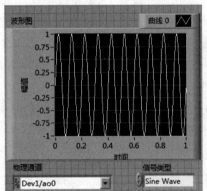

图 7-31　正弦信号有限波形输出示例

【实训练习】

设计一个能产生正弦波、三角波、方波和锯齿波的模拟信号输出程序。

3. 连续波形输出

要输出一个连续的周期信号,不需要向缓冲区连续不停地传送数据,只需向一段缓冲区写入待输出信号一个周期的数据,DAQmx 将在任务结束前自动不断地重复该段数据,以输出连续的周期信号。

连续波形输出示例如图 7-32 所示,将图 7-31 所示有限波形输出示例中的"DAQmx 定时"VI 的采样模式设置为"连续采样",并将"DAQmx 结束前等待"VI 置于 While 循环中,即可实现连续波形输出。其中 While 循环的作用是保证任务不结束,这样硬件就会一直输出数据,除非发生错误或单击停止按钮。

【实训练习】

利用 PCI-6221 多功能数据采集卡创建一个可以产生正弦波、三角波、方波和锯齿波的函数发生器,并用示波器观察波形。

信号发生器.mp4

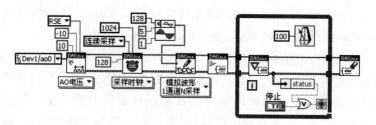

图 7-32　连续波形输出示例

7.4.3　数字 I/O

数字 I/O 用途比较广泛,可以用来实现数据采集的触发、控制及计数等功能,它按照 TTL 逻辑电平设计,其逻辑低电平为 $0\sim0.7\text{V}$,逻辑高电平为 $3.4\sim5.0\text{V}$。

在硬件设备上,多路数字线(line)组成一组后被称为数字端口(port)。数字线是数据采集卡中单独连接一个数字信号的物理端子,一个数字线承载的数据称为位(bit),它的二进制值是 0 或 1。一个端口由多少个数字线组成是依据其设备而定,一般情况下,8 或 16 路数字线组成一个端口。许多数据采集设备要求一个端口中的数字线同时都是输出线,或同时都是输入线,即单向的,但也有一些设备的一个端口的数字线可以是双向的,即有的数字线输入,有的数字线输出,如图 7-33 所示。NI 公司的 M 系列多功能数据采集卡就具有这种双向特性的数字 I/O,NI PCI-6221 数据采集卡有 24 条数字 I/O 线,可组成 3 个端口。

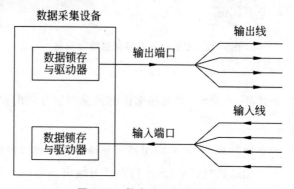

图 7-33　数字端口与数字线

如果使用数字 I/O 控制电机、继电器、灯等常用工业设备,就不必用较高的数据转换率。线数要同控制对象配合。数字 I/O 的输出一般不能直接驱动功率设备,如步进电机等。但是,如果加上合适的数字信号调理设备,仍可以用数字 I/O 输出的小电流 TTL 电平信号来监控高电压、大电流的工业设备。

数字 I/O 与外设的通信,也是数字 I/O 的一个重要应用,如利用数字 I/O 实现计算机与打印机、数据记录仪等之间的数据传输。另外一些数字口为了同步通信的需要,还配有“握手”线。用户应根据具体的需求选择合适功能的数字 I/O。

数字 I/O 具有两种工作模式：立即模式(非锁存型)和握手模式(锁存型)。立即工作模式就是当调用数字 I/O 节点后，LabVIEW 即刻对指定的数字线或数字端口进行读写操作;握手方式数字 I/O 在传递每个数据时都要进行请求和应答。绝大多数多功能数据采集卡的数字 I/O 都支持立即型的工作模式。当用户指定的数字线或数字端口被设置为某种逻辑状态后，这种逻辑状态将一直保持至新的逻辑状态被写入。这种工作模式简单实用,应用广泛。

数字 I/O 的握手工作模式主要是为了实现信息的同步交换,这里"握手"的含义与其他通信协议中的"握手"的含义是相同的。握手方式在传递数据时都需要进行请求和应答。NI PCI-6221 不支持握手方式数字输入输出。

数字 I/O 的编程方法与模拟输入、模拟输出的编程差别不大。

1. 立即方式数字 I/O

立即型数字 I/O 是应用最普遍的一种数字输入输出方式。在这种方式下,调用一个数字输入输出 VI,LabVIEW 马上读写数据。

图 7-34 是采用立即方式读写数据线的简单示例程序。该示例首先通过数据采集卡的端口 0(Port0)输出数据(00000011),在数据采集卡连接板上,通过导线将数据采集卡的端口 0 和端口 1(Port1)对应的线连接起来。这样,程序在端口 0 输出数据后,又通过端口 1 上各数字线上的数据(00000011)读出来,转换成十进制的值为 3。

2. 握手方式数字 I/O

LabVIEW 的握手方式数字输入输出示例程序中有使用内存缓冲区和不使用缓冲区的各种例子,这里介绍一种使用简单缓冲区的示例程序 Handshaking Input-8255。图 7-35 所示是它的程序框图。

这个例子说明如何使用 DAQmx 函数从一个数字端口读取有限数量的数据,程序中使用了简单缓冲区的握手方式采集数字信号,适用于 8255 系列芯片。程序中的 5 个函数及其功能介绍如下。

(1) 使用 DAQmx 创建通道 VI 的多态性调用数字输入子实例,创建一个数字输入通道。

(2) 使用 DAQmx 定时多态 VI 调用握手(数字)实例,设置为(5255)模式,采集一定数量的数据。

(3) 调用 DAQmx 开始任务 VI,使任务处于运行状态,启动采集任务。

(4) 使用 DAQmx 读取多态函数,调用数字 1D U8 通道 N 采样子 VI,从一个通道采集数据。

(5) 使用 DAQmx 清除任务 VI 清除任务。

【实训练习】

设计一个 VI,实现从 PCI-6221 多功能数据采集卡的端口 0(port0)输出数据(10100111),并通过端口 1 将端口 0 上各数字线上的数据读取出来。

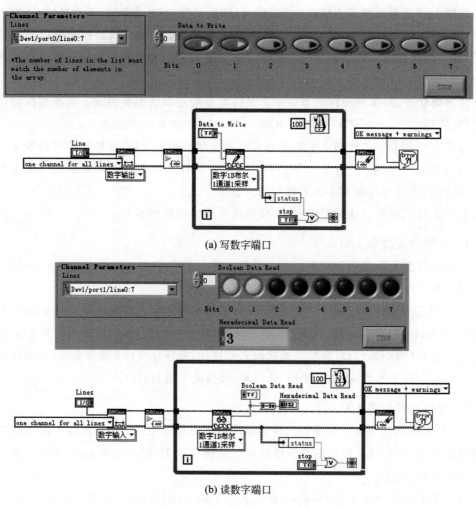

(a) 写数字端口

(b) 读数字端口

图 7-34　采用立即方式读写数据线示例

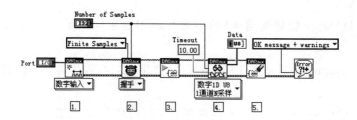

图 7-35　据手方式数字输入示例

7.4.4　计数器

1. 计数器基本知识

计数器是典型多功能数据采集设备的一个基本功能，计数器具有高精度的定时和计数功能,例如产生方波信号、测量脉冲宽度和脉冲周期。基本的计数器模型如图 7-36 所示。

GATE 为计数器的闸门控制信号,用来开始或停止计数。SOURCE(CLK)为计数器时钟信号源;OUT 为计数器的输出信号。

典型的计数器应用有事件定时/计数、产生单个脉冲、产生脉冲序列、频率测量、脉冲宽度测量和信号周期测量等。

图 7-36　计数器的基本结构模型

2. 输出脉冲信号

脉冲发生是计数器的一个较为常用的功能,它通过计数器的 OUT 端口输出一个或一串脉冲来实现。图 7-37 所示为一个产生连续脉冲输出的应用示例。

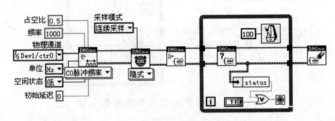

图 7-37　产生连续脉冲输出的应用示例

"DAQmx 创建通道"设置为"CO 脉冲频率"创建一个虚拟通道,并对输出脉冲的频率、占空比、物理通道、空闲状态、初始延迟等参数进行设置。"DAQmx 定时"VI 设置为"隐式"并将采样模式设置为"连续采样"。将"DAQmx 任务完成"置于 While 循环中,其目的是硬件一直输出脉冲,除非发生错误或单击停止按钮。如图 7-37 所示程序数据采集卡将输出频率为 1kHz 的方波信号。

【实训练习】

利用计数器输出一个频率为 100Hz 的连续脉冲信号。

3. 测量 TTL 信号频率

测量 TTL 信号频率的基本原理如图 7-38 所示。未知频率的 TTL 信号接入计数器 SOURCE 端,GATE 端有一个已知脉宽的脉冲信号,测量出已知脉宽的脉冲信号持续时间内未知信号的脉冲数 count,则被测信号频率 $f = count/T_G$。一般情况下,对于频率接近或超过所选时基的信号采用频率测量的方法。

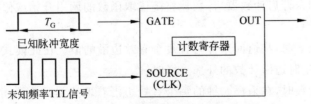

图 7-38　TTL 信号频率测量原理

利用数据采集卡的计数器，可以实现频率测量，LabVIEW DAQmx 提供 3 种频率测量方法。

- 带一个计数器的低频：适用于被测信号频率相对于计数器的时基较低的情况，对应频率测量中的测周法。
- 带两个计数器的高频：适用于信号频率较高或差异较大的情况，对应频率测量中的测频法。
- 带两个计数器的大范围：适用于待测信号范围广且整个范围都需要较高的测量精度的情况，对应频率测量中的改进测周法。

输入信号的频率和测量方法的不同，测量的结果有可能发生不同程度的误差，因此，应根据实际的测量要求选择合适的测量方法。

图 7-39 所示为一个简单的低频 TTL 信号频率测量示例。

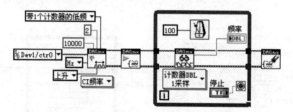

图 7-39　低频 TTL 信号频率测量示例

首先"DAQmx 创建通道"VI 设置为"CI 频率"创建一个虚拟通道，测量方法设置为"带一个计数器的低频"，测量范围分别设置为最大值 10000 Hz 和最小值 2 Hz，开始边沿设置为"上升"，物理通道设置为"Dev1/ctr0"，对应采集卡的输入端子为 PFI9（CTR 0 GATE，对应引脚为 3）。接着后面的几个 VI 的作用分别是开始任务、读取数据、清除任务。运行程序时，数据采集卡的端子 PFI8（PCI-6221 数据采集卡的 37 号引脚）会输出频率值。

【实训练习】

对前面练习产生的 100 Hz 的连续脉冲信号进行频率和脉冲宽度的测量。

4. 边沿计数

（1）DAQmx 中的边沿计数方式。

边沿计数是设备使用计数器得到上升沿和下降沿个数。可以进行单点（按请求或硬件计时）边沿计数或缓冲（采样时钟）边沿计数。

按请求边沿计数时，每个后续的读取操作将返回计数器开启后边沿计数的值。如果在多个计数操作前未开启计数器，计数器将随读取函数的调用开始或停止，不同调用的边沿计数值将单独计算。

按硬件边沿计数时，将返回采样时钟每个有效边沿的值。在此模式下，不可指定缓冲区，必须指定硬件定时边沿计数的外部采样时钟。

按缓冲边沿计数时，在采样时钟的每个有效边沿获取边沿的个数并将其储存在缓冲区中。缓冲边沿计数没有内置时钟，必须在外部为其提供采样时钟。

（2）应用示例。

如图 7-40 所示为一个边沿计数器示例。将"DAQmx 创建通道"VI 设置为"CI 边沿计数"，从而创建一个事件计数器的虚拟通道，并对物理通道、边沿、计数方向、初始计数等参数进行设置。While 循环的作用是实现连续计数。

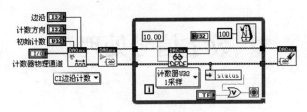

图 7-40　边沿计数器示例

运行这个程序时，外部 TTL 信号连接到数据采集卡端子 PFI8（PCI-6221 数据采集卡对应引脚为 2），在前面板上会输出边沿计数值。

【实训练习】

利用计数器编写一个有限时钟的边沿计数程序。

思考题和习题

1. 根据采样信号接入方式的不同，测量系统分为哪几种类型？
2. 数据采集系统主要由哪几部分组成？分别有什么作用？
3. 基于多功能数据采集卡设计一个双通道示波器。
4. 利用实验开发平台设计控制交通信号灯的程序。

第 8 章

数字信号处理

本章学习目标

- 掌握仿真信号的产生
- 掌握波形的测量
- 熟练掌握信号的时域分析
- 熟练掌握信号的频域分析
- 熟练掌握窗函数与滤波器的应用

由于数字信号具有高保真、低噪声和便于处理等特点,因此它在现实生活中得到了广泛的应用。例如,太空中的卫星测得的数据以数字信号的形式发送到地面接收站,然后再送入计算机进行处理;对遥远星球和外太空拍摄的照片也用数字方法处理,去除干扰、获得有用的信息。随着科技的发展,高保真音响、电视、家用电器也都在逐步数字化。数据分析与处理的重要性在于消除噪声干扰,纠正由于设备故障而遭到破坏的数据,或者补偿环境的影响。

LabVIEW 在信号发生、分析和处理方面有着明显的优势。它将信号处理需要的各种功能封装成 VI,用户可以利用这些 VI 迅速实现所需的功能,大大减少了在进行复杂数字信号处理时花费的精力。

本章分别介绍信号产生、波形调理和波形测量、信号的时域分析、信号的频域分析、窗函数、数字滤波器等相关内容。

8.1 信号产生

信号产生是仪器系统的重要组成部分,要评价任意一个网络或系统的特性,必须外加一定的测试信号,其性能才能显示出来。最常用的测试信号有正弦波、三角波、方波、锯齿波、噪声波及多频波(由不同频率的正弦波叠加而形成的波形)等。

8.1.1 数字信号的产生与数字化频率的概念

对于数字信号的产生与数字化频率的概念,用正弦波信号为例加以说明。

已知连续的正弦波函数表达式为

$$u(t) = U\sin(\omega t + \theta_0) \tag{8.1}$$

按时间间距 ΔT 在信号的一个周期 T 内进行 n 次采样,得到 n 个离散序列值 $u(i)$ $(i = 0, 1, \cdots, n)$,如图 8-1 所示。显然有

$$t = i\Delta T, \quad T = n\Delta T$$

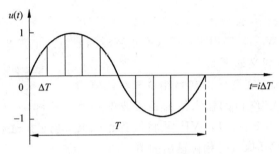

图 8-1 信号采样示意图

设采样间隔的倒数为采样频率 f_s,则 f_s 表示为每秒采样数,单位为赫兹(Hz)。于是,信号频率 f_u 与采样频率 f_s 的关系为

$$f_u = \frac{1}{T} = \frac{1}{n\Delta T} = \frac{1}{n}f_s \tag{8.2}$$

当时间 t 取离散值时,正弦波信号的离散表达式为

$$u(i) = U\sin(2\pi i\Delta T/T + \theta_0) = U\sin(2\pi i f_u/f_s + \theta_0)$$
$$= U\sin(2\pi f i + \theta_0) \tag{8.3}$$

式中,i 为离散时间序号;$f = f_u/f_s$ 为数字频率,即

$$数字频率 = 模拟信号频率 / 采样频率$$

在模拟系统中,信号频率 f_u 定义为单位时间内周期性重复出现的次数,单位为赫兹(Hz),而在数字系统中经常用到的数字频率 f 定义为模拟信号频率 f_u 与采样频率 f_s 的比值,单位为周期/采样。

8.1.2 信号生成

LabVIEW 将各种常用的信号函数制作成正弦信号、三角信号、均匀白噪声等各种仿真信号波形模块,供使用者直接调用。这些功能模块都是用来产生指定波形的一维数组。"信号生成"子选板位于函数选板的"信号处理"→"信号生成",如图 8-2 所示。

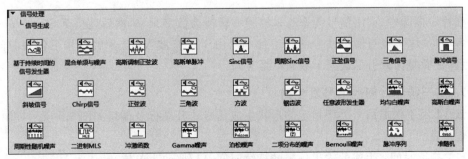

图 8-2 信号生成子选板

在"信号生成"子选板中的某些 VI 需要用到数字频率参数,因此在使用这些 VI 时,只有确定了采样频率才能将数字频率转换为模拟信号频率。根据奈奎斯特定理,采样频率必须大于或等于 2 倍的最高信号频率。需要使用数字频率参数的 VI 包括正弦波、三角波、方波、锯齿波、任意波形发生器等。

下面对 3 个 VI 加以说明。

1. 正弦波

正弦波 VI(Sine Wave. vi)用于生成含有正弦波的数组。正弦波 VI 的图标及端口如图 8-3 所示,其端口的含义如下。

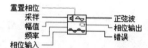

图 8-3　正弦波 VI 的图标及端口

（1）重置相位:确定正弦波的初始相位。默认值为 True,此时,"相位输入"端口的输入值为正弦波的初始相位。如果该端口置为 False,LabVIEW 将设置正弦波的初始相位为上一次 VI 执行时相位输出的值。

（2）采样:正弦波的采样点数。默认值为 128。

（3）幅值:正弦波的幅值。默认值为 1.0。

（4）频率:正弦波的数字频率,单位为周期/采样的归一化单位。默认值为 1 周期/128 采样或 7.8125e-3 周期/采样。

（5）相位输入:重置相位的值为 True 时正弦波的初始相位,以度为单位。

（6）正弦波:输出的正弦波序列值。

（7）相位输出:正弦波下一个采样的相位,以度为单位。

（8）错误:返回 VI 的任意错误或警告。

利用正弦波 VI 产生正弦波示例如图 8-4 所示。

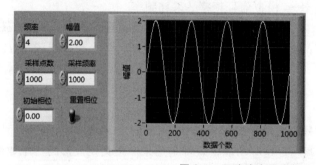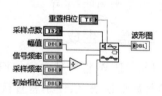

图 8-4　正弦波应用实例

在程序框图中,利用信号频率与采样频率转换为数字频率,然后连接至 Sine Wave. vi 的频率端口,以实现对输出信号的频率控制。由于正弦波 VI 产生的信号不包含时间信息,因此其横坐标索引是数据个数而不是时间。

2. 基于持续时间的信号发生器

该 VI 用于根据信号类型指定的形状生成信号。其图标及端口如图 8-5 所示,端口的含义如下。

（1）持续时间:生成的输出信号的持续时间,以秒(s)为单位,默认为 1.0s。

（2）信号类型：设定生成信号的类型，包括正弦信号、余弦信号、三角波信号、方波信号、锯齿波信号、上升斜波信号、下降斜波信号。

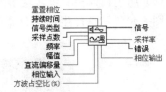

（3）采样点数：输出信号的采样数。默认值为100。

（4）频率：输出信号的频率，以赫兹（Hz）为单位。默认值为10。

图8-5 基于持续时间的信号发生器 VI 图标及端口

（5）幅值：输出信号的幅值。默认值为1.0。

（6）直流偏移量：生成的输山信号的常数偏移量或直流值。默认值为0。

（7）方波占空比：方波在一个周期内高电平所占时间的百分比。仅当信号类型是方波时，VI 使用该参数。默认值为50。

（8）相位输出：正弦波下一个采样的相位，以度为单位。

基于持续时间的信号发生器应用示例如图8-6所示。由于利用基于持续时间的信号发生器产生的信号不包含时间信息，因此其横坐标索引是数据个数，而不是时间。

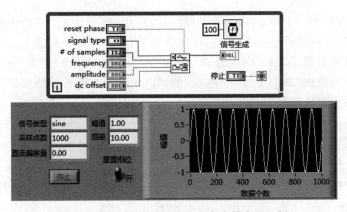

图8-6 基于持续时间的信号发生器应用示例

3. 均匀白噪声

该 VI 生成均匀分布的伪随机波形，值为[-a:a]（a 是幅值的绝对值）。图标及端口如图8-7所示，端口的含义如下。

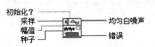

图8-7 均匀白噪声 VI 的图标及端口

（1）初始化?：可控制噪声采样发生器更换种子值。LabVIEW 保存该 VI 的内部种子状态。如"初始化?"为 True，VI 将通过种子更新内部种子状态。若"初始化?"为 False，VI 将继续先前生成的噪声序列，继续生成噪声采样。默认值为 True。

（2）采样：均匀白噪声的采样数。采样必须大于或等于0，默认值为128。

（3）幅值：均匀白噪声的幅值，默认值为1.0。

（4）种子：用来确定"初始化?"的值为 True 时，如何生成内部种子状态。如种子大于0，VI 将通过种子生成内部状态。如种子小于或等于0，VI 将通过随机数生成内部状态。如"初始化？"为 False，VI 将忽略种子。默认值为 —1。

（5）均匀白噪声：包含均匀分布的伪随机信号。

图 8-8 所示是产生均匀分布的白噪声示例。

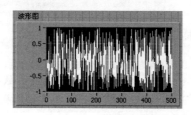

图 8-8　产生均匀分布的白噪声示例

【实训练习】

（1）分别产生正弦信号和高斯白噪声信号，并将两个信号进行叠加。

（2）编写一个信号发生器，要求信号类型、频率、幅值、相位等信息可调。

8.1.3　波形生成

信号生成 VI 产生的仅仅是指定波形的一维数组，波形生成 VI 产生的是波形数据。波形数据除包含有一维数组 Y 分量外，还包含采样信息，如初始时间 t_0、时间间隔 dt。显然，波形数据是簇数据。LabVIEW 在函数选板的"信号处理"及"编程"→"波形"→"模拟波形"子选板下都提供"波形生成"子选板，如图 8-9 所示。该选板能够产生正弦波形、方波波形、均匀白噪声波形等多种常用波形。

图 8-9　"波形生成"子选板

下面利用实例对几个波形生成 VI 进行介绍。

1. 基本函数发生器

基本函数发生器 VI 的图标及端口如图 8-10 所示，该 VI 可以根据指定的信号类型，生成正弦波、三角波、方波和锯齿波 4 种波形信号。各端口的含义如下。

（1）偏移量：指定信号的直流偏移量，默认值为 0.0。

（2）重置信号：如值为 True，相位可重置为相位控

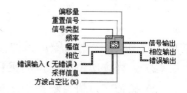

图 8-10　基本函数发生器 VI 的图标及端口

件的值,时间标识可重置为 0,默认值为 False。

(3) 信号类型:要生成的波形的类型,包括正弦波、三角波、方波和锯齿波 4 种选项。

(4) 频率:波形频率,以赫兹(Hz)为单位,默认值为 10。

(5) 幅值:波形的幅值,默认值为 1.0。

(6) 相位:波形的初始相位,以度为单位,默认值为 0。如"重置信号"为 False,则 VI 忽略相位。

(7) 错误输入:表明该节点运行前发生的错误条件。该输入提供标准错误输入。

(8) 采样信息:包含采样信息,其中:Fs 是每秒采样率,默认值为 1000;♯s 是波形的采样数,默认值为 1000。

(9) 方波占空比(%):方波在一个周期内高电平所占时间的百分比,仅当"信号类型"是方波时,VI 使用该参数,默认值为 50%。

(10) 信号输出:生成的波形。

(11) 相位输出:波形的相位,以度为单位(°)为单位。

(12) 错误输出:包含错误信息,该输出提供标准错误输出。

图 8-11 所示为基本函数发生器 VI 应用示例。通过前面板的参数设置选项,可以选定输出信号的类型并设置输出信号的频率、幅值、相位等信息。运行该实例,当"重置信号"设为"关"(False)时,时间会不停变化,频率不是整数时,相位也一直变化。当"重置信号"设为"开"(True)时,每次循环时间标识不变,相位也不变。

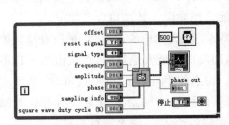 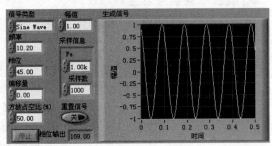

图 8-11　基本函数发生器 VI 应用示例

2. 公式波形

公式波形 VI 的图标及端口如图 8-12 所示,该 VI 通过"公式"字符串指定要使用的时间函数,创建输出波形。通过该 VI 可以输出能用公式描述的任意波形。其中"公式"端口是用于生成信号输出波形的表达式,默认值为 $\sin(wt) \times \sin(2pi(1)t)$,其中,$w = 2pif$。表 8-1 列出了已定义的变量名称。

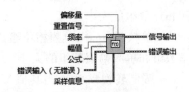

图 8-12　公式波形 VI 的图标及端口

表 8-1　波形表达式定义的变量及含义

变量	名称及含义	变量	名称及含义
f	频率,输入端输入的频率	n	采样数,目前生成的采样数
a	幅值,输入端输入的幅值	t	时间,已运行的秒数
w	角频率,等于 $2\times pi\times f$	Fs	采样信息,采样信息端输入的 Fs

图 8-13 所示是利用公式波形 VI 的简单实例。该示例通过公式 $\sin(w\times t)\times\sin(2\times pi(2)\times t)$ 生成一个调幅波,其中调制信号为幅值 1V、频率 2Hz 的正弦信号 $\sin(2\times pi(2)\times t)$,载波信号也为正弦信号 $\sin(w\times t)$,其频率、幅度等信息通过前面板参数进行设置。

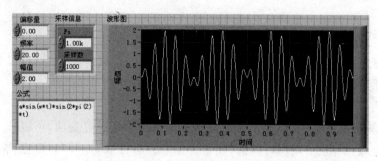
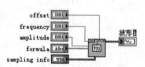

图 8-13　公式波形 VI 应用实例

3. 混合单频信号发生器

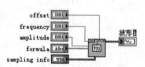

图 8-14　混合单频信号发生器
VI 的图标及端口

混合单频信号发生器 VI 的图标及端口如图 8-14 所示,该 VI 生成整数个周期的单频正弦信号的叠加波形。其端口含义如下。

（1）幅值:合成波形的幅值,它是所有单频的缩放标准,即波形的最大绝对值,默认值为－1,不进行缩放。输出波形至模拟输出通道时,可使用幅值,如果硬件可输出的最大值为 5V,可设置幅值为 5,如果幅值小于 0,则不进行缩放。

（2）单频频率:由单频频率组成的数组,数组的大小必须匹配单频幅值数组和单频相位数组的大小。

（3）单频幅值:该数组的元素为单频的幅值,数组的大小必须匹配单频频率数组和单频相位数组的大小。

（4）单频相位:由单频相位组成的数组,以度(°)为单位。数组的大小必须匹配单频频率数组和单频幅值数组的大小。

（5）强制转换频率?:当其值为 True,指定的单频频率将被转换为 Fs/n 最近整数倍。

（6）峰值因数:信号输出的峰值电压和均方根电压的比。

（7）实际单频信号频率:如果"强制转换频率?"的值为 True,则值为执行强制转换和 Nyquist 标准后的单频频率。

混合单频信号发生器的应用实例如图 8-15 所示。混合信号由 3 个不同信号组成：频率分别为 10Hz、20.9Hz、30Hz，幅值分别为 4.0V、1.0V 与 2.0V。

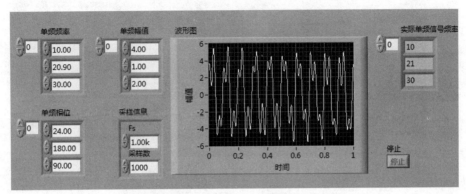

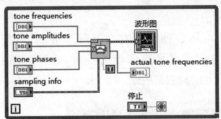

图 8-15 混合单频信号发生器应用实例

【实训练习】

（1）用基本混合单频 VI 生成一个混合信号，要求波形幅度限制为 2V、起始频率 10Hz、单频个数为 4 个、delta 频率 10Hz、相位关系为随机。

（2）利用公式波形 VI 产生一个二阶系统对单位阶跃激励的响应波形：

$$1 - e^{-1.8t}\sin(4\pi t + 2)$$

响应波形示例.mp4

4. 均匀白噪声波形

均匀白噪声波形 VI 的图标及端口如图 8-16 所示，该 VI 用来生成均匀分布、值为 $[-a:a]$（a 是幅值的绝对值）的伪随机波形。其端口的含义如下。

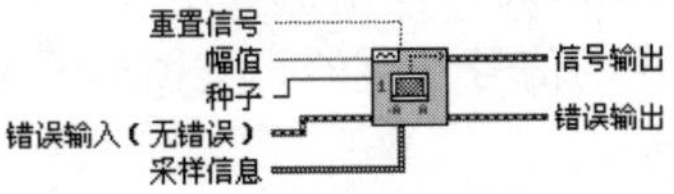

图 8-16 均匀白噪声波形
VI 的图标及端口

（1）重置信号：如果值为 True，种子可重置为种子控件的值，时间标识重置为 0。默认值为 False。

（2）幅值：信号输出的最大绝对值，默认值为 1.0。

（3）种子：大于 0 时，可使噪声采样发生器更换种子，默认值为 −1。LabVIEW 为重入 VI 的每个实例单独保存内部的种子状态。对于 VI 的每个特定实例，如"种子"小于等于 0，LabVIEW 不更换噪声发生器的种子，噪声发生器可继续生成噪声的采样，作为之前噪声序列的延续。

图 8-17 所示为均匀白噪声波形 VI 的应用实例。值得注意的是，均匀白噪声波形的

频率成分是由采样频率决定的，其最高频率分量等于采样频率的一半。因此，若想产生频率范围为 0～5kHz 的均匀白噪声，采样频率必须设置为 10kHz。

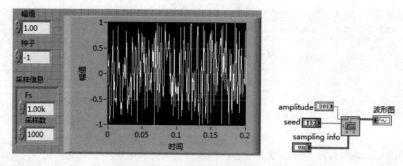

图 8-17　均匀白噪声波形应用示例

5. 信号合成

若所需信号比较复杂，可将多种波形发生器所生成的波形合成来实现。需要注意的是，各个信号合成时，应将它们的采样频率设为一致，保持时基相同的情况下进行信号合成。信号合成 VI 应用示例如图 8-18 所示。

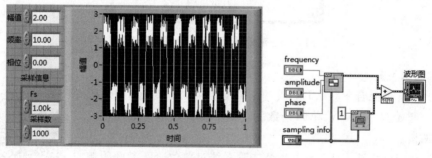

图 8-18　信号合成 VI 应用示例

6. 仿真信号

仿真信号是一个简单、易用的 Express VI。通过该 VI 可以产生任意频率、幅值和相位的正弦波、方波、三角波、锯齿波及直流信号，同时还可以给信号添加噪声，是一个非常实用的信号发生器。其图标及端口如图 8-19 所示。

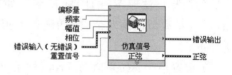

图 8-19　仿真信号 Express VI 的图标及端口

将仿真信号 Express VI 拖动到程序框图或通过双击该图标，弹出属性配置对话框，如图 8-20 所示。在对话框中可以选择信号的类型、幅值、频率、相位，可以给信号添加白噪声、高斯噪声等 9 种不同的噪声，并对噪声的参数进行设定。同时可以设置采样信息等参数。设置相关参数后，在结果预览中对生成的波形进行预览。参数可以通过对话框配置，同时有些参数也可以通过 VI 的接线端进行配置。

图 8-21 所示为利用仿真信号 Express VI 编写的一个参数可调的正弦信号发生器。

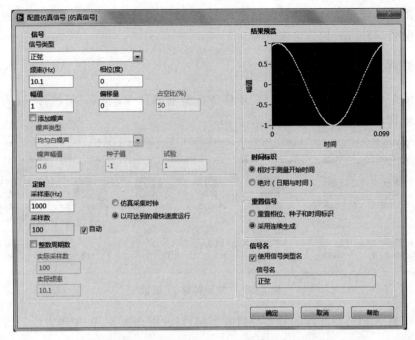

图 8-20　仿真信号 Express VI 的配置窗口

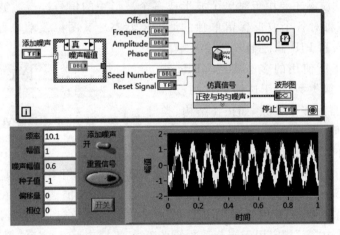

图 8-21　仿真信号 Express VI 应用示例

【实训练习】

编写一个信号发生器，要求信号类型、幅值等参数可调，并能添加不同类型的噪声。

实训练习.mp4

8.2　波形调理和波形测量

波形调理主要用于对信号进行数字滤波和加窗处理，目的是为了减少干扰信号的影响，从而提高信号的信噪比。一般来说，在进行信号分析前都要先将信号进行波形调理。

波形测量实现对信号某些特定信息的提取，如交流信号的平均直流-均方根测量、周期平均值测量、幅度谱/相位谱测量等。

8.2.1　波形调理

常用的波形调理有滤波、对齐、重采样等。波形调理 VI 位于"函数"选板的"信号处理"→"波形调理"子选板中，如图 8-22 所示。

图 8-22　"波形调理"子选板

下面以数字 FIR 滤波器和触发与门限为例，对波形调理 VI 的使用方法进行介绍。

1. 数字 FIR 滤波器

数字 FIR 滤波器主要用于对单个波形或多个波形中的信号进行滤波。如对多个波形进行滤波，VI 将对各个波形保留单独的滤波器状态。其图标及端口如图 8-23 所示。连接至信号输入和 FIR 滤波器规范输入端的数据类型决定了所使用的多态实例。FIR 滤波器规范是一个簇类型，用于选择 FIR 滤波器的最小值，它包含有多个参数，如拓扑结构、类型、抽头数、最低/最高通带、最低/最高阻滞

图 8-23　数字 FIR 滤波器 VI 的图标及端口

等。其中，"拓扑结构"用于确定滤波器的设计类型，有 FIR by Specification、Equi-ripple FIR 和 Windowed FIR，默认值为 Off，即关闭滤波器；"类型"用于指定滤波器的通带，有 Lowpass、Highpass、Bandpass 和 Bandstop；"抽头数"是 FIR 滤波器的抽头数，默认值为 50；"可选 FIR 滤波器规范"用于指定 FIR 滤波器的附加参数簇，包括通带增益、阻滞增益、标尺和窗，其中"窗"指定用于删节系数的平滑窗，平滑窗可减少滤波器通带中的波纹，并改进滤波器对滤波器阻滞中频率分量的衰减。

图 8-24 所示为一个 1 通道的数字 FIR 滤波器应用实例。该实例用仿真信号 Express 生成含噪声的正弦信号，其中正弦信号的频率为 10Hz、幅值为 2V，噪声为均匀白噪声，其幅值为 0.6V。将该信号输入数字 FIR 滤波器，分别配置好滤波器规范与可选规范，可以看到输出信号的信噪性能明显改善。需要注意的是，要想达到好的滤波效果，需要对滤波器进行合理的配置，对于 N 通道的输入信号可采用同一规范的滤波器，也可采用 N 规范的滤波器。

2. 触发与门限

触发与门限是一个 Express VI，该 VI 通过触发提取信号中的片段，触发器根据开始

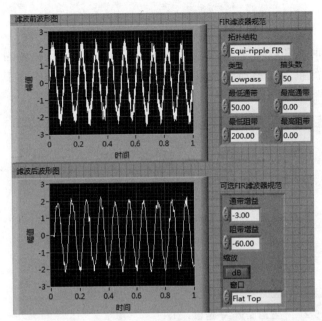

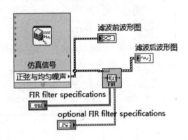

图 8-24　数字 FIR 滤波器应用实例

触发和停止触发条件设置决定触发开启触发停止。其图标及端口如图 8-25 所示。

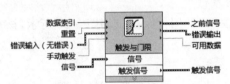

图 8-25　触发与门限 Express VI 的图标及端口

触发与门限 Express VI 的配置对话框用于对参数的设定。图 8-26 所示为一个触发与门限 Express VI 的应用示例,其中在触发与门限 Express VI 的配置对话框中设定开始触发的阈值为上升沿 0.5V,停止触发的阈值为下降沿－0.5V,因此触发后的信号始于上升沿 0.5V、止于下降沿－0.5V 的一段波形。如果设置的开始阈值大于输入信号的幅值,则不会产生触发,此时可以利用该 VI 的"手动触发"端口外接一个触发按钮来实现手动触发。

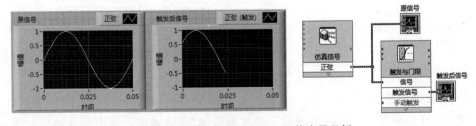

图 8-26　触发与门限 Express VI 的应用示例

8.2.2　波形测量

波形测量 VI 用于执行常见的时域和频域测量，如实现波形的交流直流分析、幅度测量、脉冲测量、傅里叶变换、功率谱测量等波形信息参数的测量功能。波形测量 VI 位于"函数"→"信号处理"→"波形测量"子选板中，如图 8-27 所示。

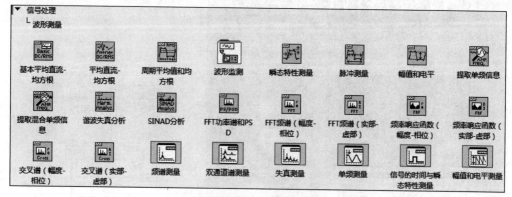

图 8-27　"波形测量"子选板

下面举例说明如何利用这些 VI 进行波形测量。

1. 基本平均直流-均方根

基本平均直流-均方根 VI 的图标及端口如图 8-28 所示，该 VI 用于计算输入波形或波形数组的直流值（DC）和均方根值（即有效值，RMS）。其端口含义如下。

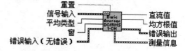

（1）平均类型：测量时使用的平均类型。VI 计算每个输入波形的 DC 和 RMS 值，因此平均时间由输入记录的长度确定。如"平均类型"为 Exponential，则 VI 通过对上一个 DC 和 RMS 值进行指数加权平均测量

图 8-28　基本平均直流-均方根
VI 的图标及端口

得到 DC 和 RMS 值。其值为 0 表示 Linear，平均时间与记录长度相同；值为 1 表示 Exponential，时间常量是记录长度的一半。

（2）窗：在 DC/RMS 计算前对时间记录应用的窗。如"平均类型"为 Exponential，LabVIEW 可忽略该输入。窗的类型有 Rectangular（无窗）、Hanning 窗、Low side lobe 窗。

图 8-29 所示为基本平均直流-均方根 VI 应用实例。用基本函数发生器 VI 和均匀白噪声波形 VI 产生一个带噪声的信号，输入到基本平均直流-均方根 VI 中实现该信号的直流值和均方根值的测量。

2. 波形波峰检测

波形波峰检测 VI 位于"波形测量"→"波形监测"子选板中。其图标及端口如图 8-30 所示。

该 VI 用于在信号输入中查找位置、振幅和峰谷的二阶导数。其端口含义如下。

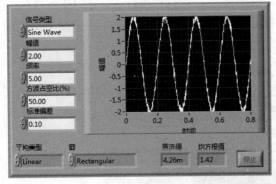
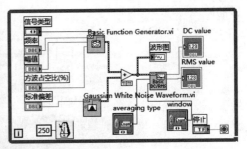

图 8-29　基本平均直流-均方根函数应用实例

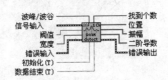

图 8-30　波形波峰检测 VI 的图标及端口

（1）波峰/波谷：表明找到波峰或波谷。

（2）阈值：使 VI 忽略过小的波峰和波谷。如拟合幅值小于阈值，VI 可忽略峰值。VI 也可忽略大于阈值的拟合波谷。

（3）宽度：指定用于二次最小二乘法拟合的连续数据点的数量。该值不应大于波峰/波谷半宽的二分之一，对于无噪数据可更小（但应大于 2）。宽度过大可能降低波峰的显示振幅并改变其显示位置。对于含有噪声的数据，由于噪声遮蔽了实际波峰，故该值并不重要。

（4）初始化：值为 True（默认）时，VI 处理第一个数据块。VI 的某些内部设置必须在正常操作开始前完成。

（5）数据结束：值为 True（默认）时，VI 处理最后一个数据块。VI 在处理完最后一个数据块后清理内部数据。

（6）找到个数：当前数据块中找到的波峰/波谷数。找到个数是"位置""振幅"和"二阶导数"数组的大小。

（7）位置：包含在当前数据块中检测到的所有波峰或波谷的索引位置。波峰检测算法使用二次拟合查找波峰，实际上是在数据点之间进行插值。因此，索引不一定是整数，如果检测到的波峰不是输入数据中实际存在的点，其索引为分数，即振幅不在输入数组中。若需查看时间位置，按公式计算：时间位置$[i] = t_0 + dt \times$位置$[i]$。

（8）振幅：包含在当前数据块中找到的波峰或波谷的振幅。注：对于包含噪声的信号，"位置"和"振幅"可能与实际的波峰或波谷差别较大。

（9）二阶导数：当前数据块中检测到的波峰或波谷振幅的二阶导数。二阶导数用于对每个波峰或波谷的锐利程度进行近似测量。检测到波峰时值为负。检测到波谷时值为正。注：假设采样的时间间隔 dt 等于 1。

图 8-31 所示程序实现的功能是检测波形的波峰。它利用"Sinc 信号"VI 生成一个 Sinc 信号，然后用波形波峰测量函数查找波峰。这里设置检测的阈值为1，检测类型为波形的波峰。

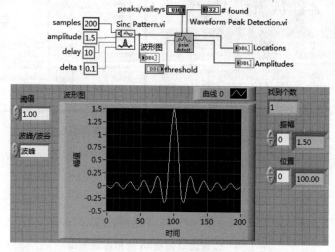

图 8-31　波形波峰检测函数应用示例

3. 提取混合单频信息

提取混合单频信息 VI 的图标及端口如图 8-32 所示，该 VI 用于求出幅值超过指定阈值的信号单频的频率、幅值和相位。其端口含义如下。

（1）导出模式：选择要导出至"导出的信号"的信号源和幅值。选择项包括 none（无返回信号，用于最快计算）、input signal（仅限于输入信号）、detected signal（多频）和 residual signal（信号负单频）。

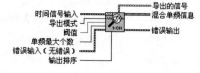

图 8-32　提取混合单频信息 VI 的图标及端口

（2）阈值：指定每个单频必须超出的最小幅值，使 VI 可以从时间信号输入中提取幅值。

（3）单频最大个数：指定 VI 可以提取的最大单频数量。如最大单频个数为－1，VI 将提取幅值超过阈值的所有单频。

（4）输出排序：指定对 VI 提取出的单频进行排序的方式，有递增频率、递减幅值两种模式。

（5）混合单频信息：返回 VI 提取出的每个单频信号的频率、幅值和相位，数组的元素是时间信号中某个信号的混合单频信息。

图 8-33 所示为提取混合单频信息 VI 应用示例。用混合单频信号发生器 VI 产生 4 个不同频率、不同幅值的正弦信号，然后用提取混合单频信息 VI 提取其中各个频率分量的信息。

4. FFT 功率谱和 PSD

FFT 功率谱和 PSD VI 的图标及端口如图 8-34 所示，该 VI 用于计算时间信号的平

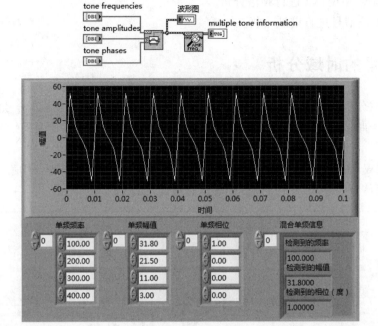

图 8-33　提取混合单频信息 VI 应用示例

均自功率谱。其中，"导出模式"可选择导出至功率谱或功率谱密度的输出。"平均参数"簇用于定义如何进行平均值计算，参数说明包括平均类型、加权类型和平均次数。

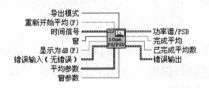

图 8-34　FFT 功率谱和 PSD VI 的图标及端口

图 8-35 所示为用 FFT 功率谱和 PSD VI 分析多频输入信号的能量谱应用示例。

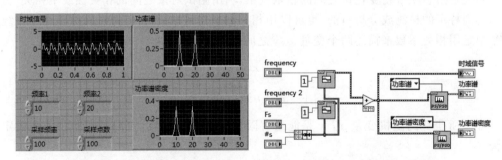

图 8-35　用 FFT 功率谱和 PSD VI 分析多频输入信号的能量谱应用示例

【实训练习】

(1) 用混合单频信号发生器产生 100Hz、200Hz、300Hz、400Hz 的正弦信号，利用

FFT 频谱(幅度-相位)VI 进行频谱分析。

(2) 对方波信号进行谐波分析。

8.3　信号的时域分析

信号时域分析是指在时间域内研究系统在输入信号作用下,其输出信号随时间的变化情况。由于时域分析是在时间域中对系统进行分析的方法,因此具有直观与准确的特点。

LabVIEW 提供的信号时域分析 VI 位于函数选板的"信号处理"→"信号运算"子选板,能够实现信号的卷积、相关、归一化等运算功能,如图 8-36 所示。

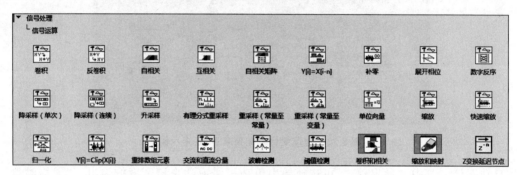

图 8-36　"信号运算"子选板

8.3.1　相关分析

在信号处理中经常要研究两个信号的相似性,或一个信号经过一定延迟后自身的相似性,以实现信号的监测、识别与提取等。相关运算在信号处理中有着广泛的应用,如信号的时延估计、周期成分的检测等。

1. 相关分析的理论

相关是指客观事物变化量之间的相依关系,利用测试对象之间的相关性或不相关性,可以达到特定的检测或分析目的,也可以用相关的概念评价测试实验的成功程度。在统计学中是用相关系数来描述两个变量 x、y 之间的相关性的,即

$$\rho_{xy} = \frac{\int_{-\infty}^{+\infty} x(t)y(t)\,\mathrm{d}t}{\left[\int_{-\infty}^{+\infty} x^2(t)\,\mathrm{d}t \int_{-\infty}^{+\infty} y^2(t)\,\mathrm{d}t\right]^{\frac{1}{2}}} \tag{8.4}$$

如果所研究的随机变量 x, y 是能量有限信号且为实函数,它们之间的相关函数定义为

$$R_{xy}(\tau) = \int_{-\infty}^{+\infty} x(t)y(t-\tau)\,\mathrm{d}t \tag{8.5}$$

或

$$R_{yx}(\tau) = \int_{-\infty}^{+\infty} y(t)x(t-\tau)\,\mathrm{d}t \tag{8.6}$$

如果 $x(t)=y(t)$，则称

$$R_x(\tau)=R_{xy}(\tau)$$

为自相关函数，即

$$R_x(\tau)=\int_{-\infty}^{+\infty}x(t)x(t-\tau)\mathrm{d}t \tag{8.7}$$

对于离散信号 $x(n)$ 与 $y(n)$ 均为能量信号，相关函数定义为

$$R_{xy}(m)=\sum_{n=-\infty}^{+\infty}x(n)y(n+m) \tag{8.8}$$

或

$$R_{yx}(m)=\sum_{n=-\infty}^{+\infty}y(n)x(n+m) \tag{8.9}$$

$R_{xy}(m)$、$R_{yx}(m)$ 分别表示信号 $x(n)$ 与 $y(n)$ 在延时 m 时的相互关系，称为互相关函数。当 $x(n)=y(n)$ 时，称为自相关函数。

当离散信号 $x(n)$ 与 $y(n)$ 均为功率信号时，相关函数定义为

$$R_{xy}(m)=\lim_{N\to\infty}\frac{1}{2N+1}\sum_{n=-N}^{N}x(n)y(n+m) \tag{8.10}$$

或

$$R_{yx}(m)=\lim_{N\to\infty}\frac{1}{2N+1}\sum_{n=-N}^{N}y(n)x(n+m) \tag{8.11}$$

自相关函数为

$$R_x(m)=R_{xx}(m)=\lim_{N\to\infty}\frac{1}{2N+1}\sum_{n=-N}^{N}x(n)x(n+m) \tag{8.12}$$

2. 互相关

互相关 VI 用于计算输入序列 X 和 Y 的互相关，其图标及端口如图 8-37 所示，输入端口可指定进行相关运算所采用的算法："算法"的值为 direct 时，VI 使用线性卷积的 direct 方法计算互相关；如"算法"为 frequency domain，VI 使用基于 FFT 的方法计算互相关。如果 X 和 Y 较小，direct 方法通常更快。如果 X 和 Y 较大，frequency domain 方法通

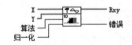

图 8-37 互相关 VI 的图标及端口

常更快。"归一化"用于指定计算 X 和 Y 的互相关的归一化方法，有 3 种方法可以选择（none（默认），unbiased，biased）。

一维互相关输出的互相关序列 Rxy 与 X、Y 的关系为

$$R_{xyj}=\sum_{k=0}^{N-1}X_kY_{j+k}\quad(j=-(N-1),-(N-2),\cdots,-1,0,1,\cdots,M-2,M-1) \tag{8.13}$$

式中，N 为 X 的采样个数；M 为 Y 的采样个数；$X_j=0(j<0$ 或 $j\geq N)$；$Y_j=0(j<0$ 或 $j\geq M)$。

图 8-38 所示为用互相关 VI 进行互相关运算的示例。X、Y 信号均为频率 10Hz 的正弦信号，初始相位分别为 $0°$、$90°$。从图中可以看出，互相关函数衰减很慢且有明显的周

期性。

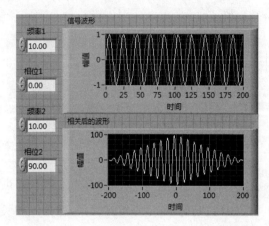
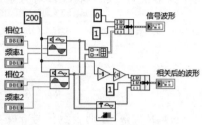

图 8-38　互相关 VI 应用示例

3. 自相关

自相关 VI 用来计算输入序列 X 的自相关。自相关 VI 的图标及端口如图 8-39 所示。一维自相关输出的自相关序列 R_{xx} 与 X 的关系为

图 8-39　自相关 VI 的图标及端口

$$R_{xx}(j) = \sum_{k=0}^{N-1} X_k X_{j+k} \quad j = -(N-1), -(N-2), \cdots, -1, 0, 1, \cdots, N-2, N-1$$

(8.14)

图 8-40 所示是对一个含有噪声信号进行周期性分析的实例。测试信号是正弦信号与均匀白噪声叠加而成的混合信号，当噪声幅度较小时，可以看出自相关函数衰减很慢且有明显的周期性；当噪声幅度远大于正弦信号幅度时，从自相关函数中很难看出周期成分。

【实训练习】

产生 3 个信号：

（1）频率为 10Hz，幅值为 1 的正弦波。

（2）幅值为 1 的白噪声。

（3）上述两种信号的叠加。设采样频率（Fs）为 1000，采样数（♯s）为 1000。将这两种信号分别作自相关处理，然后再做 FFT 处理，显示自相关和 FFT 后的功率谱。

实训练习.mp4

8.3.2　卷积

1. 卷积的基本概念

卷积是电路分析的一个重要概念。它可以求解线性系统对任何激励信号的零状态响应。对于连续时间信号的卷积称为卷积积分，定义为

$$f(t) = f_1(t) \times f_2(t) = \int_{-\infty}^{+\infty} f_1(\tau) f_2(t-\tau) \mathrm{d}\tau \qquad (8.15)$$

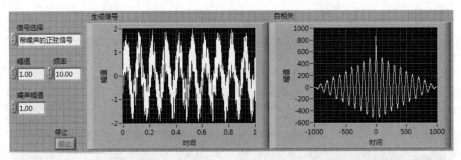

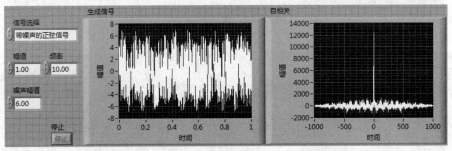

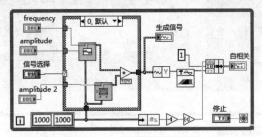

图 8-40　非周期性信号与周期性信号自相关图

对离散时间信号的卷积称为卷积和,定义为

$$f(k) = f_1(k) \times f_2(k) = \sum_{i=-\infty}^{+\infty} f_1(i) \times f_2(k-i) \tag{8.16}$$

2. 卷积

卷积 VI 计算输入序列 X 和 Y 的卷积,连接到输入端 X 和 Y 的数据类型决定了所使用的多态实例,能实现对一维信号和二维信号的卷积运算。其图标及端口如图 8-41 所示。卷积 VI 的输入端能指定使用卷积的方法:当"算法"的值为 direct 时,VI 使用线性卷积的 direct 方法计算卷积;如果"算法"为

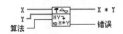

图 8-41　卷积 VI 的图标及端口

frequency domain,VI 使用基于 FFT 的方法计算卷积。如果 X 和 Y 较小,direct 方法通常更快。如 X 和 Y 较大,frequency domain 方法通常更快。

图 8-42 所示给出了两个一维数组的卷积运算。输入序列 X 的长度 $n=4$,序列 Y 的长度 $m=6$,可知 $X \times Y$ 的长度为 $l=n+m-1=9$,即生成的卷积结果是一个长度为 9 的序列。

图 8-43 所示给出了用二维卷积实现对图像信息边缘检测的应用示例。

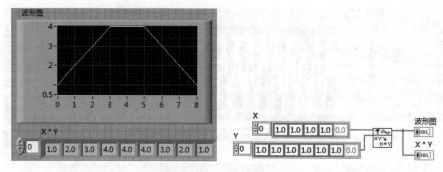

图 8-42　卷积运算 VI

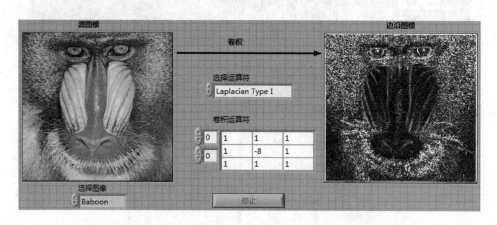

图 8-43　二维卷积的应用示例

8.3.3　缩放和映射

缩放和映射 ExpressVI 用于通过缩放和映射信号，改变信号的幅值。其图标及端口如图 8-44 所示。缩放和映射 ExpressVI 放置在程序框图上后，将显示配置窗口。在该窗口中，可以对缩放和映射 ExpressVI 的各项参数进行设置和调整，如图 8-45 所示。

下面对缩放和映射 Express VI 配置窗口中的选项进行介绍。

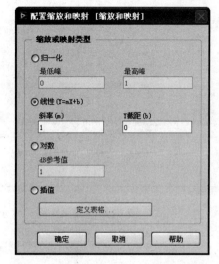

图 8-44　缩放和映射 VI 的图标及端口　　　　图 8-45　缩放和映射 ExpressVI 配置窗口

（1）缩放或映射类型。

归一化：确定转换信号所需的缩放因子和偏移量，使信号的最大值出现在最高峰，最小值出现在最低峰。

最低峰：指定将信号归一化所用的最小值，默认值为 0。

最高峰：指定将信号归一化所用的最大值，默认值为 1。

线性（$Y=mX+b$）：将缩放映射模式设置为线性，基于直线缩放信号。

斜率（m）：用于线性（$Y=mX+b$）缩放的斜率。默认值为 1。

Y 截距（b）：用于线性（$Y=mX+b$）缩放的截距。默认值为 0。

对数：设置缩放映射模式为对数，基于分贝参考缩放信号。LabVIEW 使用下列方程缩放信号：$y=20\log_{10}(x/dB\ 参考值)$

dB 参考值：用于对数缩放的参考。默认值为 1。

插值：基于缩放因子的线性插值表，用于缩放信号。

（2）定义表格：显示定义信号对话框，定义用于插值缩放的数值表。

【实训练习】

首先使用基本函数发生器 VI 产生两个信号，这两个信号的类型、幅值、频率、相位等参数可调，然后对这两个信号进行卷积运算。

8.4　信号的频域分析

在进行数字信号处理时，除了进行时域分析外，常常需要对信号进行频域分析。LabVIEW 中提供了大量的 VI 用于信号的频域分析，它们位于两个子选板中，一个是函数选板中"信号处理"→"变换"子选板，主要实现信号的傅里叶变换、希尔伯特变换、小波变换等；另一个是函数选板中"信号处理"→"谱分析"子选板，主要实现对信号的功率谱分析，包括自功率谱、幅度谱和相位谱等，如图 8-46 和图 8-47 所示。

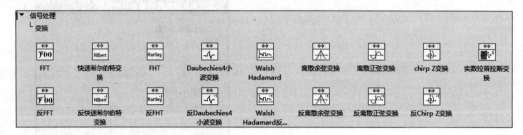

图 8-46 "变换"函数子选板

图 8-47 "谱分析"函数子选板

1. 快速傅里叶变换

快速傅里叶变换（FFT）是数字信号处理中最重要的变换之一，最基本的一个应用就是计算信号的频谱，通过频谱可以方便观察和分析信号的频率组成成分。快速傅里叶变换 VI 是一个多态 VI，可以进行一维实数、复数及二维实数、复数的快速傅里叶变换。一维实数 FFT 的 VI 图标及端口如图 8-48 所示。

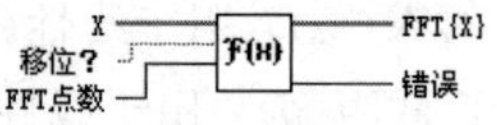

图 8-48　FFT VI 的图标及端口

该函数用于计算输入序列 X 的 FFT。"移位？"指定 DC 元素是否位于 FFT $\{X\}$ 中心，默认值为 False；"FFT 点数"是要进行 FFT 的长度，如果"FFT 点数"大于 X 的元素数，VI 将在 X 的末尾添加 0，以匹配"FFT 点数"的大小；如果"FFT 点数"小于 X 的元素数，VI 只使用 X 中的前 n 个（n 是"FFT 点数"的值）元素进行 FFT，如果"FFT 点数"小于等于 0，VI 将使用 X 的长度作为 FFT 点数。

如图 8-49 所示为双边带傅里叶变换示例，实现了由两个不同频率正弦信号构成的混合信号的快速傅里叶变换。从图可以看出，变换后的频谱中除了原有的频率 f 外，在 $Fs-f$ 的位置也有对应的频率成分，这是由于 FFT VI 计算得到的结果不仅包含正频率成分，还包含负频率成分，即双边带傅里叶变换。注意，当 f 大于采样率的一半时就会出现频谱混叠现象，因此，为了获得正确的频谱，采样时必须满足采样定理，即 $f < Fs/2$。

图 8-50 给出了单边带傅里叶变换示例。它是在双边带 FFT 变换基础上取出 FFT 变换输出数组的一半，同时将幅度扩大一倍。

2. 快速希尔伯特变换

希尔伯特（Hilbert）变换可用于提取瞬时相位信息，获取振荡信号的包络，获取单边

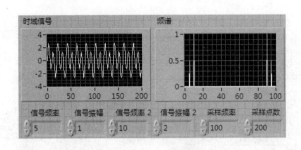

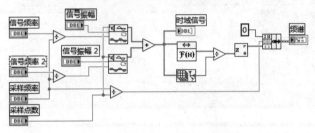

图 8-49 双边带傅里叶变换示例

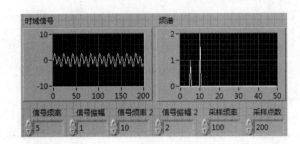

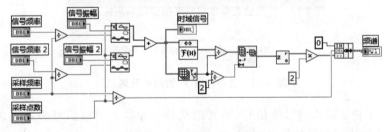

图 8-50 单边带傅里叶变换示例

带频谱、检测回声以及降低采样速率等，其图标及端口如图 8-51 所示。如图 8-52 所示为
一个利用快速希尔伯特变换实现回声检测的示例。该示
例首先利用指数函数与余弦函数生成原始信号，再配合移
位运算生成回声信号，然后将两种信号混合得到生成信
号，最后利用快速希尔伯特变换获取回声信号的位置。

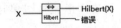

图 8-51 快速希尔伯特变换
VI 的图标及端口

3. 自功率谱

自功率谱 VI 的图标及端口如图 8-53 所示，该 VI 用于计算时域信号的单边且已缩放
的自功率谱，其端口的含义如下。

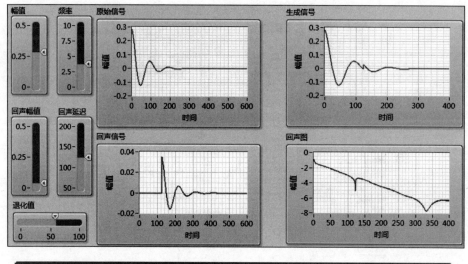

图 8-52　利用快速希尔伯特变换实现回声检测示例

图 8-53　自功率谱 VI 的图标及端口

（1）信号：指定输入的时域信号，通常以伏特为单位。时域信号必须包含至少三个周期的信号才能进行有效的估计。

（2）dt：时域信号的采样周期，通常以秒（s）为单位。将 dt 定义为 $1/f_s$，其中 f_s 是时域信号的采样频率，默认值为 1。

（3）功率谱：返回单边功率谱。如果输入信号以伏特为单位（V），功率谱的单位为 V_{rms}^2。

（4）df：如果 dt 以秒为单位，则该值表示功率谱的频率间隔，以赫兹（Hz）为单位。

自功率谱 VI 使用下式来计算功率谱：

$$功率谱 = \frac{FFT^*（信号）\times FFT（信号）}{n^2} \tag{8.17}$$

其中，n 是信号中点的个数；$*$ 表示复共轭。

4. 功率谱

功率谱 VI 的图标及端口如图 8-54 所示,该 VI 用于计算输入序列 X 的功率谱 Sxx,连接到 X 输入端的数据类型决定了所使用的多态 VI。

函数 $x(t)$ 的功率谱 $Sxx(f)$ 定义为

$$Sxx(f) = X^*(f)X(f) = |X(f)|^2 \qquad (8.18)$$

其中,$X(f) = F\{x(t)\}$;$X^*(f)$ 是 $X(f)$ 的复共轭。

图 8-54　功率谱 VI 的图标及端口　　　图 8-55　幅度谱和相位谱 VI 的图标及端口

5. 幅度谱和相位谱

幅度谱和相位谱 VI 的图标及端口如图 8-55 所示,该 VI 用于计算实数时域信号的单边且已缩放的幅度谱,并通过幅度和相位返回幅度谱。其中信号、dt、df 端口含义与自功率谱中的端口含义相同。"展开相位"的默认值为 True,表示对输出幅度谱相位启用展开相位;"幅度谱大小"返回单边功率谱的幅度;"幅度谱相位"是单边幅度谱相位,以弧度(rad)为单位。

幅度谱的计算公式为

$$A(i) = \sqrt{2}\frac{X(i)}{n}, \quad i = 1, 2, \cdots, \left\lfloor \frac{n}{2} - 1 \right\rfloor \qquad (8.19)$$

其中,X 是信号的离散傅里叶变换;n 是信号的点数。

图 8-56 给出了一个频率 200Hz、幅值 1V 的正弦波形的自功率谱、功率谱、幅度谱与相位谱。显然,输入信号相同时,幅度谱的大小等于自功率谱的平方根。

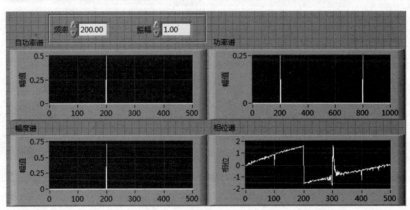

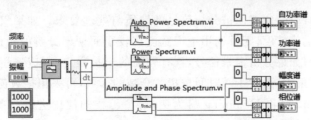

图 8-56　自功率谱、功率谱、幅度谱与相位谱应用示例

【实训练习】

设计计算方波信号功率谱的 VI。

8.5　窗函数

在利用计算机实现工程测试信号处理时,不可能对无限长的信号进行测量和运算,而是取其有限的时间片段进行分析。处理方法是从信号中截取一个时间片段,用这个信号时间片段进行周期延拓处理,得到虚拟无限长的信号,然后对信号进行傅里叶变换、相关分析等数学处理。这种周期性的延拓将导致信号不连续并引起频谱畸变,使原来集中在某一频率处的能量被分散到两个较宽的频带中,这种现象称为频谱能量泄漏。

为了减少频谱能量泄漏,实际应用中采用不同的截取函数对信号进行截断,截断函数称为窗函数。信号截断以后产生的能量泄漏现象是必然的,因为窗函数 $w(t)$ 是一个频带无限的函数,即使原始信号 $x(t)$ 是有限带宽信号,在截断后也必然成为无限带宽的函数,也就是信号在频域的能量与分布被扩展了。又从采样定理可知,无论采样频率多高,只要信号一经截断,就不可避免地引起混叠,因此信号截断必然导致一些误差。

泄漏与窗函数频谱的两侧边瓣有关,如果两侧瓣的高度趋于零,使能量相对集中在主瓣,就可以较为接近于真实的频谱,为此,在时间域中可采用不同的窗函数来截断信号。加窗技术的原理就是将原始采样波形乘以一个幅度变化平滑且边缘趋于 0 的有限长度的窗来减小每个周期边界处的突变。

LabVIEW 提供了多种窗函数实现对有限采样数据的加窗处理,这些窗函数位于"函数"→"信号处理"→"窗"子选板中,如图 8-57 所示。

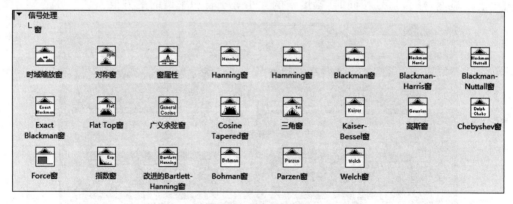

图 8-57　"窗"子选板

对于窗函数的选择,应考虑被分析信号的性质与处理要求。如果仅要求精确读出主瓣频率,而不考虑幅值精度,则可选用主瓣宽度比较窄而便于分辨的矩形窗。例如,测量物体的自振频率等;如果分析窄带信号,且有较强的干扰噪声,则应选边瓣幅度小的窗函数,如汉宁窗、三角窗等;对于随时间按指数衰减的函数,可采用指数窗提高信噪比。

下面以 Hanning 窗和 Hamming 窗为例,对窗函数的使用进行简单介绍。Hanning 窗又称为升余弦窗,其表达式为

$$w(k) = 0.5\left[1 - \cos\left(2\pi\frac{k}{N}\right)\right], \quad k = 0, 1, \cdots, N-1 \qquad (8.20)$$

可以将其看作是 3 个矩形时间窗的频谱之和,或者说是 3 个 $\mathrm{sinc}(t)$ 型函数之和,而括号中的两项相对于第 1 个谱窗向左、右各移动了 π/T,从而使边瓣互相抵消,消去高频干扰和漏能。可以看出,Hanning 窗主瓣加宽并降低,边瓣则显著减小,按照减小泄漏的观点,Hanning 窗优于矩形窗;但 Hanning 窗主瓣加宽,相当于分析带宽加宽,因而频率分辨力下降。

Hamming 窗也是一种余弦窗,又称为改进的升余弦窗,其表达式为

$$w(k) = 0.54 - 0.46\cos\left(2\pi\frac{k}{N}\right), \quad k = 0, 1, \cdots, N-1 \qquad (8.21)$$

Hamming 窗加权的系数能使边瓣达到更小,但其边瓣衰减速度比 Hanning 窗衰减速度慢。Hanning 窗和 Hamming 窗主瓣稍宽,有较小的边瓣和较大的衰减速度,都是很有用的窗函数。

1. 信号加窗前后频谱对比实例

图 8-58 所示的程序给出了对正弦信号使用 Hamming 窗处理后的频谱图与未加窗时的频谱图。由图可知,Hamming 窗使正弦信号在端点处的值逐渐减小为 0。由频谱图对比可知,当正弦信号的频率不是整数时,将会出现信号周期延拓时的突变现象,从而导致频谱能量的泄漏现象,使用 Hamming 窗处理后,加窗后的信号泄漏明显减少。

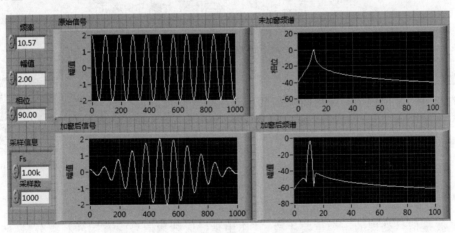

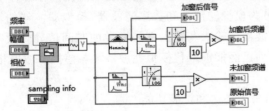

图 8-58　Hamming 窗应用示例

2. 利用窗函数分辨小幅值信号

当信号中某个频率成分的幅度相对较小时,如果直接进行傅里叶频谱分析,由于频谱

泄漏，很难通过频谱分辨出幅度较小的信号。如果先对信号进行窗处理后再作频谱分析，在频谱中会比较容易分辨出幅度小的信号。图 8-59 所示为一个利用窗函数分辨小幅值信号的示例。其中两个信号的幅值相差 1000 倍，未加窗时在频谱中基本分辨不出小幅值信号，而通过加 Hanning 窗后，从加窗信号的功率谱中明显分辨出小幅值信号。程序框图中的单位转化是对功率单位进行转化（从 V_{rms}^2 转化到 dB），因为两个信号幅值相差过大，其功率也会相差很大，若用 dB 表示，在数值上缩小了两者的差距，便于两者显示。

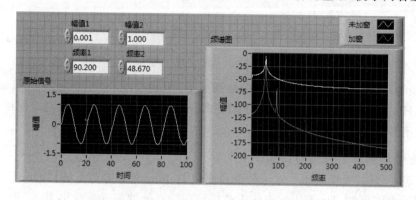

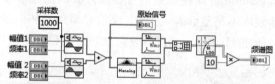

图 8-59　利用窗函数分辨小幅值信号的示例

【实训练习】

先产生一个由频率与幅值可调的两个正弦信号叠加的混合信号，然后通过不同的窗函数后再作频谱分析，在频域图中观察不同类型窗函数的效果。

实训练习.mp4

8.6　数字滤波器

滤波是信号处理的一个重要手段，其作用是提取被测信号中有用的频率分量，滤除其他频率分量。滤波器分为模拟滤波器和数字滤波器，模拟滤波器的输入和输出都是连续的时间信号，而数字滤波器的输入与输出都是离散的时间信号。数字滤波器是信号处理的重要内容，在很多方面已经能够取代模拟滤波器。与模拟滤波器相比，数字滤波器具有以下优点：

- 采用软件编程，易于搭建和扩展功能。
- 以数字器件执行运算，稳定性与信噪比高。
- 无须高精度的元器件，性价比高，不会因温度、湿度等外界环境的变化产生误差，也不存在元器件老化问题。

根据冲激响应，可以将滤波器分为有限冲激响应（FIR）滤波器和无限冲激响应（IIR）

滤波器。FIR 滤波器的冲激响应在有限时间内衰减为 0,其输出仅取决于当前和过去的输入信号值;而 IIR 滤波器的冲激响应在理论上会无限持续,其输出不仅取决于当前及过去的输入信号值,还取决于过去的输出值。前者可以实现相位的不失真,而后者的幅频特性较平坦,但是其相位响应是非线性的。因此,在实际应用中应根据实际情况选择合适的滤波器。LabVIEW 提供了许多数字滤波器 VI 和用来设计滤波器的 VI,它们位于函数选板的"信号处理"→"滤波器"子选板中,如图 8-60 所示。

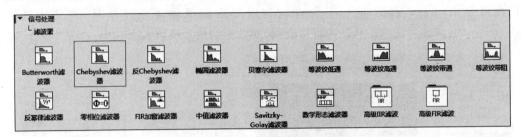

图 8-60　"滤波器"子选板

在"滤波器"子选板提供的各种 VI 中,IIR 滤波器类型有 Butterworth 滤波器、Chebyshev 滤波器、反 Chebyshev 滤波器、椭圆滤波器和贝塞尔滤波器等几种;FIR 滤波器有 FIR 加窗滤波器和等波纹带通、等波纹带阻、等波纹高通、等波纹低通滤波器等。该选板上还提供了高级 IIR 滤波器和高级 FIR 滤波器两个子选板,能很好地满足用户对数字信号进行滤波操作的需要。

下面用应用实例介绍滤波器 VI 的应用。

1. Butterworth 滤波器

Butterworth 滤波器 VI 的图标及端口如图 8-61 所示,该 VI 通过调用 Butterworth 系数 VI,生成数字 Butterworth 滤波器,通过连线数据至 X 输入端可确定要使用的多态实例。其中端口的含义如下。

(1) 滤波器类型:指定滤波器的通带,有 Lowpass(低通)、Highpass(高通)、Bandpass(带通) 和 Bandstop(带阻)。

图 8-61　Butterworth 滤波器 VI 的图标及端口

(2) 高截止频率:fh:高截止频率,以 Hz 为单位。默认值为 0.45 Hz。如果滤波器类型为 lowpass 或 highpass,VI 忽略该参数;滤波器类型为 Bandpass 或 Bandstop 时,"高截止频率:fh"必须大于"低截止频率:fl"并且满足 Nyquist 准则。

(3) 低截止频率:fl:低截止频率(Hz),并且必须满足奈奎斯特准则,默认值为 0.125Hz。如果"低截止频率:fl"小于 0 或大于采样频率的一半,VI 设置"滤波后的 X"为空数组并返回错误。当滤波器类型为 Bandpass 或 Bandstop 时,"低截止频率:fl"必须小于"高截止频率:fh"。

(4) 阶数:指定滤波器的阶数并且必须大于 0,默认值为 2。如果阶数小于或等于 0,VI 设置"滤波后的 X"为空数组并返回错误。

（5）初始化/连续：控制内部状态的初始化，默认值为 False。VI 第一次运行时或"初始化/连续"的值为 False 时，LabVIEW 可使内部状态初始化为 0；若"初始化/连续"的值为 True，LabVIEW 可使内部状态初始化为 VI 实例上一次调用时的最终状态。如需处理由小数据块组成的较大数据序列，可为第一个块设置该输入为 False，然后设置为 True，对其他的块继续进行滤波。

图 8-62 所示为一个利用 Butterworth 滤波器 VI 实现低通滤波器的示例。示例中用仿真信号 Express VI 产生一个含有均匀白噪声的低频正弦波信号，并使用低通 Butterworth 滤波器滤波。从图中可以看出，滤波后的信号噪声大大减少。

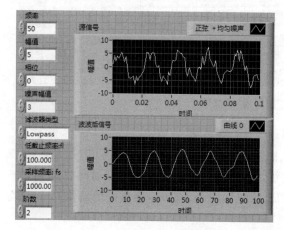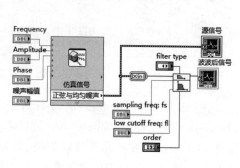

图 8-62　Butterworth 滤波器 VI 应用示例

2. Chebyshev 滤波器

Chebyshev 滤波器 VI 的图标及端口如图 8-63 所示，该 VI 通过调用 Chebyshev 系数 VI，生成数字 Chebyshev 滤波器，通过连线数据至 X 输入端可确定要使用的多态实例。其中，"波纹"是通带的波纹，波纹必须大于 0，以分贝（dB）为单位，默认值为 0.1。如果波纹小于或等于 0，VI 将"滤波后的 X"输出为空数组并返回错误。

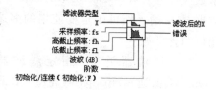

图 8-63　Chebyshev 滤波器 VI 的图标及端口

3. 调用数字滤波器的注意事项

直接调用现成的数字滤波器可以减少滤波器设计的复杂性，提高工作效率，但在调用时需要注意以下几个问题。

（1）滤波器类型的选择。首先要选择滤波器的频带类型，即在低通、高通、带通或带阻滤波器中选择一个类型；其次要选择有限冲激响应滤波器还是无限冲激响应滤波器，因为这两者有不同的设计模板与参数。

（2）截止频率的确定。对低通滤波器只需确定上截止频率，高通滤波器只需确定下截止频率，对带通及带阻滤波器应确定上、下限截止频率。

（3）采样频率的设定。一般情况下数字滤波器中的频率是归一化的，归一化的频率通过采样频率与实际频率对应起来。因此，在数字滤波器中要设定采样频率。

（4）滤波器的阶数。滤波器阶数越高，其幅频特性曲线过渡带衰减越快，但成本也越高。

（5）纹波幅度。Chebyshev 滤波器的通带段幅频特性呈波纹状，需要控制波纹幅度，一般取 0.1dB。Butterworth 滤波器和贝塞尔滤波器通带段幅频特性曲线比较平坦，不需要此参数。

此外，还应该考虑滤波器过程响应时间，因为输入信号经过数字滤波器，相当于输入信号与滤波器的单位抽样响应进行卷积运算，获得滤波结果需要一定的时间响应。

【实训练习】

（1）构建一 VI，先产生正弦信号，并输入白噪声以模拟信号传输中的随机干扰信号，然后设计一个 Butterworth 低通滤波器，以滤除噪声，提取正弦信号。

（2）用多频信号发生器产生一个多频率成分的信号，通过 Chebyshev 带通滤波器筛选 150～350Hz 的信号。

实训练习（1）.mp4　　　　　　实训练习（2）.mp4

8.7　逐点分析库

在进行传统的信号分析和处理时，分析数据的一般过程是：缓冲区准备、数据分析、数据输出，分析是按数据块进行的。由于构建数据块需要时间，因此使用这种分析方法难以实现高速实时分析。在逐点信号分析中，数据分析是针对每个数据点的，对采集到的每个点数据都可以立即分析，从而实现实时处理。使用逐点分析可以与信号同步，用户能实时观察到当前采集数据的分析结果，从而使用户能够跟踪和处理实时事件。此外，由于不需要构建缓冲区，分析库与数据可以直接相连，因此数据丢失的可能性更小，编程更加容易，同时对采样率的要求更低。

逐点信号分析具有广泛的应用前景。实时数据采集和分析需要连续、高效和稳定的运行系统，逐点分析正是把数据采集和分析紧密相连在一起，因此它更适用于控制FPGA、DSP 和 ARM 芯片等。

逐点分析节点 VI 位于函数选板下的"信号处理"→"逐点"子选板上，如图 8-64 所示。"逐点"子选板包括逐点信号产生、逐点信号时域处理、逐点信号频域变换、逐点信号滤波等子选板。选板中函数节点和 VI 的功能与普通分析选板中的类似。

图 8-65 所示为基于逐点分析 VI 的滤波示例。信号源为正弦信号，随机信号作为噪声叠加在正弦信号上。使用两种方法进行滤波操作。在逐点信号分析中，VI 读取一个数据并分析它，然后输出一个结果，同时读入下一个数据，并重复以上过程，一点接一点连续、实时地进行分析。在基于数组的分析中，VI 必须等待数据缓存准备好，然后读取一组

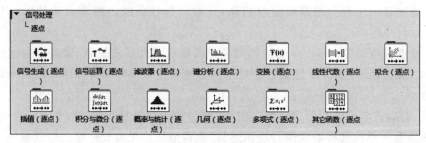

图 8-64 "逐点"子选板

数据，分析全部数据，产生全部数据的分析结果，因此分析是间断的，非实时的。

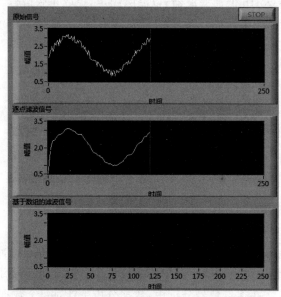

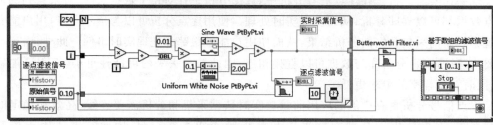

图 8-65 基于逐点分析 VI 的滤波示例

思考题和习题

1. 设计一个工频仿真信号源。要求输出一个幅值为 2V 的 50Hz 且含有 3～7 次的奇次谐波和白噪声的信号，各谐波的幅值为谐波次数的倒数，白噪声的幅度为 0.1V。

2. 分别用 IIR 和 FIR 滤波器滤除习题 1 中的谐波及噪声信号。

3. 求幅值为 1、频率为 100Hz 的三角波与幅值为 1 的高斯白噪声信号叠加后的自相关函数。

4. 对信号 $y(t)=2\sin(20\pi t+\pi/3)+3\sin(50\pi t+\pi/2)+\sin(120\pi t)$ 进行傅里叶变换，并作谐波分析。

5. 数字滤波器可以分为几类？它们的主要区别是什么？

6. 产生一个频率为 1000Hz、幅值为 1 的正弦信号并叠加幅值为 1 的均匀白噪声，再分别用低通、高通、带通滤波器进行滤波，并比较滤波的效果。

7. 测量习题 1 中信号的幅度谱、相位谱和功率谱。

第 9 章

虚拟仪器通信技术

本章学习目标

- 熟练掌握用 TCP、UDP 函数实现网络通信的方法
- 熟练掌握用 DataSocket 函数实现网络通信的两种方法
- 学会串行通信的编程技术

串行通信是工业现场仪器或设备常用的通信方式,网络通信是构成智能化分布式自动测试系统的基础。为了支持网络化虚拟仪器的开发,LabVIEW 提供了功能强大的网络与通信开发工具,可以方便地通过网络通信编程实现远程虚拟仪器的设计及数据的远程传递与共享。LabVIEW 不仅提供了传统的 TCP、UDP 网络通信,还提供了简单实用的串行通信及更为有效的实时数据通信技术 DataSocket 等。

本章首先介绍 LabVIEW 中的 TCP、UDP 等网络通信,然后介绍 DataSocket 编程方式和应用,最后介绍串行通信技术。

9.1 TCP 通信

9.1.1 TCP 简介

TCP/IP(Transmission Control Protocol/Internet Protocol,传输控制协议/互联网络协议)是一个协议簇,保证了 Internet 上数据的准确快速传输。TCP/IP 通常采用一种简化的 4 层模型,分别为网络接口层、网间层、传输层和应用层。其中,TCP 和 IP 是使用最广泛,也是最重要的协议,因此人们用 TCP/IP 作为整个体系结构的名称。

IP 是网络层协议,实现的是不可靠无连接的数据包服务。TCP 和 UDP 都是建立在 IP 协议基础上的传输层协议。UDP 实现的是不可靠无连接的数据包服务,而 TCP 提供了一种面向连接(指在实现数据传输前必须先建立连接)、可靠的传输层服务。

LabVIEW 运用内嵌的 TCP/IP 网络通信协议簇实现远程测控系统通信,把数据从网络或者 Internet 的一台计算机传输到另一台计算机,实现了网络内部以及互联网之间的通信。这样,科研人员或工程人员即使不在控制现场,也可以通过网络随时了解现场的

控制系统运行情况和系统参数的实时变化,并在客户端通过网络对远程服务器的控制系统发出指令,及时调整现场控制系统运行状态,从而达到远程控制的目的。随着网络测量平台的不断发展,应用也将更加广泛。

　　封装 TCP/IP 使得网络测量的开发变得不再复杂,同时网络测量带来的巨大效益也使其在自动化领域得到了广泛的应用。

9.1.2　TCP 函数节点

　　TCP 函数节点位于"函数"→"数据通信"→"协议"→TCP 子选板中,如图 9-1 所示。

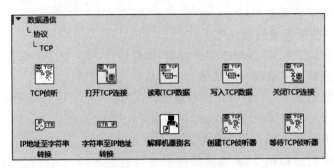

图 9-1　TCP 子选板

　　TCP 函数的具体含义见表 9-1。

表 9-1　TCP 函数的具体含义

图标	函数名称	功　能
	TCP 侦听	在指定端口创建一个监听器,并等待客户端的连接
	打开 TCP 连接	打开由地址和远程端口或服务名称所指定的 TCP 网络连接
	读取 TCP 数据	从指定的 TCP 连接读取数据并通过数据输出返回结果
	写入 TCP 数据	向指定的 TCP 网络连接写入数据
	关闭 TCP 连接	关闭指定的 TCP 网络连接
	IP 地址至字符串转换	将 IP 地址转换为字符串
	字符串至 IP 地址转换	将字符串转换为 IP 地址或 IP 地址数组
	解释机器别名	返回计算机的物理地址,用于联网或在 VI 服务器函数中使用
	创建 TCP 侦听器	为 TCP 网络连接创建侦听器。连线 0 至端口输入可动态选择操作系统认为可用的 TCP 端口
	等待 TCP 侦听器	等待已接受的 TCP 网络连接

　　利用服务器/客户端模式进行通信,是 LabVIEW 平台上网络通信的最基本结构模式。下面重点介绍几个常用的 VI 节点。

1. TCP 侦听

　　该 VI 的功能是创建一个侦听器并在指定端口等待 TCP 连接请求。该 VI 只能在作为服务器的主机上使用。开始侦听某个指定端口时，不能再使用另一个 TCP 侦听 VI 侦听该端口。TCP 侦听 VI 的图标及端口如图 9-2 所示，其主要端口定义如下。

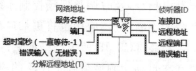

图 9-2　TCP 侦听 VI 的图标及端口

（1）网络地址：指定侦听的网络地址。有多块网卡时，如需侦听特定地址上的网卡，应指定网卡的地址。如未指定网络地址，LabVIEW 可侦听所有的网络地址。

（2）服务名称：创建端口号的已知引用。如指定服务名称，LabVIEW 将使用 NI 服务定位器注册服务名称和端口号。

（3）端口：要侦听连接的端口号。

（4）超时毫秒：指定 VI 等待连接的时间，以毫秒(ms)为单位。如未在指定时间内建立连接，VI 将完成并返回错误。默认值为－1，表示无限等待。

（5）分解远程地址：表明是否在远程地址调用"IP 地址至字符串转换"函数。默认值为 True。

（6）侦听器 ID：唯一标识侦听器的网络连接句柄。

（7）连接 ID：唯一标识 TCP 连接的网络连接引用句柄。该连接句柄用于在以后的 VI 调用中引用连接。

（8）远程地址：与 TCP 连接关联的远程机器的地址。该地址使用 IP 句点符号格式。

（9）远程端口：远程系统用于连接的端口。

2. 打开 TCP 连接

该函数的功能是打开由"地址"和"远程端口或服务名称"指定的 TCP 网络连接，该节点只能在作为客户机的主机上使用。打开 TCP 连接函数的图标及端口如图 9-3 所示，其主要端口定义如下。

（1）地址：要与其建立连接的地址。该地址可以为 IP 句点符号格式或主机名，如果未指定地址，LabVIEW 将建立与本地计算机的连接。

（2）远程端口或服务名称：要与其确立连接的端口或服务的名称。如果指定了服务名称，LabVIEW 将向 NI 服务定位器查询所有服务注册过的端口号。该端口可以接受数字或字符串输入。

（3）本地端口：用于本地连接的端口。某些服务器仅允许使用特定范围内的端口号连接客户端，该范围取决于服务器。默认值为 0，操作系统将选择尚未使用的端口。

3. 读取 TCP 数据

该函数从指定的 TCP 连接中读取字节数并通过"数据输出"端口返回结果。读取 TCP 数据函数的图标及端口如图 9-4 所示，其主要端口定义如下。

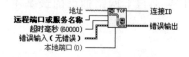

图 9-3　打开 TCP 连接函数的图标及端口

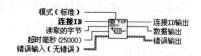

图 9-4　读取 TCP 数据函数的图标及端口

（1）模式（标准）：表明读取操作的动作。包含 Standard、Buffered、CRLF 和 Immediate 4 个选项。

- Standard（默认）：等待直至读取所有读取字节中指定的字节或超时毫秒用完,返回已读取的字节数。如字节数少于请求的字节数,则返回部分字节数并报告超时错误。
- Buffered：等待直至读取所有读取字节中指定的字节或超时毫秒用完,如字节数少于请求的字节数,则不返回字节数并报告超时错误。
- CRLF：表示等待直至读取字节中指定的所有字节达到,或直至函数在读取字节指定的字节数内接收到 CR（回车）加上 LF（换行）或超时毫秒用完。返回读取到 CR 或 LF 之前的字节,包括 CR 和 LF。如函数未发现 CR 和 LF,但存在读取字节,则函数返回该字节。如函数未发现 CR 和 LF,但字节数少于读取字节中指定的值,则函数不返回字节数,同时报告超时错误。
- Immediate：在函数接收到读取字节中所指定的字节前一直等待。如该函数未收到字节则等待至超时。返回目前的字节数。如函数未接收到字节则报告超时错误。

（2）连接 ID：唯一标识 TCP 连接的网络连接引用句柄。

（3）读取的字节：是要读取的字节数。下列方法可处理字节数不同的消息：

- 发送消息,消息前带有用于描述该消息的文件头,大小固定。例如,文件头中可包含说明消息类型的命令整数,以及说明消息中其他数据大小的长度整数。服务器和客户端均可接收消息。发出 8B 的读取函数（假定为两个 4B 的整数）,然后使函数转换为两个整数,再依据长度整数确定作为剩余消息发送至第二个读取函数的字节数。第二个读取函数完成后,可返回至 8B 文件头的读取函数。这种方式最为灵活,但需要读取函数接收消息。实际上,通常第二个读取函数在消息通过写入函数写入时立即完成。
- 发送固定大小的消息。如消息的内容小于指定的固定大小,可填充消息,使其达到固定大小。这种方式更为高效,因为即使有时会发送不必要的数据,接收消息时也只需读取函数。
- 发送只包含 ASCII 数据的消息,每个消息以一个回车和一对字符换行符结束。读取函数具有模式输入,在传递 CRLF 后,可使函数在发现回车和换行序列前一直进行读取。这种方式在消息数据含有 CRLF 序列时显得较为复杂,常用于 POP3、FTP 和 HTTP 等互联网协议。

（4）超时毫秒：指定模式等待且未报告超时错误的时间,以毫秒（ms）为单位。默认值为 25 000 毫秒,值－1 表示无限等待。

（5）数据输出：包含从 TCP 连接读取的数据。

4. 写入 TCP 数据

写入 TCP 数据函数的图标及端口如图 9-5 所示,该函数通过数据输入端口将数据写入到指定的 TCP 连接中。其主要端口定义如下。

数据输入：包含要写入连接的数据。处理字节数不同的消息的方法同"读取 TCP

数据"。

写入的字节：VI 写入连接的字节数。

5. 关闭 TCP 连接

关闭 TCP 连接函数的图标及端口如图 9-6 所示，该函数的功能是关闭指定的 TCP 连接。其参数"中止"确定连接是否保留，以便今后使用。

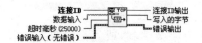

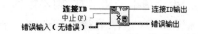

图 9-5　写入 TCP 数据函数的图标及端口　　图 9-6　关闭 TCP 连接函数的图标及端口

9.1.3　TCP 编程实例

下面通过一个实例介绍 LabVIEW 基于 TCP 的服务器/客户机双机通信实例。服务器/客户机通信模式是进行网络通信的最基本的结构模式，其基本的通信流程如下：

服务器先对指定的端口监听，客户端向服务器端被监听的端口发出请求，服务器端接收到请求后建立与客户端的连接，然后双方就可以利用该连接进行数据通信。通信完毕后，两端通过关闭连接断开连接。

在建立 TCP 连接之前，应先设置 VI 服务器（位于"工具"→"选项"→"VI 服务器"选项卡），其步骤如下。

（1）VI 服务器端是否选择了 TCP/IP，并指定一个 0～65 535 的端口号，确定服务器在这台计算机上用来监听请求的一个通信信道。

（2）VI 服务器端的机器访问列表中本地装载 VI 程序的计算机必须在允许地址的列表中，可以选择包括特定的计算机或者也可以允许所有的用户访问。

（3）VI 服务器端的导出 VI 中，本地装载 VI 程序的计算机必须在允许地址的列表中，可以选择包括特定的计算机或者也可以允许所有的用户访问。

在用 TCP 节点通信时，需要服务器端与客户端指定端口号，并且两者保持一致，才能进行正确的通信。端口值由用户任意指定，但在一次连接建立后，就不能更改端口的值。如果需要改变端口号，必须先断开连接后，才能重新设置端口的值。

本实例是由服务器程序产生一组 Chirp 数据，利用 TCP 通信传送到客户机程序并显示出来。其服务器端的前面板与程序框图如图 9-7 所示。首先通过"TCP 侦听"函数在指定端口 8011 监听是否有客户端请求连接，当客户端发出连接请求后，进行主循环发送数据，最后关闭连接。

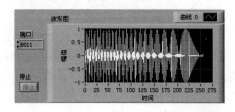

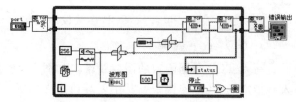

图 9-7　TCP 通信的服务器端

图 9-8 所示为 TCP 通信的客户端。首先通过"打开 TCP 连接"函数向服务器端发送连接请求并建立连接,建立连接后进入主循环接收数据,最后关闭连接。

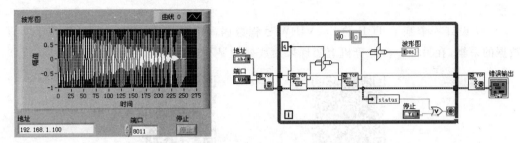

图 9-8 TCP 通信的客户端

双机通信流程图如图 9-9 所示。

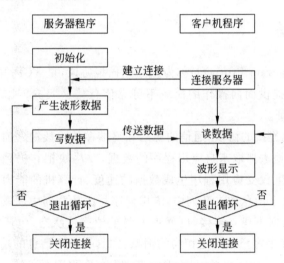

图 9-9 双机通信流程图

运行程序时,必须先运行服务器再运行客户端。在程序中需要注意的是:

(1) 由于"写入 TCP 数据"函数的数据输入只能是字符串,因此需要通过"强制类型转换"函数或"平化至字符串"函数将数据类型转换为字符串。同样,在接收端需要再通过"强制类型转换"函数或"从字符串还原"函数将字符串还原为原始数据,其中这些函数均位于"函数"→"编程"→"数值"→"数据操作"子选板或在"函数"→"数学"→"数值"→"数据操作"子选板上。

(2) 由于 TCP 传递的数据没有结束符,因此最好在数据发送前先发送该数据包的长度给接收端,接收获知数据包的长度后才能知道应该从发送端读出多少数据。

在示例中只是进行了简单的服务器端发送数据,客户端接收数据。实际上,服务器与客户端可以同时进行交互式通信,即服务器可以在向客户端发送数据的同时接收客户端的数据,客户端也是如此。因为 TCP 自动管理数据分组、队列等,因此不会造成冲突。

【实训练习】

（1）编写一个 LabVIEW 程序，利用 TCP 实现两台计算机间文本数据的点对点通信。

（2）设计一个基于 TCP 的 LabVIEW 远程数据采集系统，要求在一台计算机上实现数据的采集，在另外一台计算机上实现采集数据的显示。

实训练习（1）.mp4　　　　　　　　实训练习（2）.mp4

9.2　UDP 通信

UDP(User Datagram Protocol)称为用户数据报协议，是 TCP/IP 体系结构中一种无连接的传输层协议，提供面向操作的简单不可靠信息传送服务。作为一种传输层协议，UDP 有以下 4 个特征。

（1）它是一个无连接的协议，通信的源端和终端在传输数据之前不需要建立连接，当它想传送时，就简单地去抓取来自应用程序的数据，并尽快把它扔到网络上。在发送端，UDP 传送数据的速度仅受应用程序生成数据的速度、计算机的能力和传输带宽的限制；在接收端，UDP 把每个消息放在队列中，应用程序每次从队列中读取一个消息段。

（2）由于传输数据不建立连接，也就不需要维护连接状态，包括收发状态，因此一个服务器可以同时向多个客户机传送相同的消息，即具有广播信息的功能。

（3）UDP 信息包的标题很短，只有 8 字节，相对于 TCP 的 20 字节，信息包很小。

（4）吞吐量不受拥挤控制算法的调节，只受应用程序生成数据的速度、发送和接收端计算机的能力和传输带宽的限制。

9.2.1　UDP 函数节点

LabVIEW 中的 UDP 函数位于"函数"→"数据通信"→"协议"→UDP 子选板上，如图 9-10 所示。UDP 使用报头中的校验值保证数据的安全。校验值首先在数据发送方通过特殊的算法计算得出，在传递到接收端后，还需要重新计算，如果某个数据包在传输过程中由于线路噪声或者被第三方篡改等原因受到破坏，发送端与接收端的校验计算值会不相符，由此 UDP 可以检测是否出错。这与 TCP 是不同的，后者要求必须具有校验值。下面对各个函数进行简要说明。

1. 打开 UDP

该函数用于打开"端口"或"服务名称"的 UDP 套接字，为发送数据或接收数据做准备。其图标及端口如图 9-11 所示。

图 9-10 UDP 子选板

2. 打开 UDP 多点传送

该 VI 用于打开"端口"上的 UDP 多点传送套接字。该 VI 是一个多态 VI(只读、只写、读写或自动),使用时必须手动选择所需多态实例。其端口"多点传送地址"指定要加入的多点传送组的 IP 地址,如未指定地址,则无法加入多点传送组,返回的连接为只读。多点传送组地址的取值范围是 224.0.0.0~239.255.255.255。其图标及端口如图 9-12 所示。

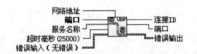

图 9-11 打开 UDP 函数的图标及端口

图 9-12 打开 UDP 多点传送函数的图标及端口

3. 读取 UDP 数据

读取 UDP 数据函数的图标及端口如图 9-13 所示,该函数从 UDP 套接字读取数据报,并通过"数据输出"端口返回结果。函数在收到字节后返回数据,否则等待完整的毫秒超时。其主要端口的含义如下。

(1) 最大值:读取字节数量的最大值,默认值为 548。

(2) 数据输出:包含从 UDP 数据报读取的数据。

(3) 端口:发送数据报的 UDP 套接字的端口。

(4) 地址:产生数据报的计算机的地址。

4. 写入 UDP 数据

写入 UDP 数据函数的图标及端口如图 9-14 所示,该函数的功能是把数据写入远程 UDP 套接字。其主要端口的含义如下。

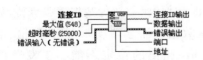

图 9-13 读取 UDP 数据函数的图标及端口

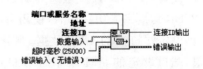

图 9-14 写入 UDP 数据函数的图标及端口

(1) 端口或服务名称:可接受数值或字符串输入。端口或服务名称指定要写入的端口。如指定服务名称,LabVIEW 将向 NI 服务定位器查询所有服务注册过的端口号。

(2) 地址:是要接收数据报的计算机的地址。

(3) 数据输入:包含写入至 UDP 套接字的数据。在以太网环境中,数据限制为 8192

字节。在本地通话环境中，数据限制在 1458 字节以保持网关的性能。

5. 关闭 UDP

该函数用于关闭 UDP 套接字，其图标及端口如图 9-15 所示。

从各函数节点可以看出，UDP 函数使用套接字的方式进行数据通信。所谓套接字简单来说是通信两方的一种约定，用套接字中的相关函数来完成通信过程，它是一种 IP 地址、端口号和传输层协议的组合体。套接字主要有流格式套接字、数据报格式套接字和原

图 9-15　关闭 UDP 函数的图标及端口

始格式套接字三种类型，每一种类型分别代表了不同的通信服务，UDP 传输采用的是数据报格式套接字。

9.2.2　UDP 编程实例

下面以点对点的通信实例介绍 UDP 通信编程。UDP 通信发送端的前面板和程序框图如图 9-16 所示。在发送端，首先设定发送端的端口，并用"打开 UDP"函数打开端口或服务名称的 UDP 套接字，为发送做准备。当 UDP 套接字成功打开后，根据设定的"接收地址"和"接收端口"利用"写入 UDP 数据"函数即可将"数据输入端"的数据发送到指定接收地址和接收端口上。与 TCP 通信不同的是，此时无论接收端是否准备好接收数据，数据都将发送到网络上，如果接收端准备好接收数据，则数据能够接收到，否则数据将被丢弃。

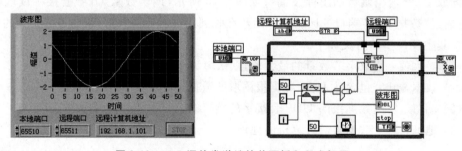

图 9-16　UDP 通信发送端的前面板和程序框图

图 9-17 所示为 UDP 通信接收端的前面板和程序框图。在接收端程序中，首先设定数据的接收端口，并用"打开 UDP"函数打开端口或服务名称的 UDP 套接字，为接收做准备。当 UDP 套接字成功打开后，使用"读取 UDP 数据"函数执行数据接收等待，如有发送到本机设定端口上的 UDP 数据，则开始读取数据。注意，"读取 UDP 数据"函数的"最大值"端口设定的是读取字节数量的最大值，此值的设定不能小于发送数据的长度。

【实训练习】

编写一个 LabVIEW 程序，利用 UDP 实现两台计算机之间文本数据的点对点通信。

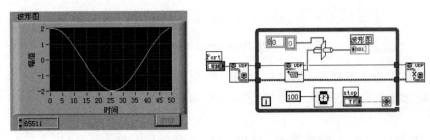

图 9-17　UDP 通信接收端的前面板和程序框图

9.3　DataSocket 通信技术

9.3.1　DataSocket 技术简介

DataSocket 是一种 LabVIEW 专用的通信技术，其最大好处是利用自带的 DataSocket 服务器进行数据的传输和通信，是专门为新一代的测试技术和自动化生产所开发的工具，可以用于计算机内部或网络中的多个应用程序之间的数据交换。至于参与交换的应用程序是位于本机，还是位于网络中其他客户机的区别仅在于编程时 URL 地址的不同。虽然已经有了 TCP/IP、DEE 等多种用于应用程序之间数据共享的技术，但这些都不是用于实时数据传输的，只有 DataSocket 技术是一项在测量和自动化应用中用于共享和发布实时数据的技术。在不同的应用程序中实现实时数据共享在许多领域特别是在工业控制领域有着重要的意义。

1. DataSocket 的特点

DataSocket 技术是 NI 公司推出的面向测量和自动化领域的网络通信技术，它源于 TCP/IP 并对其进行了高度封装，用于共享和发布实时数据。在应用过程中，用户只需要知道数据源和目的地及需要交换的数据，就可以直接进行高层应用程序的开发，实现高速数据传输，而不必关心底层的实现细节，从而简化了通信程序的编写过程，提高编程效率。

DataSocket 技术以自己特有的编码格式传输各种类型的数据，包括字符串、数字、布尔量及数组等 LabVIEW 中任意类型的数据，还可以在现场数据和用户自定义属性之间建立联系一起传输。它为共享与发布现场测试数据提供了方便易用的高性能编程接口。

DataSocket 作为一种编程技术，可应用于任何编程环境，同时支持多种协议。对于现场数据的传输，DataSocket 支持 NI-PSP、DSTP、OPC 等协议，除现场数据传输以外，DataSocket 也支持 HTTP、FTP 和文件访问。

2. DataSocket 传递数据的方式

DataSocket 的数据传输分为两部分：DataSocket 服务器（DataSocket Server）和 DataSocket 应用程序接口（DataSocket API）。使用 DataSocket 传输数据的过程如图 9-18 所示。

在图 9-18 中，数据发布 VI 和数据订户 VI 都是 DataSocket Server 的客户，数据发布 VI 往 DataSocket Server 中写入数据，数据订户 VI 从 DataSocket Server 中读取数据。一

图 9-18　使用 DataSocket 传输数据的过程

个 VI 既可以作为数据发布 VI，又可以同时作为数据订户 VI。数据发布 VI 和数据订户 VI 传输数据有两种形式：一种是使用图形程序代码；另一种是前面板对象的数据绑定。

通过编程的方法传输数据时，使用 DataSocket API 和 DataSocket Server 通信。DataSocket API 提供多语言编程和多数据类型通信的接口，把测量数据转换为适合在网络上传输的数据流。

3. DataSocket Server 配置

DataSocket Server 是一个小巧的独立运行的程序，发送程序通过它进行数据的输出，接收程序通过它接收数据。DataSocket Server 位于"开始"菜单→"所有程序"→National Instruments→DataSocket。

DataSocket Server 主要用来显示当前主机名，连接到 DataSocket Server 上的任务数和发送、接收的数据包数目，界面如图 9-19 所示。在 LabVIEW 中，进行 DataSocket 通信之前必须首先运行 DataSocket Server。

DataSocket Server Manager 也是一个独立运行的程序，与 DataSocket Server 同在一个目录中，用来配置 DataSocket Server，其窗口左边是设置项，右边是所设置项的说明，如图 9-20 所示。

图 9-19　DataSocket Server 界面

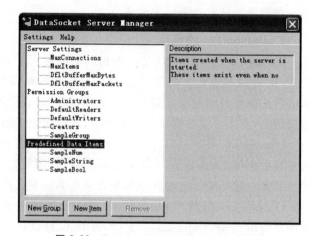

图 9-20　DataSocket Server Manager 配置

1）Server Settings（服务器设置）

设置服务器如下参数：连接的客户端程序的最大数目（MaxConnections）、创建数据项的最大数目（MaxItems）、数据项缓冲区最大字节数大小（DfltBufferMaxBytes）和数据项缓冲区最大包的数目（DfltBufferMaxPackets）。

2）Permission Groups（用户组）

设置用户组和用户，用来区分用户创建和读写数据的权限，限制身份不明客户对服务器进行访问和攻击。默认用户组有管理员组（Administrators）、数据项读取组（DefaultReaders）、数据项写入组（DefaultWriters）、数据项创建组（Creators）。除系统定义的用户组外，用户也可以通过按钮 New Group 添加新的用户组。

3）Predefined Data Items（预定义数据项）

设置预定义数据项，相当于自定义变量的初始化，通过按钮 New Item 可以添加数据项，即添加自定义变量。图中预定义了三个数据项 SampleNum、SampleString 和SampleBool，分别为数值、字符串和布尔型，值分别为"3.14159""abc"和"True"。

9.3.2 DataSocket 节点

DataSocket 节点位于"函数"→"数据通信"→DataSocket 子选板上，如图 9-21 所示。下面对其中的节点分别进行介绍。

图 9-21 DataSocket 子选板

1. 打开 DataSocket

打开 DataSocket 函数的图标及端口如图 9-22 所示，该函数节点用于打开在 URL 中指定的数据连接。其端口的含义如下。

1）URL

URL 用于设置数据连接的网络地址。
URL 以读写数据要使用的协议名称开始，例如 psp、dstp、opc、ftp、http 和 file。具体使用何种协议，取决于写入数据的类型及网络配置。

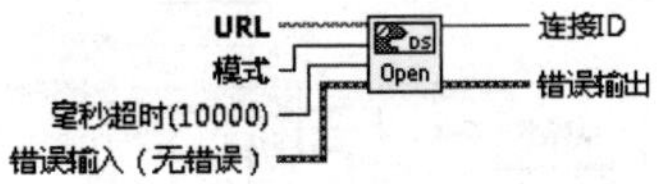

图 9-22 打开 DataSocket 函数的图标及端口

- psp：NI 专有的数据传输协议，应用于网络和本地计算机之间传输数据。使用该协议时，VI 通过共享变量引擎（SVE）进行通信。使用 psp 可将共享变量与服务器或设备上的数据项相连接，用户需为数据项命名并把名称追加到 URL，数据连接将通过这个名称从共享变量引擎（SVE）找到某个特定的数据项，格式为 psp://computer/library/shared_variable，psp://computer/process/data_item。

- dstp（DataSocket 传输协议）：使用该协议时，VI 将与 DataSocket 服务器通信。必须为数据提供一个命名标签并附加于 URL，数据连接按照这个命名标签寻找 DataSocket 服务器上某个特定的数据项。要使用该协议，必须运行 DataSocket Server。格式为 dstp://servername/data_item。

- opc（过程控制 OLE）：专门用于共享实时生产数据，如工业自动化操作中产生的数据。该协议须在运行 OPC 服务器时使用，格式为 opc:\\computer\National Instruments.OPCModbus\Modbus Demo Box.4:0。

- ftp（文件传输协议）：用于指定一个 FTP 服务器以从中读取数据的文件，格式为 ftp://server/directory/file

注意：使用 DataSocket 函数从 FTP 站点读取文本文件时，需要将[text]添加到 URL 的末尾。

- file：用于提供指向含有数据的本地文件或网络文件的链接，格式为 file:ping.wav，file:\\computer\mydata\ping.wav。
- http：用于提供指向含有数据的网页的链接，格式为 http://website。

2）模式

模式用于指定通过数据连接进行的操作。对数据连接进行的操作有：read、write、read/write、buffered read、buffered read/write，默认值为 read。使用读取 DataSocket 函数读取服务器写入的数据时，需使用缓冲。

3）毫秒超时

毫秒超时用于指定等待 LabVIEW 建立连接的时间，以毫秒（ms）为单位，默认值为 10 000ms(10s)。值为−1 时，函数将无限等待；值为 0 时，LabVIEW 将不建立连接，并返回错误 56。

4）连接 ID

用于唯一标识数据连接。

2. 读取 DataSocket

读取 DataSocket 函数的图标及端口如图 9-23 所示，该函数节点的功能是将客户端缓冲

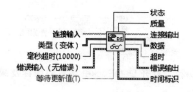

图 9-23　读取 DataSocket 函数的图标及端口

区（与"连接输入"中指定的连接相关）的下一个可用数据移出队列并返回该数据。其主要端口的含义如下。

（1）连接输入：指定要读取的数据源，可以是描述 URL 的字符串、共享变量控件、打开 DataSocket 函数的连接 ID 引用参数输出，或写入 DataSocket 函数的连接输出参数。

（2）类型（变体）：指定要读取数据的类型，并定义数据输出接线端的类型。默认类型为变体，即任意类型。将任意数据类型连线至输入端即可定义输出数据类型，LabVIEW 将忽略输入数据的值。

（3）毫秒超时：指定用于等待连接缓冲区中可用更新值的时间。如等待更新值的值为 False 且初始值已到达，函数将忽略该输入并取消等待。默认值为 10 000ms(10s)。

（4）等待更新值：如设置为 True，函数将等待更新值。如连接缓冲区包含未处理的数据，函数将立即返回下一个可用值。否则，函数将等待毫秒超时以获取更新。如在超时周期内未出现新的值，函数将返回当前值并将超时设置为 True。如等待更新值的值为 False，函数将返回连接缓冲区中的下一个可用值，如无可用值，将返回前一个值。

（5）状态：报告来自 PSP 服务器或 FieldPoint 控制器的警报或错误。如第 31 位是 1，则状态表明发生错误。否则，状态是状态代码。

（6）质量：从共享变量或 NI 发布-订阅协议（NI-PSP）数据项读取的数据质量。质量的

值可用于调试 VI。

(7) 连接输出：指定数据连接的数据源。

(8) 数据：读取的数据。如函数超时，数据将返回函数最后读取的值。如函数在尚未读取数据前就已经超时，或者数据类型不兼容，数据将返回 0、空或等同的值。

(9) 超时：如函数等待更新值或初始值时超时，则值为 True。

(10) 时间标识：返回共享变量和 NI 发布-订阅协议（NI-PSP）数据项的时间标识数据。

3. 写入 DataSocket

写入 DataSocket 函数的图标及主要端口如图 9-24 所示，该函数节点的功能是将数据写入"连接输入"指定的连接。数据可以是单个或数组形式的字符串、逻辑（布尔）量和数值等多种类型。其端口的含义如下。

(1) 连接输入：标识要写入的数据项。连接输入是描述 URL 或共享变量控件的字符串。

(2) 数据：向打开的连接中写入数据。数据可以是 LabVIEW 中任意类型的数据。

(3) 毫秒超时：指定函数用于等待操作完成的时间，以毫秒（ms）为单位。默认值为0，即函数不等待操作完成。值为 −1 表示函数将一直等待直到操作完成。

(4) 连接输出：指定数据连接的数据源。

(5) 超时：操作在超时区间内完成且没有错误发生时，值为 False。如毫秒超时的值为 0，超时的值将永远为 False。

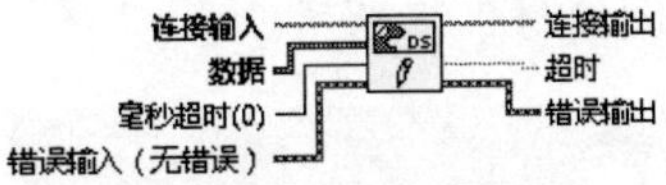

图 9-24 写入 DataSocket 函数
的图标及端口

4. 关闭 DataSocket

关闭 DataSocket 函数的图标及端口如图 9-25 所示，该函数节点用于关闭在连接 ID中指定的数据连接。其端口的含义如下。

(1) 连接 ID：唯一标识连接的连接引用句柄。

(2) 毫秒超时：指定函数等待待定的操作完成的时间，以毫秒（ms）为单位，默认值为0，即函数不等待操作完成。值为 −1 表示函数将一直等待直到操作完成。

(3) 超时：操作在超时区间内完成且没有错误发生时，值为 False。如毫秒超时的值为 0，超时的值将永远为 False。

5. DataSocket 选择 URL

DataSocket 选择 URL VI 的图标及端口如图 9-26 所示，该 VI 的功能是显示对话框，使用户选择数据源并返回该数据的 URL。该 VI 仅适用于对象 URL 未知，且希望通过对话框搜索数据源或终端的情况。其主要端口的含义如下。

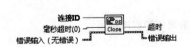

图 9-25 关闭 DataSocket 函数的图标及端口

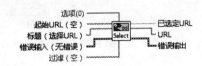

图 9-26 DataSocket 选择 URL VI 的图标及端口

（1）选项：确定是否在浏览器中显示 PSP（输入 1）、DataSocket 项（输入 2）或 OPC 项（输入 4）。组合值用于显示不同类型的项。例如，输入 3 可显示 PSP 和 DataSocket 项，输入 7 可显示所有类型。默认值为 0。

（2）起始 URL：指定用于打开对话框的 URL。起始 URL 可以为空、协议（例如，file:）或整个 URL。

（3）标题：对话框的标题。

（4）过滤：输入对话框使用的过滤值。过滤目前仅对文件有效。

（5）已选定 URL：如已经选择有效的数据源，则值为 True。

（6）URL：提供选定数据源的 URL。"已选定 URL"的值为 True 时，该值有效。

9.3.3 DataSocket 编程实例

1. DataSocket 应用示例 1

本例用来说明 DataSocket 函数的使用方法，包括写入数据 VI 和读取数据 VI。写入数据 VI 利用三角波形 VI 产生一个波形数组，再利用写入 DataSocket 函数节点将数据发布到 URL"dstp://localhost/data"指定的位置中。DataSocket 写入数据 VI 的前面板和程序框图如图 9-27 所示。

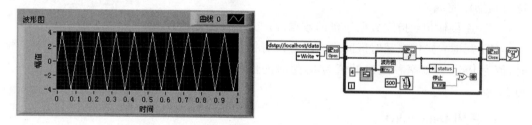

图 9-27　DataSocket 写入数据 VI 的前面板和程序框图

读取数据 VI 利用读取 DataSocket 函数将数据从 URL 为"dstp://192.168.1.101/data"指定的位置读出，并用波形图显示。DataSocket 读取数据 VI 的前面板和程序框图如图 9-28 所示。注意，在利用上述两个 VI 进行 DataSocket 通信之前，必须在服务器端先运行 DataSocket Server。

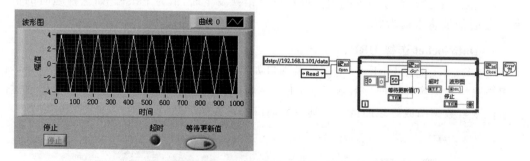

图 9-28　DataSocket 读取数据 VI 的前面板和程序框图

在写入数据 VI 中,打开 DataSocket 函数的 URL 为 localhost,说明该 VI 运行在服务器上。在读取数据 VI 中,打开 DataSocket 函数的 URL 为 IP 地址 192.168.1.101,说明客户机与服务器处在同一网络中。data 用来表明数据项。

2. DataSocket 应用示例 2

本例用更加简单的方法来完成 DataSocket 通信,就是利用前面板对象的"数据绑定"属性,如图 9-29 所示给出波形图的属性选项卡。该属性选项卡用于将前面板对象绑定至网络发布项目以及网络上的 PSP 数据项。

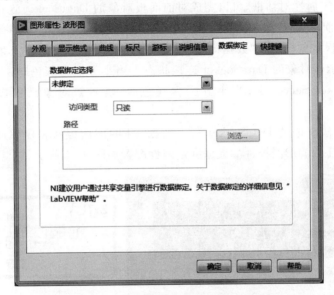

图 9-29　前面板对象的数据绑定选项

(1) 数据绑定选择下拉列表框用于指定用于绑定对象的服务器,它包括 3 个选项:未绑定、共享变量引擎(NI-PSP)和 DataSocket。

"未绑定"选项说明指定对象未绑定至网络发布的项目或 NI 发布-订阅协议(PSP)数据项。

"共享变量引擎(NI-PSP)"选项适用于 Windows 操作系统,通过共享变量引擎,将对象绑定至网络发布的项目或网络上的 PSP 数据项。

DataSocket 选项用于通过 DataSocket 服务器、OPC 服务器、FTP 服务器或 Web 服务器,将对象绑定至一个网络上的数据项。如需为对象创建或保存一个 URL,应创建一个共享变量,而无须使用前面板 DataSocket 数据绑定。

(2) 访问类型下拉列表指定 LabVIEW 为正在配置的对象设置的访问类型,包括 3 个选项:只读、只写和读写。

"只读":指定对象从网络发布的项目中读取数据,或从网络上的 PSP 数据项读取数据。

"只写":指定对象在网络发布的项目或网络上的 PSP 数据中写入数据。

"读写":指定对象在网络发布的项目或网络上的 PSP 数据项中读取和写入

数据。

（3）路径文本框指定与当前配置的共享变量绑定的共享变量或数据项的路径。NI发布-订阅协议（NI-PSP）数据项的路径由计算机名、数据项所在的进程名，以及数据项名组成：\\computer\process\data_item。

（4）"浏览"按钮用于显示"文件"对话框或"选择源项"对话框，浏览并选择用于绑定对象的共享变量或数据项。单击按钮时显示的对话框由"数据绑定选择"栏中选定的值确定。

利用数据绑定属性对话框，可以完成对前面板对象的 DataSocket 连接配置。这样不需要编程，这个前面板对象就可以直接进行 DataSocket 通信了。注意，如果为一个 LabVIEW 前面板对象设置了"数据绑定"属性，这个前面板对象的右上角就会出现一个小方框，用于显示该对象的 DataSocket 连接状态。当小方框为灰色时，表示该对象没有连接到 DataSocket Server 上；当小方框为绿色时，表示该对象已连接到 DataSocket Server 上。

按照上述方法改进的 DataSocket 写入数据 VI 的前面板和程序框图，如图 9-30 所示。写入数据 VI 中波形图控件的数据绑定属性配置如图 9-31 所示。

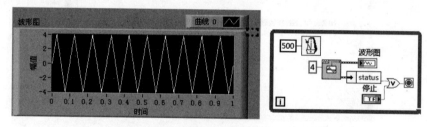

图 9-30　DataSocket 写入数据 VI 示例

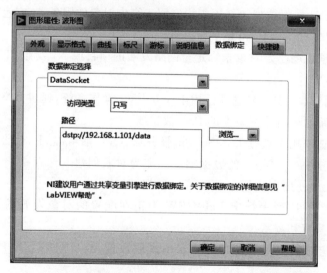

图 9-31　写入数据 VI 中波形图控件的数据绑定属性配置

DataSocket 读取数据 VI 的前面板和程序框图如图 9-32 所示。将"波形图"控件绑定为 DataSocket 通信节点后，可以看出程序框图非常简单。读取数据 VI 中波形图控件的数据绑定属性配置如图 9-33 所示。

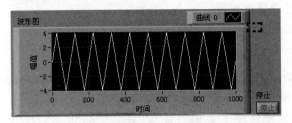 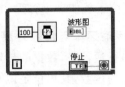

图 9-32 DataSocket 读取数据 VI 的前面板和程序框图

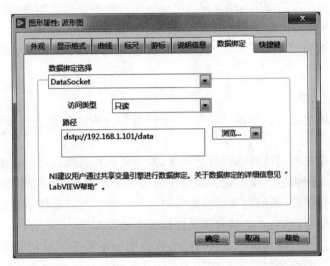

图 9-33 读取数据 VI 中波形图控件的数据绑定属性配置

【实训练习】

使用 DataSocket 编程在两台计算机之间传输文本数据和数值型数据。

实训练习.mp4

9.4 串行通信

串行通信是一种常用的传统数据传输方式，早期的仪器、单片机等均使用串口与计算机进行通信，目前也有不少仪器仪表仍然使用串口与计算机进行通信。它的通信方式主要有 RS-232 和 RS-485 两种。

9.4.1 串行通信概述

1. 串行通信的基本概念

串行通信就是将数据分解成二进制位（0、1）用一条信号线按顺序逐位传送的方式。在发送过程中，每发送完一个数据，再发送第二个，依此类推。接收数据时，每次从单根数据线上一位一位地依次接收,再把它们拼成一个完整的数据。串行通信的特点如下。

（1）通信线路简单,只要一对传输线就可以实现双向通信,从而极大地降低成本,特别适用于远距离数据传送,但传送速度较慢。

（2）抗干扰能力十分强,其信号间的互相干扰完全可以忽略。

2. 传输速率与传输距离

在串行通信中,数据的传输速率用波特率（Bd）表示。波特率是指单位时间内传送二进制数据的位数,其单位是位/秒（b/s）,规定的波特率有 110、300、600、1200、2400、4800、9600、19 200 和 115 200 等。就仪器或工业场合而言,4800、9600b/s 是最常见的传输速率。

传输距离是指发送端和接收端之间直接传送串行数据的最大距离（误码率在允许的范围内）,它与传输速率及传输介质的电气特性有关,传输距离往往随传输速率的增大而减小。

例如,一般应用情况下,RS-232C 的最高传输速率为 20kb/s、最大传输线长度为 30m。

3. 串行通信方式

依据时钟控制数据发送和接收的方式,串行通信分为同步通信和异步通信两种基本方式。

同步通信是指在相同的数据传输速率下,发送端和接收端的通信频率保持严格同步。收发双方的同步靠同步字符来完成。同步传输以一个数据块（帧）为传输单位,在帧头部加 1 个或 2 个同步字符,帧的尾部以校验字符结束。由于不需要使用起始位和停止位,可以提高数据的传输速率,但发送器和接收器的成本较高。

异步通信是指发送端和接收端在相同的波特率下不需要严格的同步,允许有相对的时间延迟,即收、发两端的频率偏差在 10% 以内,就能保证正确通信。但是,为了有效地进行通信,通信双方必须遵从统一的通信协议,即采用统一的数据传输格式、相同的数据传输速率和相同的纠错方式。

串行异步通信规定每个数据以相同的位串形式传输,数据由起始位、数据位、奇偶校验位和停止位组成,其位串格式如图 9-34 所示。

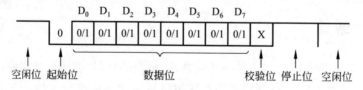

图 9-34 异步串行通信数据位串格式

起始位：每个字符开始传送的标志,起始位采用逻辑 0 电平。

数据位：数据位紧跟着起始位传送。由 5～8 个二进制位组成,采用先低位后高位的顺序逐位传送。

校验位：用于校验是否传送正确；可选择奇检验、偶校验或不传送校验位,由程序指定。

停止位：表示该字符传送结束。停止位采用逻辑 1 电平，可选择 1、1.5 或 2 位。

空闲位：传送字符之间的逻辑 1 电平，表示没有进行传送。

4．校验方式

奇偶校验是以字符为单位进行校验。在每一个字符传输过程中，增加一位作为校验位，该位是 1 或 0 应能保证字符中 1 的个数是奇（奇校验）或偶（偶校验）。

奇校验：校验位 $= D_0 + D_1 + \cdots + D_n + 1$

偶校验：校验位 $= D_0 + D_1 + \cdots + D_n$

例如，采用串行异步通信方式传送 ASCII 码字符"5"，规定：7 位数据位，一位偶检验位，一位停止位，无空闲位。由于"5"的 ASCII 码为 35H，对应的 7 位数据位为 0110101，按照低位在前高位在后的顺序就为 1010110，前面加一位起始位 0，后面配一位偶校验位 0，最后加一位停止位 1，因此传送的字符格式为 0101011001。

在使用异步串行通信实现数据传输时必须指定 4 个参数：传送的波特率、字符的编码形式、可选奇偶校验位的奇偶性和停止位数。

9.4.2 LabVIEW 串行通信节点

串口 VI 和函数位于"函数"→"仪器 I/O"→"串口"子选板或"函数"→"数据通信"→"协议"→"串口"子选板上，如图 9-35 所示。"串口"子选板共包括 8 个节点，分别实现初始化串口、串口写、串口读、检测串口缓存、中断以及关闭串口等功能。

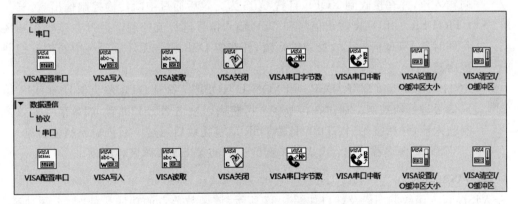

图 9-35 "串口"子选板

1．VISA 配置串口

VISA 配置串口 VI 的图标及端口如图 9-36 所示，该 VI 节点的功能是使"VISA 资源名称"指定的串口按特定设置初始化。该节点是一个多态 VI，通过将数据连线至"VISA 资源名称"输入端可确定要使用的多态实例，也可手动选择实例。其主要端口的含义如下。

（1）启用终止符：使串行设备做好识别"终止符"的准备。

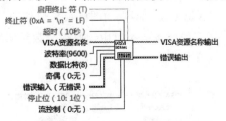

图 9-36 VISA 配置串口 VI 的图标及端口

（2）终止符：通过调用终止读取操作。

（3）超时：设置读取和写入操作的超时值，以毫秒(ms)为单位，默认值为10000。

（4）VISA资源名称：指定要打开的资源。

（5）波特率：传输速率。默认值为9600。

（6）数据比特：输入数据的位数。数据位的值介于5和8之间。默认值为8。

（7）奇偶：指定要传输或接收的每一帧所使用的奇偶校验。包括0(no parity)、1(odd parity)、2(even parity)、3(mark parity)和4(space parity)。

（8）停止位：指定用于表示帧结束的停止位的数量。包括10(1位)、15(1.5位)和20(2位)。

（9）流控制：设置传输机制使用的控制类型。选项包括：

- None：不使用流控制机制。假定该连接两边的缓冲区都足够容纳所有的传输数据。
- XON/XOFF：用XON和XOFF字符进行流控制。通过在接收缓冲区将满时发送XOFF控制输入流，并在接收到XOFF后通过中断传输控制输出流。
- RTS/CTS：用RTS输出信号和CTS输入信号进行流控制。通过在接收缓冲区将满时置RTS信号无效控制输入流，并在置CTS信号无效后通过中断传输控制输出流。
- XON/XOFF and RTS/CTS：用XON和XOFF字符及RTS输出信号和CTS输入信号进行流控制。通过在接收缓冲区将满时发送XOFF并置RTS信号无效控制输入流，并在接收到XOFF且置CTS为无效后通过中断传输控制输出流。
- DTR/DSR：用DTR输出信号和DSR输入信号进行流控制。通过在接收缓冲区将满时置DTR信号无效控制输入流，并在置DSR信号无效后通过中断传输控制输出流。
- XON/XOFF and DTR/DSR：用XON和XOFF字符及DTR输出信号和DSR输入信号进行流控制。通过在接收缓冲区将满时发送XOFF并置RTS信号无效控制输入流，并在接收到XOFF且置DSR信号无效后通过中断传输控制输出流。

（10）VISA资源名称输出：由VISA函数返回的VISA资源名称的副本。

2. VISA 写入

VISA写入函数的图标及端口如图9-37所示，该函数节点的功能是使"写入缓冲区"的数据写入"VISA资源名称"指定的设备或接口中。其中"写入缓冲区"包含要写入设备的数据，"返回数"包含实际写入的字节数。

3. VISA 读取

VISA读取函数的图标及端口如图9-38所示，该函数节点的功能是从VISA资源名称指定的设备或接口中读取指定数量的字节，并将数据返回至读取缓冲区。其主要端口的含义如下。

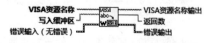

图 9-37　VISA 写入函数的图标及端口

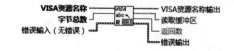

图 9-38　VISA 读取函数的图标及端口

（1）字节总数：要读取的字节数量。

（2）读取缓冲区：包含从设备读取的数据。

（3）返回数：包含实际读取的字节数。

4. VISA 关闭

该函数节点的功能是关闭 VISA 资源名称指定的设备会话句柄或事件对象。其图标及端口如图 9-39 所示。

5. VISA 串口字节数

VISA 串口字节数节点的图标及端口如图 9-40 所示，该节点的功能是返回指定串口的输入缓冲区的字节数。它是一个属性节点，其属性可以通过右键快捷菜单进行设置。

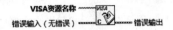

图 9-39　VISA 关闭函数的图标及端口　　　图 9-40　VISA 串口字节数节点的图标及端口

6. VISA 串口中断

VISA 串口中断 VI 的图标及端口如图 9-41 所示，该 VI 的功能是向指定端口发送一个暂停信号。通过连线数据至 VISA 资源名称输入端可确定要使用的多态实例，也可手动选择实例。

7. VISA 设置 I/O 缓冲区大小

VISA 设置 I/O 缓冲区大小函数的图标及端口如图 9-42 所示，该函数节点的功能是设置 I/O 缓冲区大小。如需设置串口缓冲区大小，须先运行 VISA 配置串口 VI。其端口的含义如下。

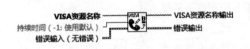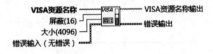

图 9-41　VISA 串口中断 VI 的图标及端口　　　图 9-42　VISA 设置 I/O 缓冲区大小函数的图标及端口

屏蔽：指明要设置大小的缓冲区。16—I/O 接收缓冲区，32—I/O 传输缓冲区，48—I/O 接收和传输缓冲区。

大小：指明 I/O 缓冲区的大小，以字节（B）为单位。大小应略大于要传输或接收的数据数量。如在未指定缓冲区大小的情况下调用该函数，函数可设置缓冲区大小为 4096B。如未调用该函数，缓冲区大小取决于 VISA 和操作系统的设置。

8. VISA 清空 I/O 缓冲区

VISA 清空 I/O 缓冲区函数的图标及端口如图 9-43 所示，该函数节点的功能是清空由"屏蔽"指定的 I/O 缓冲区。其中，"屏蔽"指明要刷新的缓冲区。按位合并缓冲区屏蔽可同时刷新多个缓冲区。逻辑 OR 也称为 OR 或加，用于合并值。接收缓冲区和传输缓冲区分别只用一个屏蔽值。

16(0x10)：刷新接收缓冲区并放弃内容（64(0x40)的功能与之相同）。

32(0x20)：通过使所有缓冲数据写入设备，刷新传输缓冲区并放弃内容。

128(0x80)：刷新传输缓冲区并放弃内容(设备不执行任何I/O)。

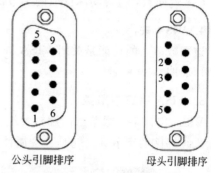

图9-44　9针串口引脚排序

图9-43　VISA清空I/O缓冲区函数的图标及端口

9.4.3　串行通信编程实例

在工程中经常会用到232串口，许多PC的主板上都有一种D形接口，分为25针和9针两种形式。DB-9针型的9针串口一般有公头与母头之分，如图9-44所示。RS-232引脚定义见表9-2。

表9-2　RS-232引脚定义(9针)

引脚编号	缩　写	作　用	方　向
1	DCD	数据载波监测	输入
2	RXD	接收数据	输入
3	TXD	发送数据	输出
4	DTR	数据终端准备就绪	输出
5	GND	信号地	无
6	DSR	数据设备准备就绪	输入
7	RTS	请求发送	输出
8	CTS	清除发送	输入
9	RI	振铃指示	输入

对于DB-9针型的9针串口通信接线方法，最简单的一种是"三线制"，如图9-45所示。

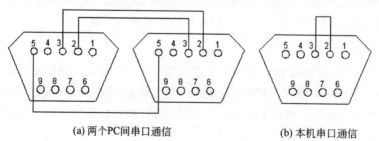

(a)两个PC间串口通信　　　　　(b)本机串口通信

图9-45　最简单的9针串口连接

图 9-46 为一个简单的串口数据发送和接收的应用示例。首先利用"VISA 配置串口"函数节点对串口的资源名称、波特率、数据位、奇偶校验、停止位和流控制进行配置,然后根据写入和读取控制执行串口发送和串口读取操作。如果将写入操作设置为"真(开)",则执行串口写入(发送数据)。如果将读取操作设置为"真(开)",则可以执行串口读取(接收数据)。在写入和读取之间设定了一定的延迟。本示例通过设置"写入""读取"控制,可以分别实现串口写入、读取和读写操作。

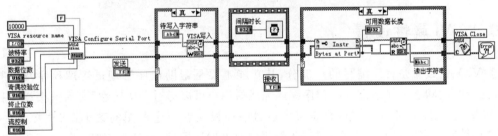

图 9-46 串口通信示例

单个串口同时实现发送和接收程序的测试,可以用数据线将串口的第 2 引脚和第 3 引脚短接(图 9-45(b)),以实现数据的自发自收功能。

思考题和习题

1. 试述 TCP 和 UDP 的基本概念,分析二者的区别。
2. 编写一个基于 UDP 的聊天软件。
3. DataSocket 协议的优点是什么?
4. 什么是串口通信? 串口通信有哪些主要参数?
5. 在 LabVIEW 中编写一个实现串口收发功能的程序。

第 10 章

LabVIEW 常用编程技巧

本章学习目标

- 熟练掌握 VI 属性的设置
- 掌握人机交互界面的设计
- 掌握 LabVIEW 应用程序的制作步骤

在 LabVIEW 编程中,仅掌握 VI 的基本设计和编辑方法往往是不够的,还需要掌握一些编程技巧,这样才能编写出高质量的程序和制作出专业化的界面。本章将对 VI 属性的设置、安装程序制作等方面进行讲述,从而使读者能掌握常用的编程技巧。

10.1 VI 属性设置

VI 属性设置是程序编写的一部分,其功能主要是帮助程序管理员管理程序及控制 VI 运行时的状态和显示方式。程序编译完成后用户可以通过"VI 属性"对话框来设置和查看 VI 的属性或对属性进行自定义。通过前面板或者程序框图的菜单命令"文件"→"VI 属性",或者通过快捷方式 Ctrl+I 都可以打开"VI 属性"对话框,如图 10-1 所示。在"VI 属性"对话框中有 11 种属性类别可以选择,通过属性的设置可以对常规、内存使用、修订历史、窗口外观等进行管理。

10.1.1 "常规"属性页

通过设置常规属性,可以更有效地管理 VI。常规属性窗口是 VI 属性窗口的默认页,如图 10-1 所示。"常规"属性页包括以下几个部分。

(1) 编辑图标:单击该按钮,在弹出的"图标编辑器"对话框中可以对图标进行修改,完成后单击"确定"按钮修改生效。

(2) 当前修订版:显示该 VI 最新的修订号。

(3) 位置:显示 VI 的保存路径。

(4) 源版本:显示最近一次保存 VI 的 LabVIEW 版本。

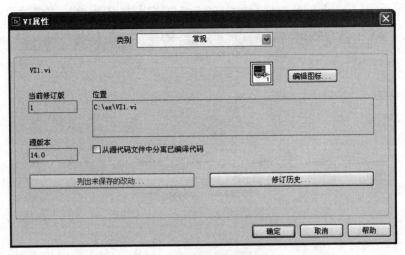

图 10-1 "VI 属性"对话框

（5）列出未保存的改动：单击该按钮弹出"解释改动"对话框，上面列出了上次保存后对 VI 所做的改动和这些改动的详细信息。详细信息包括改动的内容、改动对 VI 执行带来的影响两方面。

（6）修订历史：显示当前程序的所有注释和历史。单击该按钮，弹出如图 10-2 所示的对话框。一个 VI 在设计过程中可能会进行多次修改，为每一次修改添加一定的说明信息，以备日后参考。单击"重置"按钮可以消除原有的版本信息。单击"添加"按钮可以增加一条新的版本信息，在"注释"文本框中可以编写版本说明信息。

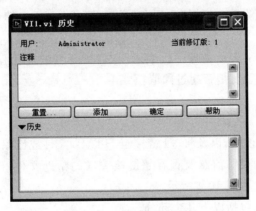

图 10-2 修订历史对话框

10.1.2 "内存使用"属性页

该页用于显示 VI 使用的磁盘和系统内存。编辑和运行 VI 时，内存的使用情况各不相同。内存数据仅显示了 VI 使用的内存，而不反映子 VI 使用的内存。每个 VI 占用的内存根据程序的大小和复杂程度而不同。值得注意的是，程序框图通常占用大多数内存，因此不在编辑程序框图时，用户应保存 VI 并关闭程序框图，从而为其他 VI 释放出空间。

保存并关闭子 VI 前面板同样可以释放内存，"内存使用"属性页如图 10-3 所示。

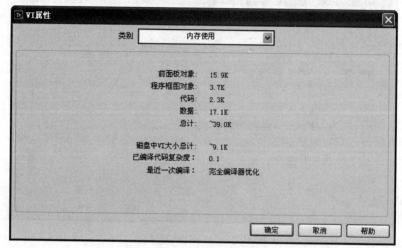

图 10-3 "内存使用"属性页

（1）前面板对象：显示该 VI 前面板占用的内存容量，通常以 KB 为单位。

（2）程序框图对象：显示该 VI 程序框图占用的内存容量，通常以 KB 为单位。

（3）代码：显示该 VI 已编译的代码字节数。

（4）数据：显示该 VI 的数据空间字节数。

（5）总计：显示 VI 所占用的内存总容量。

（6）磁盘中 VI 大小总计：显示 VI 的总文件大小。

（7）已编译代码复杂度：根据"选项"对话框"环境"选项卡编译器优化的设置，指定被引用 VI 的复杂度。

（8）最近一次编译：表示最近一次编译 VI 时编译器的优化程度。该值可用来判断当前 VI 编译代码的复杂度是否超过阈值。

10.1.3 "说明信息"属性页

该页用于创建 VI 说明，以及将 VI 链接至 HTML 文件或已编译的帮助文件，使用户可以在即时帮助中看到说明信息及查看超链接关联的帮助文件，以增进用户对 VI 的理解。"说明信息"属性页如图 10-4 所示。

"说明信息"属性页包括以下几个部分。

（1）VI 说明：在"VI 说明"文本框输入 VI 的描述信息后，当鼠标移至 VI 图标后，描述信息会显示在即时帮助窗口中。

（2）帮助标识符：包含可链接至已编译帮助文件(.chm 或.html)的文件名或主题的索引关键词。

（3）帮助路径：包含从即时帮助窗口链接到 HTML 文件或已编译帮助文件的路径或符号路径。在实际应用中，单击即时帮助窗口中的链接，将自动打开帮助文件。

（4）浏览：打开"选择帮助文件"对话框，从中选择相应的帮助文件。

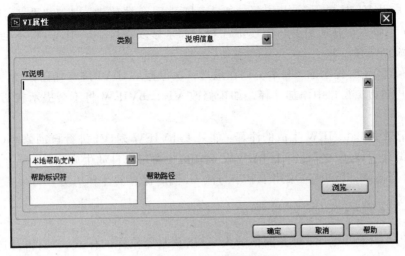

图 10-4 "说明信息"属性页

注意：在 VI 中无法编辑子 VI 的帮助说明信息，如果要为子 VI 添加描述信息，可以先打开子 VI 窗口，然后在子 VI 的"说明信息"属性页中进行编辑。

10.1.4 "修订历史"属性页

该页用于设置当前 VI 的修订历史，如图 10-5 所示。用户可以在这里使用默认的历史设置查看当前 VI 修订历史。如需自定义历史设置，则先取消勾选"使用选项对话框中的默认历史设置"复选框，然后可选择如下 4 种方式的一种或几种设置 VI 的版本信息记录方式。

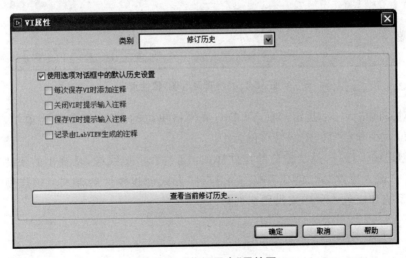

图 10-5 "修订历史"属性页

（1）每次保存 VI 时添加注释：改动 VI 后保存该 VI 时，在历史窗口自动产生一条注释。如果用户没有在弹出的对话框的文本框中填写任何信息，则只在版本信息中添加一个标题。

（2）关闭 VI 时提示输入注释：如 VI 打开后已被修改，即使已保存这些改动，LabVIEW 也将提示在历史窗口中添加注释。如未修改 VI，LabVIEW，将不会提示在历史窗口中添加注释。

（3）保存 VI 时提示输入注释：如在最近一次保存后对 VI 进行任何改动，LabVIEW 将提示用户向历史窗口中添加注释。如未修改 VI，LabVIEW 将不会提示在历史窗口中添加注释。

（4）记录由 LabVIEW 生成的注释：如果 LabVIEW 对 VI 进行自动修改（如在新版本中重新编译 VI），保存 VI 时 LabVIEW 会在历史窗口中自动生成注释。

"查看当前修订历史"选项用于显示与该 VI 同时保存的注释历史。

10.1.5　"编辑器选项"属性页

该页用于设置当前 VI 对齐网格的大小，以及改变控件的样式。"编辑器选项"属性页如图 10-6 所示。"编辑器选项"属性页包括两个部分。

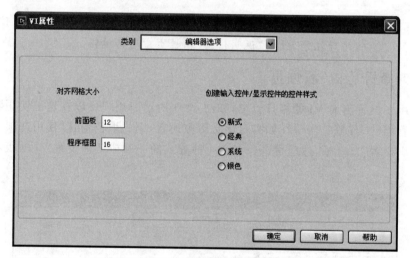

图 10-6　"编辑器选项"属性页

（1）对齐网格大小：指定当前 VI 的对齐网格单位的大小，以像素为单位，包括前面板网格单位大小和程序框图网格单位大小。

（2）创建输入控件/显示控件的控件样式：通过右击接线端，从弹出的快捷菜单中选择"创建"→"输入控件"或"创建"→"显示控件"方式创建控件的样式。该选项提供了新式、经典、系统和银色 4 种样式供用户选择。

10.1.6　"保护"属性页

该页用于设置受密码保护的 VI 选项。通常用 LabVIEW 完成一个实际项目后，编程人员需要对 VI 的使用权限和保护性能进行设置，以避免程序被恶意修改或源代码泄密。LabVIEW 在"保护"属性页中提供了 3 种不同的保护级别，以适应不同的使用场合，如图 10-7 所示。

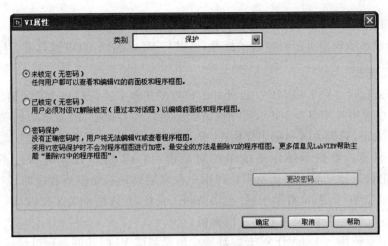

图 10-7　"保护"属性页

（1）未锁定（无密码）：允许任何用户查看并编辑 VI 的前面板和程序框图。

（2）已锁定（无密码）：锁定 VI，用户必须在该页解锁，才能编辑前面板和程序框图。

（3）密码保护：设置 VI 保护密码。选中后弹出输入密码对话框提示输入新密码，以对 VI 进行保护，设定后保存并关闭 LabVIEW。当再次打开刚才保存的 VI 时，用户只能运行此 VI，无法编辑 VI 或查看程序框图。只有输入正确密码，用户才能编辑 VI 或查看程序框图。

（4）更改密码：更改该 VI 的密码。

10.1.7　"窗口外观"属性页

该页用于对 VI 自定义窗口外观，如图 10-8 所示。通过该页的设置，可以自定义程序运行时窗口中需要显示的项目，也可以改变窗口中显示的文字、动作和其他 LabVIEW 窗口的交互方式。"窗口外观"属性页的设置只在程序运行时生效。"窗口外观"属性页包括以下几个部分。

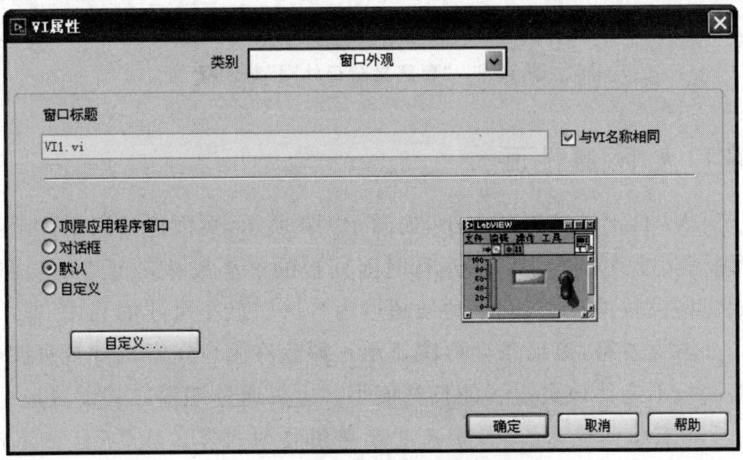

图 10-8　"窗口外观"属性页

1. 窗口标题

窗口标题显示程序运行时窗口的标题，可以与 VI 名相同，也可以自定义标题。

2. 窗口样式

窗口样式包括 3 种 LabVIEW 设计好的窗口样式和一种可以自定义的窗口样式。

（1）顶层应用程序窗口：显示程序窗口的标题栏和菜单栏，隐藏滚动条和工具栏，不能调整窗口大小，只能关闭和最小化窗口，允许运行时快捷菜单，调用时显示前面板。

（2）对话框：类似于操作系统中的对话框，该 VI 窗口打开时用户不能与其他 LabVIEW 窗口进行交互。该选项不妨碍用户在顶层放置其他应用程序的窗口。对话框样式的窗口驻留在顶层，没有菜单栏、滚动条和工具栏，允许用户关闭窗口，但不可调节大小，允许运行时快捷菜单，调用时显示前面板。

（3）默认：使用与 LabVIEW 开发环境中编辑调试 VI 时相同的窗口样式。

（4）自定义：显示用户自定义的窗口模式。选中自定义选项并单击下方的自定义按钮，弹出"自定义窗口外观"对话框，如图 10-9 所示。通过对窗口具体动作选项的勾选可以自定义符合用户需求的窗口外观。用户自定义模式通过适当选择可能产生特殊的外观效果。

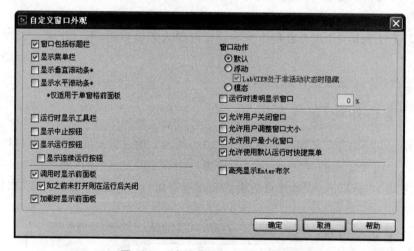

图 10-9 "自定义窗口外观"对话框

10.1.8 "窗口大小"属性页

该页用于对 VI 自定义窗口的大小，如图 10-10 所示，页面包括以下几个部分。

（1）前面板最小尺寸：定义程序运行时前面板的最小尺寸。窗口的长和宽均不能少于 1 像素。如窗格设置得过小，使滚动条超过内容区域最小尺寸的界限，则 LabVIEW 将隐藏滚动条。如增大窗格，滚动条会再次显示。如允许用户在窗口外观页调整窗口尺寸，用户调整后前面板不能比该页设置的长宽值小。也可通过编程方式设置最小尺寸。

注意：对于单窗格的前面板，最小尺寸指单窗格的内容区域（不包括滚动条）。对于多窗格的前面板，最小尺寸指整个前面板（包括任何可见的滚动条）。

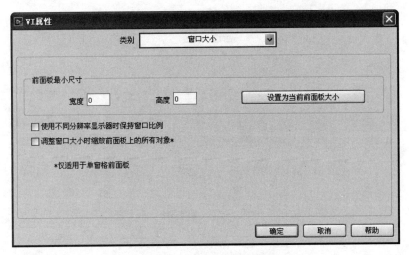

图 10-10 "窗口大小"属性页

"设置为当前前面板大小"是将当前窗口的宽度和高度设置为前面板最小尺寸。

（2）使用不同分辨率显示器时保持窗口比例：在不同显示器分辨率的计算机上打开 VI 时，VI 可调整窗口比例，占用的屏幕空间基本一致。使用该选项的同时，也可缩放一个或多个前面板对象作为调整。如需通过编程根据屏幕分辨率保持前面板窗口的比例，可使用保持窗口比例属性。

（3）调整窗口大小时缩放前面板上的所有对象：按照前面板窗口的比例和尺寸自动调整所有前面板对象的大小。因为字体大小是固定的，所以文本大小保持不变。允许用户调整前面板窗口大小时，可使用该选项。

注意：如在前面板窗口加入分隔栏，则禁用该选项。必须通过右击窗格，在快捷菜单中选择"窗格大小"→"根据窗格缩放所有对象"命令，分别配置每个窗格。

10.1.9 "窗口运行时位置"属性页

该页用于自定义运行时前面板窗口的位置和大小，如图 10-11 所示。"窗口运行时位置"属性页包括以下几个部分。

（1）位置：设置前面板窗口在计算机屏幕的位置，有不改变、居中、最小化、最大化、自定义 5 种类型可供选择。

（2）显示器：如有多个显示器，可指定显示前面板窗口的显示器。该选项仅当"位置"为最大化、最小化或居中时有效。

（3）窗口位置：设置前面板窗口在全局屏幕坐标中的位置。全局屏幕坐标指计算机显示屏幕的坐标，而不是打开窗口的坐标。选定"使用当前位置"，运行时窗口位置不改变。如 VI 运行后才显示前面板，LabVIEW 可使用已保存的窗口位置。如 VI 开始运行时已打开前面板，VI 可保持运行前设置的窗口位置。"上"用于设置前面板上边框在计算机屏幕上的位置，以像素为单位。"左"用于设置前面板左边框在计算机屏幕上的位置，以像素为单位。"设置为当前窗口位置"用于设置当前窗口上边框和左边框的位置。

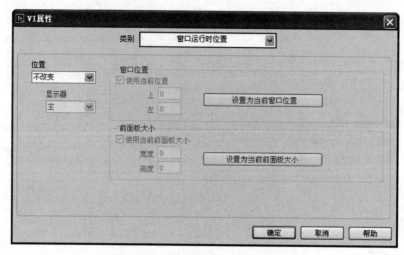

图 10-11 "窗口运行时位置"属性页

（4）前面板大小：设置前面板的大小（不包括滚动条、标题栏、菜单栏和工具栏）。如在窗口大小页指定前面板最小尺寸，则前面板大小必须大于等于前面板最小尺寸。选定"使用当前前面板大小"项，运行时不改变前面板的大小。如 VI 运行后才显示前面板，LabVIEW 可使用已保存的前面板大小。如 VI 开始运行时已打开前面板，VI 可保持运行前设置的前面板大小。"宽度"用于设置前面板的宽度，以像素为单位。"高度"用于设置前面板的高度，也以像素为单位。"设置为当前前面板大小"项用于以像素为单位设置当前前面板的宽度和高度尺寸。

10.1.10 "执行"属性页

该页用于在 LabVIEW 中设置 VI 的优先级别和为多系统结构的 VI 选择首选执行系统，如图 10-12 所示。"执行"属性页包括以下几个部分。

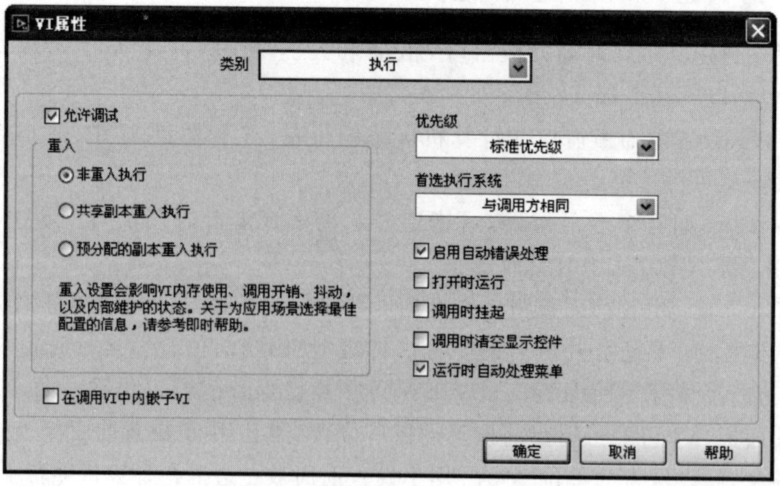

图 10-12 "执行"属性页

1. 允许调试

允许调试 VI。例如,设置断点、创建探针、启用高亮显示执行过程和单步执行。取消勾选该选项可减少内存需求,使运行性能略有提高。也可使用允许调试属性,通过编程调试 VI。

2. 重入

显示 VI 的多个实例是否能同步执行。默认情况下,VI 是不可重入的。对 VI 的调用必须等待其他调用停止后才能开始。要允许 VI 同时被多个调用方调用,可选择重入执行选项。

(1) 非重入执行:对 VI 的调用按顺序进行,占用的内存最少。该选项还能使所有对 VI 的调用共享一个状态,在两次调用之间保存控件和未初始化移位寄存器的值。如要在实时操作系统中运行 VI,请选择预分配的副本重入执行。

(2) 共享副本重入执行:允许同时调用 VI 并行执行,内存占用相对较小。为了减少内存占用,该类重入机制下,各次调用重用了 VI 副本。如 VI 调用发生时,所有副本都被使用,LabVIEW 会为当次 VI 调用分配一个新的副本。因为这种分配是按需要发生的,所以会产生程序执行时间上的抖动。如要在实时操作系统中运行 VI,请选择预分配的副本重入执行。

(3) 预分配的副本重入执行:允许同时并行调用 VI,减少调用造成的开销和抖动。该类重入机制下,每次调用 VI 前都会预分配该 VI 的副本,所以每次 VI 调用都能保留其状态、控件和不初始化的移位寄存器的值。该重入机制下,内存的开销比共享重入副本模式下稍大。

3. 在调用 VI 中内嵌子 VI

指定是否在调用 VI 中内嵌子 VI。

4. 优先级

设置 VI 在 LabVIEW 执行系统中运行的优先顺序。该选项用于使应用程序中关键 VI 的优先级设置高于其他 VI。如优先级更高的 VI 调用该 VI,该 VI 的优先级可提高,以匹配调用方 VI 的优先级。该 VI 的优先级始终不低于该对话框中设定的级别。

选择优先级为子程序可最大限度地提高 LabVIEW 执行系统运行 VI 的效率。优先级为"子程序"的 VI 无法中止。也可使用优先级属性,通过编程设置 VI 的优先级。

注意:父动态分配成员 VI 与子动态分配成员 VI 的"优先级"必须相同。

5. 首选执行系统

设置用户首选的执行系统。LabVIEW 支持多个同步执行系统。在某些平台上,在一个执行系统中运行的 VI 能够在另一个执行系统运行 VI 的中途开始运行。因此,优先级更高的任务(如数据采集循环)可中断耗时较长的操作(如速度较慢的计算)。

注意:父动态分配 VI 与子动态分配 VI 的"首选执行系统"必须相同。

6. 启用自动错误处理

激活当前 VI 程序框图的自动错误处理。VI 运行时,LabVIEW 会中断执行,高亮显示发生错误的子 VI 或函数并显示错误对话框。也可用自动错误处理属性，通过编程为 VI 启用自动错误处理。

7. 打开时运行

使 VI 进入运行模式并在打开时自动运行。也可使用打开时运行属性，通过编程使 VI 在打开时运行。如需编辑某个打开时运行的 VI，可在新 VI 的程序框图上放置该 VI，然后双击 VI。

注意：通过 VI 服务器加载 VI 或在生成的应用程序指定作为开始的 VI 时 LabVIEW 忽略该属性。

8. 调用时挂起

子 VI 在调用时挂起并等待与用户交互。该选项类似于"操作"→"调用时挂起"选项。也可使用调用时挂起属性，通过编程挂起 VI。

9. 调用时清空显示控件

在每次调用含有该显示控件（例如图形）的 VI 时，清空显示控件的内容。对于顶层 VI，每次运行时，都清空显示控件的内容。

10. 运行时自动处理菜单

使 LabVIEW 在用户打开和运行 VI 时自动处理菜单选项。取消勾选该选项可禁用运行时菜单栏。通过获取所选菜单项函数可进行菜单选择。

10.1.11 "打印选项"属性页

该页用于设置 VI、模板或对象说明信息的打印选项，如图 10-13 所示，包括以下几个部分。

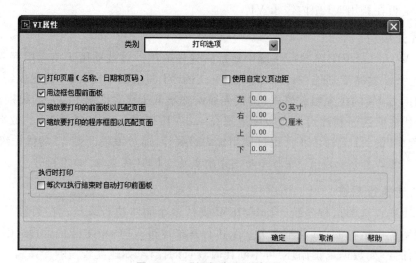

图 10-13 "打印选项"属性页

（1）打印页眉：在每页顶部打印页眉，包括 VI 名称、最后修改 VI 的日期和页码。

（2）用边框包围前面板：在前面板周围打印边框。

（3）缩放要打印的前面板以匹配页面：按照打印页的大小调整前面板的尺寸。

（4）缩放要打印的程序框图以匹配页面：缩放程序框图以匹配打印页面。

（5）使用自定义页边距：设置前面板打印的自定义页边距，以英寸或厘米为单位。如勾选该复选框，VI 可使用该属性页中设置的页边距。如取消勾选该复选框，LabVIEW可使用选项对话框打印页设置的页边距。

（6）每次 VI 执行结束时自动打印前面板：VI 运行结束后打印前面板。

【实训练习】

创建一个能完成下列目标的 VI：显示或隐藏标题栏、显示或隐藏菜单栏、VI 在屏幕中位置居中。

10.2　人机交互界面设计

10.2.1　对话框的设计

在程序设计中，对话框是人机交互的一个重要途径。LabVIEW 有两种方法实现对话框的设计：一是直接使用 LabVIEW 函数面板提供的几种简单的对话框；二是通过子VI 的方式实现用户自定义的对话框。

1. 普通对话框

对话框 VI 位于"函数"→"编程"→"对话框与用户界面"子选板中，如图 10-14 所示。按类型分为两种对话框：一种是信息显示对话框，另一种是提示用户输入对话框。

图 10-14　"对话框与用户界面"子选板

1）信息对话框

单按钮对话框：显示包含消息和单个按钮的对话框。

双按钮对话框：显示一个包含一条消息和两个按钮的对话框。

三按钮对话框：显示包含消息和三个按钮的对话框。

下面以三按钮对话框为例，进行信息对话框的设置。三按钮对话框 VI 图标如图 10-15所示，其中"哪个按钮?"表明用户单击的按钮。现将"消息"设置为"三按钮操作"，运行后在弹出的对话框中单击"是"按钮，前面板上显示的结果如图 10-16

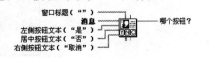

图 10-15　三按钮对话框 VI 图标

所示。

图 10-16　三按钮对话框示例

2）对话框 Express VI

显示对话框信息：创建含有警告或用户消息的标准对话框。其操作与单按钮对话框与双按钮对话框的操作类似。

提示用户输入：显示标准对话框，提示用户输入用户名、密码等信息。利用它可以输入数字、简单的字符串和布尔值，图 10-17 所示为"配置提示用户输入"对话框，图 10-18 所示为提示用户输入示例。

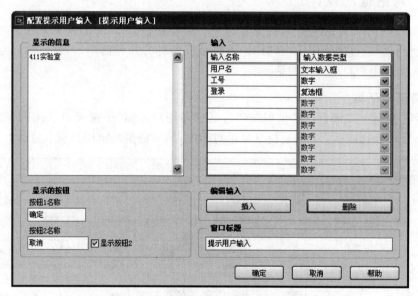

图 10-17　"配置提示用户输入"对话框

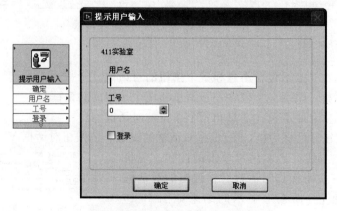

图 10-18　提示用户输入示例

2. 用户自定义对话框

除了 LabVIEW 提供的简单的对话框,用户还能通过子 VI 的方式实现用户自定义的对话框。默认情况下调用子 VI 时不会弹出子 VI 的界面。在调用子 VI 的程序框图中右击子 VI 图标,选择"设置子 VI 节点"选项,弹出如图 10-19 所示的对话框设置子 VI 的调用方式,选择"调用时显示前面板",表示调用子 VI 时会弹出子 VI 的前面板。在编辑子 VI 时需要对子 VI 的前面板进行一些设置,如不显示菜单栏、滚动条等。图 10-20 所示为用户自定义对话框应用示例。另外,还可以使用事件对话框等。

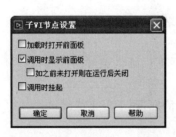

图 10-19 "子 VI 节点设置"对话框

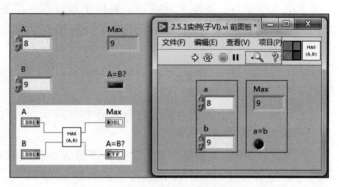

图 10-20 用户自定义对话框应用示例

【实训练习】

(1)创建一个 VI,要求运行时弹出用户登录界面,当用户名与密码都正确时,退出运行,否则继续弹出登录界面。

(2)用事件结构实现动态窗口。要求在创建的主程序 VI 上放置相关按键,单击按键时分别调用正弦波子 VI、求 $\sum N$ 子 VI、计数器子 VI。

10.2.2 错误处理

LabVIEW 通过错误输入、错误输出簇来携带错误信息,并将错误信息从底层 VI 传递到上层 VI,通过错误处理节点可以确定发生错误的原因和错误出现的位置,实现程序的异常处理。LabVIEW 中的错误分为 I/O 错误和逻辑错误两大类。I/O 错误是由客观原因引起的错误,如打开错误的文件路径、访问不存在的硬件地址等;逻辑错误是程序代码的缺陷所致,这与编程人员的程序开发和设计技巧有关。

LabVIEW 会通过内置的错误处理节点,以对话框的形式提示用户关于仪器和文件操作的一些错误。在一般情况下,系统并没有处理这些错误,而是需要编程人员自己调试,因此在编程时要尽量根据需要合理地使用这些错误节点。

错误处理节点 VI 也位于"函数"→"编程"→"对话框与用户界面"子选板上。

1. 简易错误处理器

简易错误处理器用于错误通报,当发生错误时,显示有错误发生。如发生一个错误,该 VI 返回错误描述,或选择性地打开一个对话框。该 VI 调用"通用错误处理器"VI,具有通用错误处理器的基本功能,但是选项较少,如图 10-21 所示。

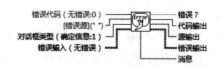

图 10-21　简易错误处理器 VI 的图标及端口

"对话框类型"用于确定显示的对话框类型。无论值如何，VI 都将输出错误信息和描述错误的消息。

- 0 无对话框：不显示对话框。有助于通过程序控制错误处理。
- 1 确定信息（默认）：显示只有继续按钮的对话框。确认该对话框后，该 VI 将控制返回至主 VI。
- 2 继续或停止消息：显示多按钮对话框，用于停止或继续。如用户选择停止，则该 VI 调用停止函数停止执行。
- 3 确定信息＋警告：显示含有警告和继续按钮的对话框。确认该对话框后，该 VI 将控制返回给主 VI。
- 4 继续/停止＋警报：显示含有多条警告和按钮的对话框，用于停止或继续。如用户选择停止，则该 VI 调用停止函数停止执行。

"错误输入"是节点运行前发生的错误。该输入包含状态、代码和源，可作为标准错误输入簇。

2. 通用错误处理器

通用错误处理器用于判断程序是否发生错误，当发生错误时，显示有错误发生。如发生一个错误，则该 VI 返回错误描述，或选择性地打开一个对话框，如图 10-22 所示。

3. 清除错误

清除错误 VI 的图标及端口如图 10-23 所示，该 VI 将错误状态重置为无错误，代码重置为 0，源重置为空字符串。使用该 VI 忽略一个错误。默认情况下，VI 忽略全部错误。如需忽略特定错误，则连线错误代码值至"清空特定错误代码"。

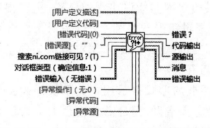

图 10-22　通用错误处理器 VI 的图标及端口

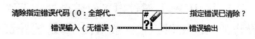

图 10-23　清除错误 VI 的图标及端口

4. 错误下拉列表

错误下拉列表用于在 VI 中快速选择并传递 NI 错误代码或自定义错误代码，其图标及端口如图 10-24 所示。

5. 合并错误

该函数用于合并来自不同函数的错误 I/O 簇,其图标及端口如图 10-25 所示。该函数从错误输入 0 参数开始查找错误并报告找到的第一个错误。如函数没有找到错误,函数可查找警告并返回第一个警告。如果函数没有找到警告,则返回无错误。

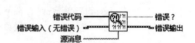

图 10-24　错误下拉列表的图标及端口　　　图 10-25　合并错误函数的图标及端口

6. 错误代码至错误簇转换

该 VI 用于将一个错误或警告代码转换为一个错误簇。收到共享库调用的返回值或返回用户定义错误代码时,可使用该 VI。其图标及端口如图 10-26 所示。

7. 查找第一个错误

该 VI 用于测试一个或多个产生数值错误代码输出的低层函数或子 VI 的错误状态。如该 VI 找到错误,将自动设置错误输出簇中的参数。连线该簇至简易错误处理器或通用错误处理器可识别错误,并向用户描述该错误。其图标及端口如图 10-27 所示。

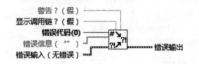

图 10-26　错误代码至错误簇转换 VI 的图标及端口　　　图 10-27　查找第一个错误 VI 的图标及端口

10.2.3　用户菜单设计

一个良好的用户界面,菜单项是不可或缺的组成部分。LabVIEW 提供两种创建用户菜单的方法:一种是在菜单编辑器中完成设计;另一种是使用菜单函数进行菜单设计。菜单的优势在于能将所有的操作隐藏起来,而不必把它们作为按钮放在前面板上,这样可以节省空间,优化程序界面。

1. 菜单编辑器设计菜单

LabVIEW 提供了菜单编辑器以方便用户快捷地设计菜单。在前面板的菜单上选择"编辑"→"运行时菜单"选项,弹出如图 10-28 所示的"菜单编辑器"对话框。

菜单编辑器提供了 3 种菜单类型:默认、最小化和自定义。用户可以在菜单类型下拉列表中选择需要的类型。默认类型显示的是系统默认情况下的标准菜单。最小化类型的菜单只显示常用的菜单项,菜单项的条目也只保留了一些常用的条目。自定义类型菜单允许用户定义程序运行时的菜单界面,用户需要编写相应的框图程序实现菜单功能。菜单类型栏左边是工具栏按钮,用于创建菜单项并指定其顺序位置。菜单工具栏各个按钮的功能如图 10-29 所示。

工具栏下方的预览窗口用来显示当前已创建的菜单项,单击这些菜单项还可以显示其相应的下拉子菜单。菜单编辑器的左下角列表框用于显示菜单项并配合菜单工具栏选

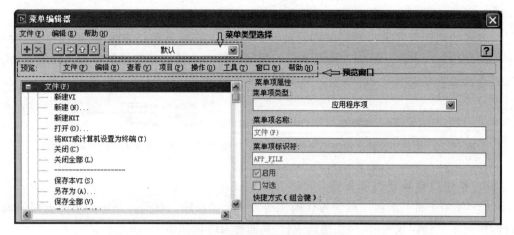

图 10-28 "菜单编辑器"对话框

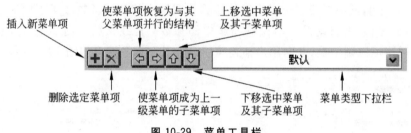

图 10-29 菜单工具栏

定和编辑菜单项。

菜单编辑器的右下角是菜单项属性设置对话框，这些可设置的属性包括以下几项。

（1）菜单项类型：在菜单项类型下拉列表中有用户项、分隔符和应用程序项三种菜单项类型可供选择。用户项用于创建新的菜单项，用户编写菜单名后，需要在程序框图中编写相应的菜单应用程序来实现自定义菜单项功能。分隔符用于在菜单项之间插入分隔符号，以分隔不同功能的菜单项。应用程序项用于选择系统自带的功能选项，这些选项的功能已定义好，不需要用户在框图中编写相应的程序去实现菜单项功能，但用户不可更改应用程序项的名称、标识符和其他属性。

（2）菜单项名称：在菜单上显示的字符串。

（3）菜单项标识符：用于标识菜单项，使菜单项有一个唯一的标识符。程序框图以程序方式通过标识符确定菜单项。标识符区分大小写。默认情况下，菜单项标识符与菜单项同名。

（4）启用：指定是否启用或禁用菜单上选定的菜单项。

（5）勾选：选中则在菜单项下拉列表的子菜单项有勾选符号（不适用顶层菜单项）。勾选符号可使已勾选的操作连续运行，直至取消勾选菜单项。

（6）快捷方式（组合键）：用于设置菜单项相应的快捷键。注意，不能设置相同的快捷键。

2. 菜单函数设计菜单

用户使用菜单编辑器模板上的节点对菜单进行定义,实现自定义菜单的设计,这样的自定义菜单在VI运行过程中是固定不变的,称为静态菜单。使用菜单函数可以在VI运行时动态地改变菜单项内容,同时对自定义的菜单赋予指定操作,实现相应菜单项的功能。菜单函数位于"函数"→"编程"→"对话框与用户界面"→"菜单"子选板上,如图10-30所示。

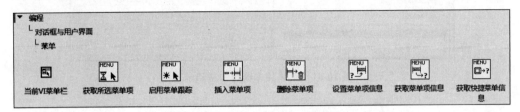

图10-30 "菜单"子选板

通过这些函数不仅可以编辑主菜单各菜单项的功能,而且还能动态创建主菜单或右键快捷菜单。常用的菜单函数的功能见表10-1。

表10-1 常用的菜单函数的功能

图标	名 称	功 能
	当前VI菜单栏	返回当前VI的菜单引用句柄。菜单引用句柄与其他菜单函数结合使用,可通过编程修改VI运行时的菜单
	获取所选菜单项	用于设置等待时间,并返回最后选中的菜单项的标签,该函数用于对菜单功能的编辑
	启用菜单跟踪	启用或禁用菜单项选择的跟踪。常和获取所选菜单项配合使用
	插入菜单项	在菜单或子菜单中插入项名称或项标识符指定的菜单项
	删除菜单项	删除菜单或子菜单中的菜单项
	设置菜单项信息	设置菜单项或菜单栏的属性,未连线的属性保持不变
	获取菜单项信息	返回菜单项或菜单栏的属性
	获取快捷菜单信息	返回可通过快捷键访问的菜单项

【例1】 本例用于说明自定义菜单栏的操作。首先在新建的VI窗口菜单栏中选择"编辑"→"运行时菜单"选项,在弹出的"菜单编辑器"对话框中选择"自定义"菜单类型,"文件""编辑"菜单项的菜单项类型选择"应用程序项",继续在"编辑"菜单项下添加"首选项(H)",菜单项类型选择"用户项",如图10-31所示,并将它保存为"自定义菜单.rtm"。

例1.mp4

LabVIEW的事件结构中有专门的菜单响应事件,包括应用程序菜单事件和自定义菜单事件。LabVIEW的系统菜单通过"本VI"的"菜单选择(应用程序)"事件响应,自定义菜单通过"本VI"的"菜单选择(用户)"事件响应。在前面板放置3个布尔控件:删除、添加和停止。单击"添加"按钮,将在"文件"菜单项下添加"分隔线"与"添加项",单击"删除"按钮,将删除"编辑"菜单项下的"首选项",设计完成的程序框图如图10-32所示。执行命令后的菜单状态如图10-33所示。

图 10-31　菜单编辑器窗口应用示例

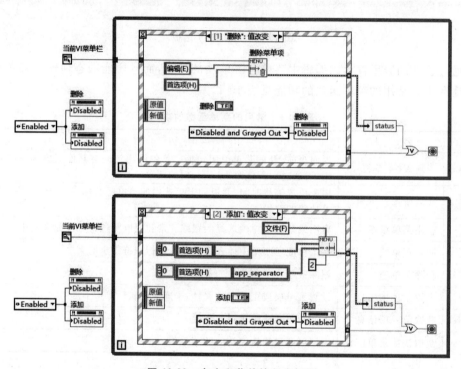

图 10-32　自定义菜单的程序框图

单击"添加"按钮前后的菜单状态如图 10-34 所示。单击"删除"按钮，删除"编辑"菜单下的"首选项"。

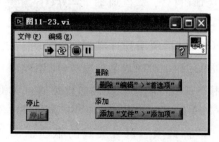

图 10-33　执行命令后的菜单状态　　　　图 10-34　单击"添加"按钮前后的菜单状态

【例2】 本例说明自定义菜单的应用。在前面板上有两个指示灯及一个水罐,用菜单项控制灯亮与灯灭及水罐水位的高度。

(1)创建自定义菜单,如图10-35所示,保存为"自定义菜单栏应用.rtm"。

(2)在前面板放置两个方形指示灯,一个垂直刻度条和一个停止按钮。并将它们合理地拉伸到一定长度与宽度,用"VI属性"对话框设置程序运行时的窗口外观与窗口大小。

例2.mp4

图10-35 自定义菜单栏

(3)要让自定义菜单执行相应的命令,需要用到"获取所选菜单项"函数与"启用菜单跟踪"函数,并用条件结构执行相应的指令,程序代码如图10-36所示,运行结果如图10-37所示。

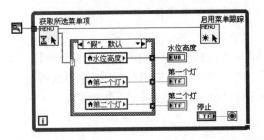 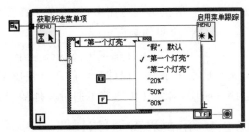

图10-36 自定义菜单应用的程序框图

【实训练习】

创建自定义主菜单并用事件结构实现菜单操作。如用菜单项控制正弦波、方波与三角波信号的生成,用停止按钮结束程序运行。

3. 快捷菜单

快捷菜单就是右击时弹出的菜单,它可以方便地实现人机交互。LabVIEW控件在VI运行模式下有系统提供的默认快捷菜单,但用户也可以为控件创建自定义的快捷菜单,实现自定义的快捷功能,进而完善和丰富应用程序。一个完整的快捷菜单系统同样由创建菜单项和菜单项响应两部分组成。

实训练习.mp4

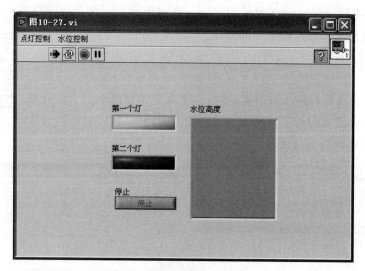

图 10-37　自定义菜单应用的运行

1）快捷菜单的创建

通过快捷菜单编辑器：在前面板控件上右击，从弹出的快捷菜单中选择"高级"→"运行时快捷菜单"→"编辑"，可以调出快捷菜单编辑器。在快捷菜单编辑器的"自定义"编辑模式下，可以编辑控件的自定义快捷菜单，并把它作为控件的一部分保存或作为单独的文件保存到计算机。

通过菜单函数：通过菜单函数可以动态地编写快捷菜单，在程序运行过程中修改控件快捷菜单的内容。菜单函数同样在"函数"→"编程"→"对话框与用户界面"→"菜单"子选板。在一般的编程应用中，快捷菜单在控件的"快捷菜单激活"事件中创建。

2）快捷菜单的响应

LabVIEW 的事件结构中有快捷菜单响应事件，包括应用程序的快捷菜单事件和自定义快捷菜单事件。控件默认的系统快捷菜单通过控件的通知事件"快捷菜单选择（应用程序）"响应，自定义快捷菜单通过控件的通知事件"快捷菜单选择（用户）"响应。

10.2.4　用户界面的设计

良好的用户界面除了有完整的交互功能、能简单直观地输入或输出信息外，还应该有精致的外观。因此，用户界面的编辑也是编程中很重要的一方面。用户界面的设计包括修饰静态界面和动态交互界面两方面。

1. 界面设计的一般原则

界面设计的一般原则是在功能上要求有良好的实用性，具有高的工作效率；让使用者易学易记，使用安全；视觉效果上布局合理、色彩搭配得当；设计的界面应该与人们的使用习惯相一致。

2. 静态界面的设计

修饰静态界面主要包括调整前面板的位置、颜色、大小等。LabVIEW 提供了功能较强的布局工具及修饰控件,布局工具位于 LabVIEW 的工具栏,有对齐对象、分布对象、调整对象大小及重新排序 4 个选项,修饰位于"控件"选板的新式、银色、系统子选板中。

(1) 控件功能清晰直观:用控件的标签对功能作简短说明,用标题作较长的说明,有必要时增加说明和提示。

(2) 控件款式、大小一致,位置放置合理,颜色搭配合理,整体上感觉不杂乱,因此,不要使用过多的字体、色彩。控件建议用默认的经典黑白灰方案最保险。

(3) 界面整洁:控件排列整齐,根据功能进行分组,并用"重新排序"下的"组"选项将控件捆绑,这样就不会改变控件的相对位置。利用修饰元素进行界面修饰或控件分类,如果前面板控件较多,可利用 Tab 控件整理分类。

图 10-38 所示为 LabVIEW 自带电压连续测量 VI 的前面板,位于 LabVIEW 2017 \ examples\DAQmx\Analog Input\Voltage-Continuous Input. vi。

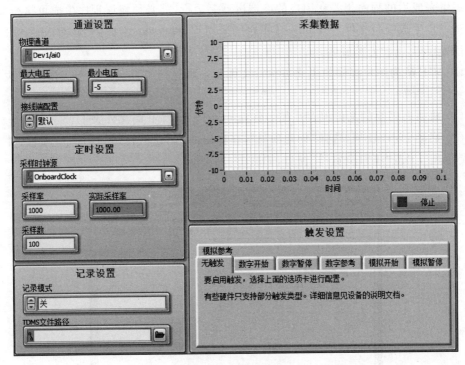

图 10-38 界面示例

3. 动态交互界面的设计

美观的静态界面可以让用户感到赏心悦目,而动态的交互界面可以使程序变得生动形象,为用户提供更多的信息。动态交互界面包括很多方式,例如,系统可以根据配置情况载入不同的界面或菜单;用不断闪烁的控件表示有报警发生;当用户移动鼠标到某代表关键操作的按钮上时按钮颜色发生变化从而提醒用户小心操作;为防止误操作,可以让不操作的控件失效;在用户进行某项操作前弹出对话框提醒用户是否确定等。

确保前面板能适合大部分用户的屏幕分辨率,尤其当用户使用的是触摸屏等,必须保证设计的前面板能在该分辨率下正常显示。

【实训练习】

设计一个用户登录界面，要求输入用户名和密码。

10.3 LabVIEW 应用程序的制作

VI 程序只能在 LabVIEW 的环境下运行，这当然不是我们所希望的，如果要求编写的程序能够脱离 LabVIEW 的环境运行，就需要将它编译成可独立运行的程序或安装程序，这样就能在没有安装 LabVIEW 软件的计算机上通过直接安装后运行此程序。

10.3.1 独立可执行程序

编辑完成后的程序想要在用户的终端机器上运行，就必须将该程序生成可执行文件，或者进一步生成安装文件。Windows 平台的应用程序以 .exe 为扩展名，而 Mac OS 平台的应用程序以 .app 为扩展名。

LabVIEW 为用户提供的生成可执行文件和安装包的工具非常简单。生成可执行文件的具体步骤如下。

（1）将所有需要的文件保存在如名称为 multioperation 的文件夹下。

（2）启动 LabVIEW，选择"创建项目"，在弹出的"创建项目"窗口选中"项目"并单击"完成"按钮，出现"项目浏览器"窗口，如图 10-39 所示。

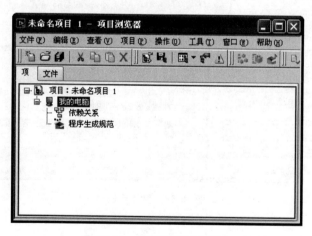

图 10-39　"项目浏览器"窗口

（3）添加文件。右击树目录"我的电脑"选项，在快捷菜单中选择"添加"→"文件夹（自动更新）"命令，如图 10-40 所示。打开"文件夹查找"对话框，找到要添加的文件夹 multioperation 即可，项目中将出现一个自动更新的文件夹，LabVIEW 自动将文件夹中的所有内容添加至项目，如图 10-41 所示。此处也可以选择其他文件类型如文件、超级链接等。选择文件夹（自动更新）的好处是，LabVIEW 根据对项目和磁盘进行的改动，实时监控和更新文件夹,即在"文件"选项卡上进行的如移动、重命名文件等项目操作将同时更新和反映磁盘上的内容。同样,如对磁盘上的目录有任何更改,LabVIEW 也会更新项目中的文件夹。

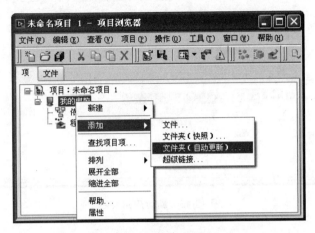

图 10-40 添加文件夹

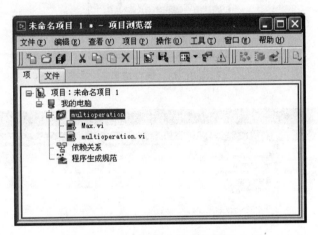

图 10-41 添加文件夹的结果

(4)右击树目录"程序生成规范",从弹出的快捷菜单中选择"新建"→"应用程序(EXE)",如图 10-42 所示。此时会弹出一个保存项目的提示对话框,如图 10-43 所示。在单击"保存"按钮后,在弹出的"命名项目"窗口中填写项目名称,选择保存路径,单击"确定"按钮,弹出一个"应用程序属性"设置框,如图 10-44 所示,左边是属性的类别,右边是对应属性的选项信息。"信息"选项用于命名独立的应用程序,选择应用程序生成后的保存地址。

(5)在"源文件"选项中选择要生成应用程序的 VI 文件和一些关联的文件,并指定生成的启动 VI,如图 10-45 所示。

"启动 VI"是一个应用程序执行时的最初入口,一般也是调用其他子 VI 的最顶层 VI,有点类似于 C 语言中的 main 函数。必须至少指定一个 VI 为启动 VI。

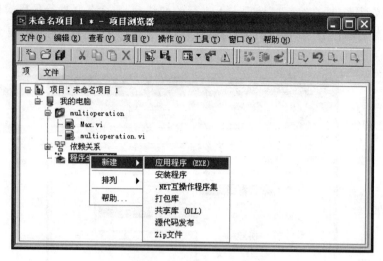

图 10-42　新建应用程序

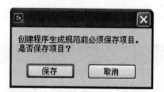

图 10-43　保存项目

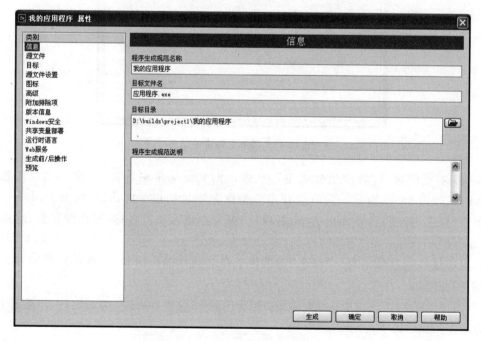

图 10-44　应用程序属性设置窗口

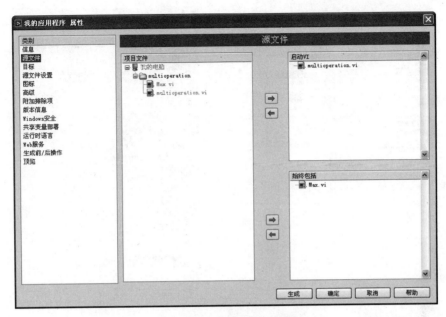

图 10-45 "源文件"选项

"始终包括"用于指定即使不被启用 VI 引用,也始终包含在应用程序中的动态 VI 和支持文件。

(6)"目标"选项用于为独立应用程序配置目标设置和添加目标路径,如图 10-46 所示。

图 10-46 "目标"选项

(7)"源文件设置"选项用于编辑独立应用程序中文件及文件夹的目标和属性,如图 10-47 所示。

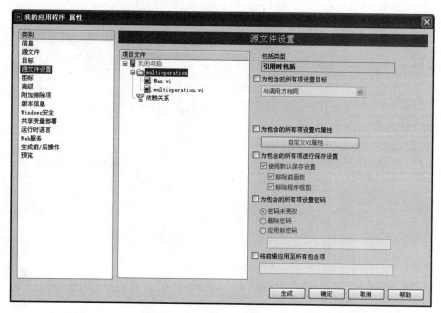

图 10-47　"源文件设置"选项

（8）"预览"选项可以预览生成的文件效果。在项目设置完成后最好先预览再生成，这样如果有不正确的地方，可以直接修改，省去不必要的麻烦，单击"生成预览"按钮后，"预览"选项的界面如图 10-48 所示。

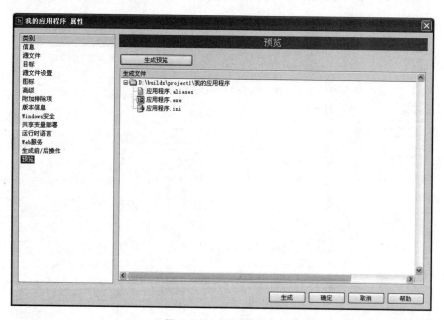

图 10-48　"预览"选项

（9）生成过程。在属性对话框中单击"生成"按钮，可以直接生成可执行文件，如图 10-49 所示。至此，EXE 文件全部制作完成。

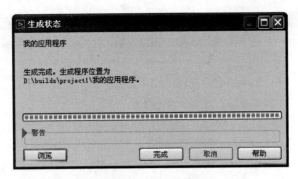

图 10-49　制作 EXE 文件

需要注意的是,该可执行文件只能在有 LabVIEW Run-Time 运行引擎的计算机上运行。如果希望在没有任何 NI 软件的机器上运行该程序,则需要制作安装文件,即 SETUP 文件,安装文件可以把 LabVIEW Run-Time 运行引擎、仪器驱动和硬件配置等打包在一起作为一个安装程序发布。

10.3.2　安装程序

安装程序(SETUP)的生成与可执行程序的生成有些类似,都是在属性对话框中进行设置和生成。当添加好文件夹以后,安装程序的制作步骤如下。

(1) 右击树目录"程序生成规范",从快捷菜单中选择"新建"→"安装程序",如图 10-50 所示。此时会弹出"安装程序属性"对话框,如图 10-51 所示。"产品信息"选项可以设置安装程序的相关信息,如产品名称、安装程序保存位置等。

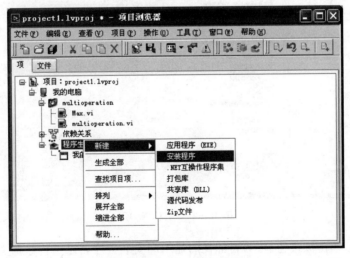

图 10-50　新建安装程序

(2)"目标"选项用于配置安装文件的目标目录,如图 10-52 所示。其中,"目标视图"指定文件安装时的位置及目录结构;"目标名称"用于修改目标视图中所选文件夹的名称。在目标视图下方的各按钮的含义如下。

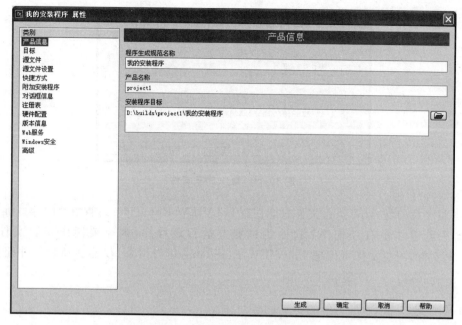

图 10-51 "安装程序属性"对话框

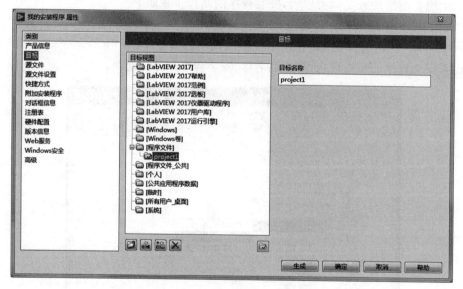

图 10-52 "目标"选项

添加目标：单击该按钮，可为目标视图显示的安装程序目录结构添加文件夹。

添加属性：单击该按钮，向目标视图目录树添加一项新的 MSI 属性。

添加绝对路径：单击该按钮，向目标视图显示的安装程序目录结构添加一个目标文件夹路径。

删除：单击该按钮，删除目标视图中选定的文件夹。

设置为默认安装目录：设置选定的文件夹为默认的安装目录(程序安装时使用的默认路径)。通过安装时显示的对话框可更改默认路径。通常情况下，用户须选择用于安装所有应用程序文件的顶层文件夹。

(3)"源文件"选项用于为安装程序添加文件。

项目文件视图：显示包含 LabVIEW 项目文件(包括项目中由程序生成规范生成的文件)的目录树。

目标视图：指定文件安装时的位置及目录结构。

双击"项目文件视图"下的"我的电脑"图标，打开 multioperation 文件夹，将需要的文件添加到右边的"目标视图"→"程序文件"→project1 文件夹，这个位置是默认的。然后将"项目文件视图"→"程序生成规范"→"我的应用程序"也添加到右边，至此就完成了源文件的添加，如图 10-53 所示。

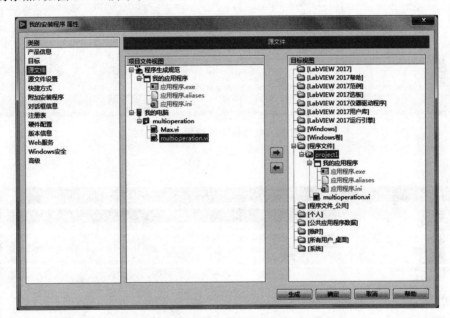

图 10-53 "源文件"选项

(4)"源文件设置"选项用于为安装程序中包含的文件设置属性。

目标视图：指定文件安装时的位置及目录结构。

文件和文件夹属性：通过只读、隐藏、系统、重要等选项指定目标视图中文件和文件夹的属性。

对添加的文件进行属性设置，如图 10-54 所示。

(5)"快捷方式"选项用于创建和配置安装程序的快捷方式，如图 10-55 所示，可为文件创建多个快捷方式。快捷方式内容将显示在 Windows 开始菜单。

(6)"附加安装程序"选项用于在安装程序中添加 NI 产品和驱动的安装程序(如 LabVIEW 运行引擎)，如图 10-56 所示。

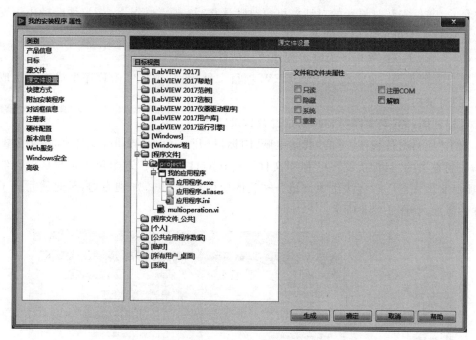

图 10-54 "源文件设置"选项

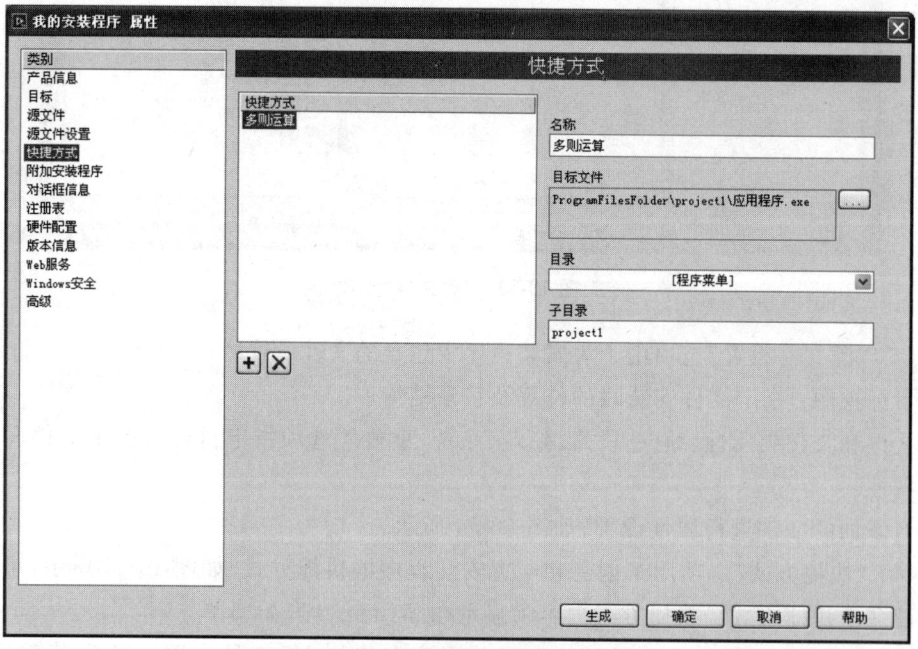

图 10-55 "快捷方式"选项

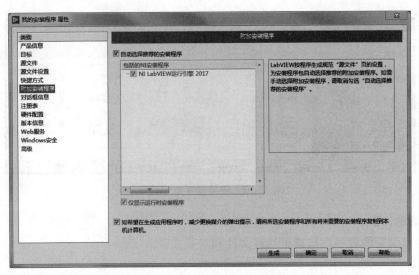

图 10-56 "附加安装程序"选项

配置完成后,单击"生成"按钮,就会出现生成进度界面,如图 10-57 所示。等待片刻,生成成功后,在项目的程序生成规范下出现"我的安装程序",如图 10-58 所示。打开安装程序的目标文件夹(D:\builds\project1\我的安装程序\Volume),就可以看到 setup.exe 及其相关文件,如图 10-59 所示。由于包含了 NI 的其他附加软件,它要比可执行文件(EXE)大许多。

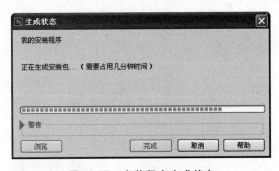

图 10-57 安装程序生成状态

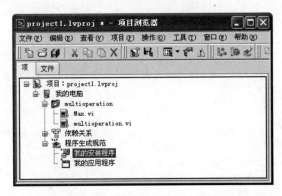

图 10-58 安装程序生成后项目浏览器

图 10-59　安装程序所在目录

【实训练习】

将自己编写的程序打包成可执行文件和安装文件。

第 11 章

应 用 示 例

作为专业的测试测量软件,LabVIEW 在许多领域都有广泛的应用,并体现出优异的性能。本章主要介绍虚拟仪器的设计原则、虚拟仪器的设计步骤,以及应用示例。

11.1 虚拟仪器的设计原则

对于不同的应用对象,系统设计的具体要求是不同的。但是,由于虚拟仪器系统由硬件和软件两部分组成,因此,系统设计的一些基本原则基本上是相同的。下面从硬件设计和软件设计两方面介绍虚拟仪器系统设计要遵循的基本原则。

11.1.1 虚拟仪器设计的基本原则

1. 制定设计任务书

确定系统所要完成的任务和应具备的功能,提出相应的技术指标和功能要求,并在任务书里详细说明。一份好的设计任务书通常要对系统功能进行任务分析,把复杂的任务分解为一些较简单的任务模块,并画出各个模块之间的关系图。

2. 系统结构的合理选择

系统结构合理与否,对系统的可靠性、性价比、开发周期等有直接的影响。首选的是硬件、软件功能的合理分配。原则上要尽可能"以软代硬",只要软件能做到的,就不要使用硬件,但也要考虑开发周期,如果市场上已经有了专用的硬件,此时为了节省人力、缩短开发周期,就没有必要自己开发软件,可以使用已有的硬件。

3. 模块化设计

无论是硬件设计,还是软件设计,都要提供模块化设计,这样可以使系统分成较小的模块,便于团队合作,缩短开发周期,提高团队竞争力,而且在模块化设计时尽量定义好每个模块的功能和接口。

11.1.2　硬件设计的基本原则

1. 经济合理

在系统硬件设计中,一定要注意在满足性能指标的前提下,尽可能地降低成本,以便得到更高的性价比,这是硬件设计中优先考虑的一个主要因素,也是一个产品争取市场的主要因素之一。微机和外设是硬件投资中的一个主要部分,应在满足速度、存储容量、兼容性、可靠性基础上,合理地选用微机和外设,而不是片面地追求高档微机以及外设。

总之,充分发挥硬件系统的技术特性是硬件设计中的重要原则。

2. 安全可靠

选购设备要考虑环境的温度、湿度、压力、震动、粉尘等客观因素,以保证在规定的工作环境下,系统性能稳定和可靠工作。要有超量程保护和过载保护,以保证输入与输出通道正常工作。要注意对交流电及电火花的隔离,保证连接件的接触可靠。

确保系统安全可靠工作是硬件设计中应遵循的一个根本原则。

3. 有足够的抗干扰能力

有完善的抗干扰措施,是保证系统精度、工作正常和不产生错误的必要条件。例如,强电与弱电之间的隔离措施,对电磁干扰的屏蔽,正确接地和高输入阻抗下的防漏电等。

4. 便于维护和维修

良好的系统设计师在系统设计之初就会考虑到系统将来的维护问题。为了使将来的维护方便,尽量采用标准模块,如采用标准总线和标准接口等。在不能使用标准模块的地方,尽量使用可行的简单方法解决问题,不提倡使用复杂的或者是特别巧妙的方法解决问题,因为这样会给系统维护带来困难。如果确实需要用复杂的或巧妙的方法解决问题,一定要做好详细的文档记录以便将来维护。

11.1.3　软件设计的基本原则

1. 结构合理

程序应该采用模块化设计,不仅有利于程序的进一步扩充,而且也有利于程序的修改和维护。编写程序时,要尽量利用子程序,使得程序的层次分明,易于阅读和理解,同时还可以简化程序,减少程序对内存的占用量。当程序中有经常需要修改或者变化的参数时,应该设计成独立的参数传递程序,避免程序的频繁修改。

2. 操作性能好

操作性能好是指使用方便。这对虚拟仪器系统来说很重要。开发程序时,应考虑如何降低对操作人员专业知识的要求。因此,在设计程序中应采用各种图标或者菜单实现人机对话,以提高工作效率和程序的易操作性。

3. 具有一定的保护措施

系统应设计一定的检测程序,如状态检测和诊断程序,以便在系统发生故障时,容易查找故障部位。对于重要的参数或数据,要定时存储,以防因掉电而丢失。

4. 提高程序的执行速度

由于计算机执行不同的操作所需的时间各不相同,特别对那些实时性要求高的操作,更应该注意提高程序的执行速度。因此,在程序设计中应进行程序的优化工作。

5. 给出必要的程序说明

从软件工程的角度看,一个好的程序不但要能够正常运行,实现预定的功能,而且应该满足简单、易读、易调试的要求。因此,编写程序时,给出必要的程序说明很重要。

11.2 虚拟仪器的设计步骤

虚拟仪器的设计虽然随对象、设备种类等不同而有所差异,但系统设计的基本内容和主要步骤大体相同。虚拟仪器的设计步骤和过程如下。

1. 需求分析和技术方案的制订

组建虚拟仪器系统时,首先应针对测试任务进行详细的需求分析,明确测试项目、测试目标、应用环境、经费预算、系统的未来扩展方向等方面的问题,并在需求分析的基础上提出技术方案。

2. 确定虚拟仪器的类型

由于虚拟仪器的种类较多,不同类型虚拟仪器的硬件结构相差较大,因而在设计时必须首先确定虚拟仪器的类型。虚拟仪器类型的确定主要考虑以下几方面。

(1) 被测对象的要求及使用领域。

用户设计的虚拟仪器首先要能满足应用要求,能很好地完成测试任务,例如,在航天航空领域,对仪器的可靠性、快速性、稳定性等要求较高,一般采用 PXI、VXI 总线型的虚拟仪器;而对普通实验室用的测试系统,采用 PC-DAQ 型的虚拟仪器即可满足要求。

(2) 系统成本。

不同类型的虚拟仪器的构建成本是不同的,在满足应用要求的情况下应结合系统的成本来确定仪器的类型。

(3) 开发资源的丰富性。

为了加快虚拟仪器系统的研发,在满足测试应用要求和系统成本要求的情况下,应选择有较多软件、硬件资源支持的仪器类型。

(4) 系统的扩展和升级。

由于测试任务的变换或测试要求的提高,经常要对虚拟仪器进行功能扩展和升级。因此,在确定仪器类型时,必须考虑这方面的问题。如在进行 VXI 总线仪器设计时,在选择机箱的时候要考虑硬件板卡的扩槽数。

(5) 系统资源的再用性。

由于虚拟仪器系统可根据用户要求进行定制,因而同样的硬件经不同的组合,再配合相应的应用软件,便可实现不同的功能,因此要考虑系统资源的再用性。

3. 选择合适的虚拟仪器软件开发平台

当虚拟仪器的硬件确定后,就要进行硬件的集成和软件的开发。在具体选择软件开发平台时，要考虑开发人员对开发平台的熟悉程度、开发成本等。可选择图形化编程语言 LabVIEW 或文本编程语言 VB、VC 等。

4. 开发虚拟仪器应用软件

根据虚拟仪器要实现的功能确定应用软件的开发方案。应用软件不仅要实现期望的仪器功能，还要有生动、直观、形象的仪器"软面板"，因此软件开发人员必须与用户沟通，以确定用户能接受和熟悉的控制操作和数据显示方式。

5. 系统调试

在硬件和软件分别调试通过以后，就要进行系统联调。系统联调通常分为两步进行。首先，在实验室里对已知的标准量进行采集和比较，以验证系统设计是否正确和合理。如果实验室试验通过，则到现场进行实际数据采集实验。在现场试验中，测试各项性能指标是否达到要求，必要时还要修改和完善程序，直到系统能正常投入运行为止。总之，虚拟仪器的设计过程是一个不断完善的过程，一个实际系统常常要经过多次修改补充，才能得到一个性能良好的虚拟仪器系统。

6. 编写系统开发文档

编写完善的系统开发文档和技术报告、使用手册等。这些对日后进行系统修护和升级，以及指导用户了解仪器的性能和使用方法等均有重要意义。

11.3　虚拟仪器设计实例

下面用两个例子说明虚拟仪器的设计方法。实例 1 的目的是使读者能在不另外购置数据采集卡的基础上完成数据采集系统的设计。实例 2 则是从实际需求出发，讲述从传感器选择开始完成一个完整虚拟仪器的设计过程。

11.3.1　基于声卡的数据采集与分析系统

1. 声卡的基本知识

声卡是一个非常优秀的音频信号采集系统，是计算机与外部环境联系的重要途径。其数字信号处理部分包括模数转换器（ADC）和数模转换器（DAC）。ADC 用于采集音频信号，DAC 用于重现这些数字声音。随着 DSP 技术的发展，声卡已成为多媒体计算机的一个标准配置。因此，声卡可以被看作在音频范围内的数据采集卡，因此基于声卡的虚拟仪器具有成本低、兼容性好、通用性和灵活性强的优点。

声卡的技术参数包括采样位数（量化精度）、采样频率、声道数、复音数量、信噪比（SNR）和总谐波失真（THD）等，其中采样位数、采样频率是声卡的主要指标。

1）采样位数

采样位数可以理解为声卡处理声音的解析度。这个数值越大，解析度就越高，录制和回放的声音就越真实。声卡的位是指声卡在采集和播放声音文件时所使用的数字声音信号的二进制位数，它客观地反映了数字声音信号对输入声音信号的描述的准确程度。声卡一般为 16 位和 24 位。

2）采样频率

采样频率反映每秒取得声音样本的次数。采样频率越高,声音的质量越好。

目前,声卡的最高采样率是 44.1kHz,少数达到 48kHz。对于普通声卡,采样频率一般不能连续设置,只能是固定的几档,如 8kHz,11.025kHz,22.05kHz,44.1kHz 和 48kHz,一些高级的声卡还可设置为 96kHz、192kHz 甚至更高。22.05kHz 只能达到 FM 广播的音乐品质;44.1kHz 是理论上的 CD 音质界限,48kHz 则更好一些。

声卡作为输入输出设备,都有音频连接端口。声卡一般有 Line In 和 Mic In 两个信号输入口,其中 Line In 为双通道输入,Mic In 仅作为单通道输入。后者可以接入较弱信号,幅值为 0.02~0.2V。声音传感器(采用通用的麦克风)信号可通过 Mic In 插孔连接到声卡。待测信号若由 Mic In 输入,由于声卡有前置放大器,容易引入噪声且会导致信号过负荷,故推荐使用 Line In,其噪声干扰小且动态特性良好,可接入幅值不超过 1.5V 的信号。

另外,声卡的输出接口有两个,分别是 Wave Out 和 SPK Out。Wave Out(或 Line Out)给出的信号没有经过放大,需要外接功率放大器,例如可以接到有源音箱;SPK Out 给出的信号是通过功率放大的信号,可以直接接到喇叭上。

2. LabVIEW 提供的关于声卡操作的函数

LabVIEW 提供了一系列使用 Windows 底层函数编写的与声卡有关的函数,位于"函数"→"编程"→"图形与声音"→"声音"子选板上,如图 11-1 所示。

图 11-1 "声音"子选板

"声音"子选板包括 3 部分内容:声音输出函数、声音输入函数和声音文件函数。

1）声音输出函数

声音输出函数如图 11-2 所示,主要包括对声卡输出的一些控制,如配置声音输出函数用于配置生成数据的声音输出设备。声音输出操作的一般顺序为"打开声音文件"→"配置声音输出"→"写入声音输出"→"声音输出清零"。

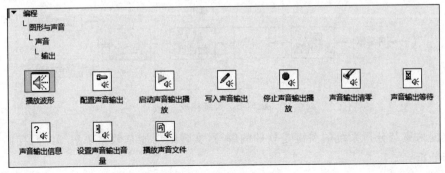

图 11-2 声音输出函数

2）声音输入函数

声音输入函数如图 11-3 所示，主要包括对声卡输入的一些控制，如配置声音输入函数用于配置声音输入设备，采集数据并发送数据至缓存。声音输入操作的一般顺序为"配置声音输入"→"读取声音输入"→"声音输入清零"。

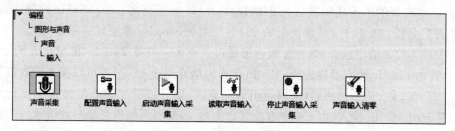

图 11-3　声音输入函数

3）声音文件函数

声音文件函数如图 11-4 所示，主要包括对声音文件的操作，如读取声音文件、写入声音文件等。对声音文件的操作与一般的文件 I/O 操作相同，顺序为"打开声音文件"→"读取/写入声音文件"→"关闭声音文件"。

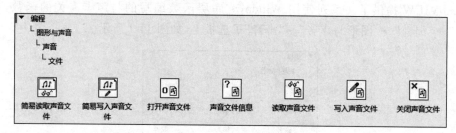

图 11-4　声音文件函数

3. 基于声卡的数据采集与分析系统

基于声卡的数据采集与分析系统主要由传感器、信号调理电路、声卡、计算机及应用程序 5 部分组成，如图 11-5 所示。其中，传感器的作用是获取待测信号并转换成电信号，信号调理电路的作用是放大、过滤电信号，声卡则是将电信号转换成数字信号并送到计算机进行后期处理。

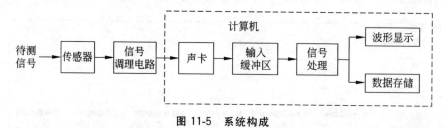

图 11-5　系统构成

数据采集与分析系统的关键是软件的编写，实现的功能是数据采集、处理、存储、信号回放与分析等。

4. 软件的编写

当一个程序比较复杂时,为了使整个程序框图看起来简洁,查错方便,可以对其中的代码进行子 VI 的封装。

1）通道选择与信号拆分

利用声卡的左右通道可采集两路信号,但是,声卡左右声道的信号是混合在一起的,需要用"拆分信号"VI(位于"函数"→Express→"信号操作"子选板上)将两路信号分离,然后可以对每路信号进行处理。对每个通道的数据处理用条件结构实现,如图 11-6 所示。

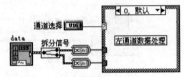

图 11-6　通道选择

2）数据类型的转换

"读取声音输入"VI 的输出数据是一个波形数据,包括 t_0、dt 和 Y,在进行如滤波等处理时需要先进行数据类型的转换,用"函数"→Express→"信号操作"→"从动态数据转换"VI 即可实现。"从动态数据转换"VI 是一个多态性 VI,可以选择"一维标题数组——单通道"或"单一波形"。

3）谱分析

信号的频谱分析可以利用 LabVIEW 已经封装好的谱分析函数,只要进行相应的参数设置即可。软件需要完成的功能是功率谱分析和幅度-相位谱分析,用"FFT 功率谱密度"及"FFT 频谱(幅度-相位)"VI 来实现。另外,在谱分析之前需要将数据进行重组,把它还原成一个波形数据。

4）滤波

LabVIEW 提供了许多常用的滤波器,这些 VI 使用简单,这里选择"Butterworth 滤波器",可以选择低通、高通、带通等滤波方式。需要注意的是,它的"采样频率 fs"端口必须连接数据的采样率;另外,进行波形显示时要进行波形重组,否则横坐标显示的是数据点数。

5）波形显示

为了使显示符合人们的使用习惯,对滤波后的数据进行波形重组,这样它显示的横坐标是时间,另外,因为有双通道数据的处理,为了在同一波形图中显示出来,需要将两路数据波形用创建数组的方法组合到一起,但是,这样处理带来的问题是单通道的数据处理时只有一路波形数据,不能与双通道的数组类型匹配,因此在单通道显示的时候,需要将另一通道的数据用一个空数组来替代。

6）配置连线板

为了能被主程序正常调用,需要配置连线板,即进行输入输出端口的设计。为了直观显示子 VI 的功能或特性,可以对图标进行编辑。

至此,整个波形显示子 VI 的功能已全部实现,程序框图如图 11-7 所示。最后,将它保存为"波形显示.vi"。

7）文件存储

对采集到的数据保存是数据处理的重要步骤之一,声音文件主要通过"打开声音文件""写入声音文件"和"关闭声音文件"3 个 VI 实现。

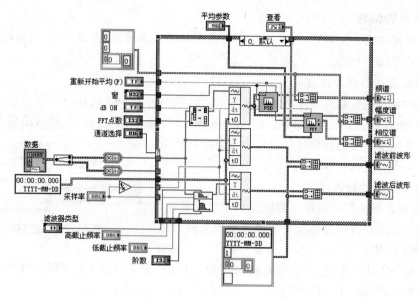

图 11-7　波形显示子 VI 程序框图

利用声卡进行数据采集前，要先对声卡进行配置，如设备 ID 号、采样模式、每通道采样点数、采样率、通道数、每采样比特数等参数进行设置，当采样模式设置为连续采样时，只要循环读取缓存的数据即可。

如果一段数据过大，会对后续处理造成麻烦，经常会因为计算机内存不够而不能完整读出存储的数据，从而需要对数据进行分割。那么，在数据存储时就把文件分割成一定长度的数据段，便于后续处理，即文件的自动存储。对于自动存储，它的目标是实现指定文件长度，指定文件数目的数据采集与存储，用 For 循环实现。整个程序代码如图 11-8 所示，内层的 For 循环实现对单个文件长度的控制，循环次数＝［采集时间×采样率÷每通道采样点数］＋1，［］表示取整，需要注意的是，这里只要近似文件的长度，并不需要十分精确。在进行自动存储之前要先指定文件存放路径、要保存的文件数目、每个文件的长度。注意在程序中已设置成自动添加序号和后缀 WAV，因此文件名就不要再加后缀了。

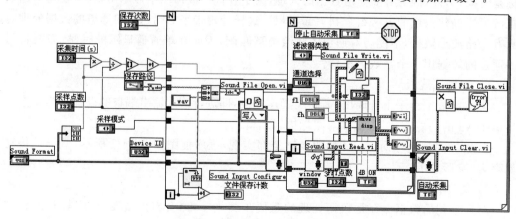

图 11-8　文件自动存储程序框图

为了便于用户控制数据的存储，可采用文件手动存储。文件手动存储需要经过用户的操作才能进行存储，文件的存储长度由用户控制。程序的编写与文件自动存储类似，只要将图 11-8 中的外层循环删除，内层循环改为 While 循环，对声卡参数的配置方式与波形显示方式不变，如图 11-9 所示。在使用过程中，先指定文件的存放路径，单击"保存"按钮开始进行数据保存，在数据保存过程中"保存"按钮会闪烁。

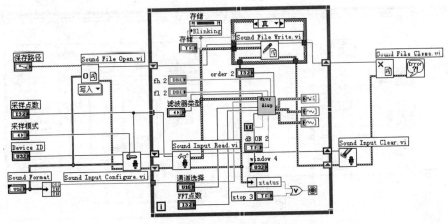

图 11-9　文件手动存储程序框图

8）信号回放与分析

信号回放与分析部分的功能是将采集到的信号进行再现和分析。当然，也可以通过这个程序将信号通过声卡发射出去。读取声音文件的函数主要有声音文件信息.vi、打开声音文件.vi、读取声音文件.vi 和关闭声音文件.vi。播放声音文件用到的函数主要有配置声音输出.vi、设置声音输出音量.vi、写入声音输出.vi、声音输出等待.vi、声音输出清零.vi。用 While 循环不断读取缓存区中的数据，实现连续输出。

信号回放与分析实现的功能是采集数据的再现与滤波、幅度-相位谱、功率谱分析等，为了在有限的界面上显示运算结果，对采用一个条件结构进行选择，用选项卡控件的不同页面提供 3 个功能。信号回放与分析程序框图如图 11-10 所示。

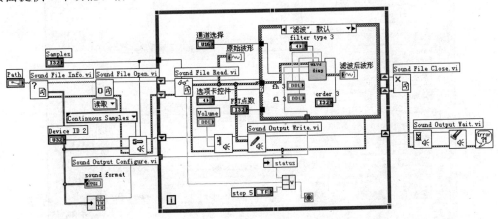

图 11-10　信号回放与分析程序框图

9）主程序

将块程序代码组合在一起，在一个程序上实现多个功能，这些功能互不干扰，最简单的方式就是利用条件结构或事件结构。在这个实例中，各个模块功能用事件结构实现，在信号回放与分析模块中滤波、幅度-相位谱、功率谱分析通过条件结构实现。

基于声卡的信号采集与分析软件程序框图如图11-11所示。

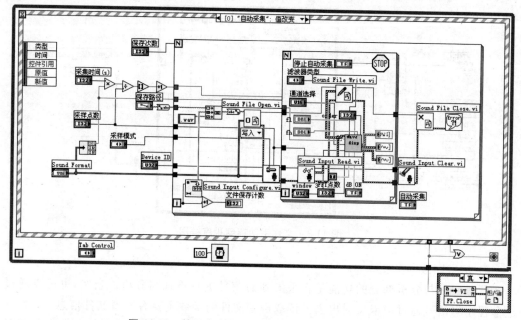

图11-11　基于声卡的信号采集与分析软件程序框图

基于声卡的信号采集与分析软件前面板如图11-12所示。

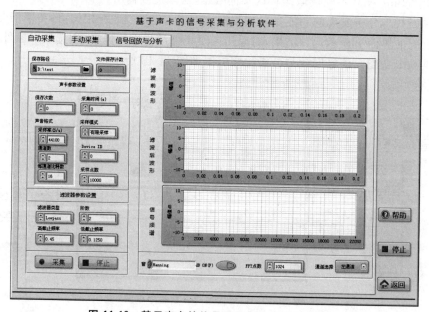

图11-12　基于声卡的信号采集与分析软件前面板

在使用声卡数据采集前,有必要对声卡进行设置,特别是需要使用 Line In 接口作为信号输入端口,首先要确保接口能正常工作。

11.3.2　虚拟血压仪的设计

血压是反映人体心脏功能及血液循环系统的一项重要生理指标,血压监测在疾病的预防和治疗中起着重要的作用,因此对其进行精确的测量及进行长期监测在医疗保健和疾病治疗中是不可或缺的,尤其对一些特殊病人的监护有着重要的意义。所以,设计开发一种测量准确、使用方便的医学测量系统,实现对血压的连续、无误、无创测量,对血压的研究有很大帮助。

1. 系统分析

本设计采用袖带式无创血压测量法,由计算机、医学压力传感器、PCI-6221 数据采集板卡作为核心硬件,并采用 LabVIEW 作为开发平台,设计开发一个基于虚拟仪器的血压测量系统,实现血压信号的采集与回放,收缩压与舒张压测量与示警,还可以进行文件的读写、数据存储、网络传输等功能。

采用袖带式振荡测量法实现血压无创测量,系统由袖带、充气泵、气阀和血压传感器构成封闭气路,利用血压传感器连续监测袖套内静压和气袖内的气体振荡信号,经过前置放大和滤波处理,送到数据采集卡完成数据转换,利用 LabVIEW 的强大数据处理功能来完成对血压测量参数的计算,数据存储和网络传输。

虚拟血压测量系统结构框图如图 11-13 所示。

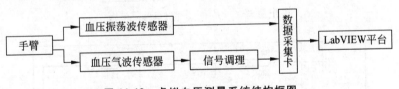

图 11-13　虚拟血压测量系统结构框图

2. 系统硬件设计与实现

1) 传感器的选择

人体生理信号是低频的微弱信号,一般是在 $\mu V \sim mV$ 级,信噪比低,必须选用灵敏度高的传感器,才可以将人体的生理信号有效地提取出来转换为电信号。HK2000B 型集成传感器内部集成了灵敏度补偿元件、感温元件以及差分放大等信号的调理电路,具有很好的共模抑制和放大的能力,该传感器采用压电式原理采集信号,灵敏度高,抗干扰能力强,一致性好,性能可靠。

2) 前置放大电路

由于血压信号是比较微弱的声信号,为保证血压信号可以顺利地采集到数据采集卡中,需要进行信号的放大,所以要选取放大能力比较强的芯片。ADI 公司生产的 AD620 型放大芯片具有高共模抑制比、温漂小、易于使用等特点,因此选用 AD620 作为前置放大电路的核心,AD620 只用一只外围可调电位器即可实现对电压增益的放大设置,为取得较好的放大效果,RW2 取 2kΩ 电位器,放大增益表示为 $A = 1 + 49.4k\Omega/RW2$,通过调节

RW2 的大小对放大增益进行调节。仿真电路如图 11-14 所示。

3）低通滤波电路

在测试系统中，设备仪器常常会产生各种噪声，对测量的精度产生一定影响，干扰测试结果，尤其在测量微弱的生物信号时，这种影响是难以避免的，因此在测试过程中要设计滤波电路，对这些噪声进行滤除。血压信号的测量针对的是袖带内的压力变化，该压力变化的产生是由于袖带的容积变化产生的。袖带容积变化的原因有两个：一是因为测量过

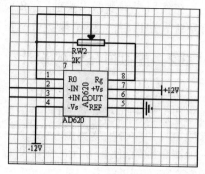

图 11-14　前置放大电路

程中袖带放气造成的，袖带放气导致的压力变化为一近似斜坡信号；另一个因素是由于在袖带压迫下动脉血管容积变化产生的变化。因此，压力传感器测得的信号既包含袖带缓慢放气产生的斜坡压力信号，又包含由于脉搏波动产生的脉搏波动信号，这两个信号叠加在一起。在后续的信号处理中，要将这些混合信号分离，提取脉搏波动信号。由于脉搏波主要频率分量通常为 1～30Hz，因此需要设计一个截止频率为 40Hz 的二阶压控电源低通滤波器，既可以滤除外界的各种高频干扰，又可以使脉搏波动信号通过。低通滤波电路如图 11-15 所示。其中，

$$电路角频率 \quad \omega = \sqrt{\frac{1}{R_1 R_2 C_1 C_2}}$$

$$截止频率 \quad f = \frac{1}{2\pi}\sqrt{\frac{1}{R_1 R_2 C_1 C_2}}$$

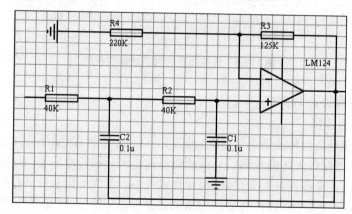

图 11-15　低通滤波电路

3. 数据的采集设置

选用 PCI-6221 数据采集板卡对血压信号采集，用 DAQ 助手进行测量配置：采集信号选电压信号，通道选择设置，输入端选择差分方式，采样率选定为 128Hz。

4. 系统的软件设计与实现

血压传感器采集到的血压信号经硬件电路进行信号调理后，再由数据采集卡将信号

传送到计算机进行处理。软件部分的设计分为数据采集驱动、后置放大及滤波处理、频谱分析、血压参数计算、脉率计算、波形显示及存储等。图 11-16 所示为软件设计框图。

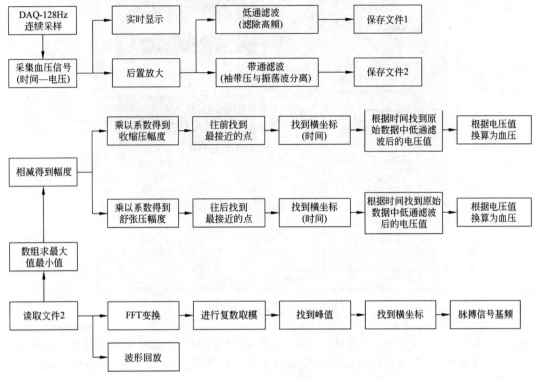

图 11-16 软件设计框图

（1）后置放大：因为血压信号经过数据采集卡进入到 PC 内部时比较微弱，为达到便于观察、分析的要求，需经过倍乘器进行软件放大。

（2）低通滤波：血压传感器测得的信号为脉搏波的振荡信号与袖带静压力信号的混合信号，斜坡信号的频率比较低，可以通过一个低通滤波器将高频脉搏波去除，得到斜坡压力信号。图 11-17 所示是滤波器 Express VI 的设置。

（3）带通滤波：进行带通滤波获得脉搏波动信号。由于脉搏波的主要频率成分分布在 1～30Hz，主峰频率为几赫兹，能量比较强的成分也都不超过 20Hz，所以选用带通滤波器进行脉搏波的提取，以进行下一步的数据处理。

（4）频谱分析：观察血压信号的频谱信息，对观察血压的微小变化具有非常重要的意义。利用 FFT 算法对滤波后的血压信号进行频域分析处理，得到频谱图并进行图形显示。

（5）血压信号的显示和存储：为实现血压信号的实时显示，用波形图表进行实时、逐点的显示；波形回放和频谱分析则选用波形图显示。同时还要把一些具有代表性的数据加以保存，以便进行后续的处理。

（6）血压参数分析及处理。

血压参数的识别方法常见的有波形特征法、幅度系数法等，幅度系数法具有更加准

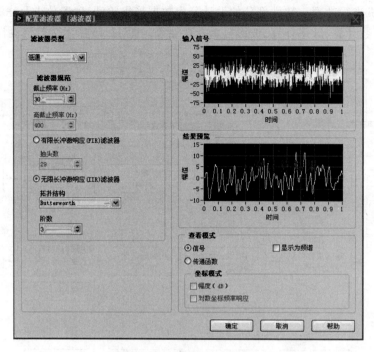

图 11-17　低通滤波器设置

确、抗干扰性强、易于实现、计算量小等特点，本设计选用幅度系数法进行血压参数判断。

① 收缩压、舒张压。选用幅度系数法判定血压的收缩压及舒张压，首先保证脉搏波动信号与斜坡压力信号之间的同时性，利用数组检索工具找到脉搏波动信号中的最大值处对应的斜坡压力信号，得到的即为平均压，然后通过 LabVIEW 提供的阈值插值一维数组及反转一维数组分别索引确定收缩压及舒张压所对应的数值。程序框图如图 11-18 所示。

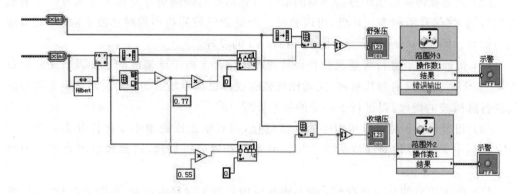

图 11-18　收缩压、舒张压测量显示

② 心率。单位分钟内心脏跳动次数称为心率，根据心脏与脉搏波振动的一致性可以在测血压的同时测得心率的大小。

经过软件部分放大和滤波处理后的血压信号，进行频谱变换，然后对其进行复数取模运算,可以得到信号的幅度谱峰值,对其进行索引得到对应的幅度谱峰值的横坐标,从而得到脉搏的基频,换算得到心率,如图 11-19 所示。

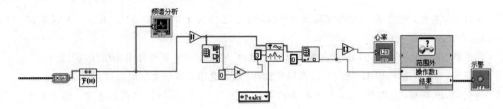

图 11-19 心率计算显示

(7) 前面板设计。

根据软件设计流程图设计的虚拟血压仪前面板如图 11-20 所示。

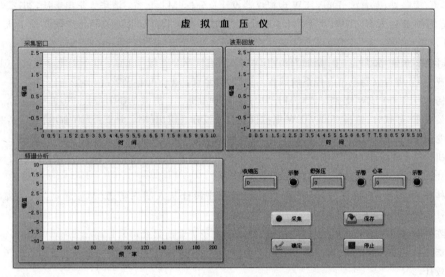

图 11-20 虚拟血压仪前面板

在本开发实例中可以继续添加一些功能模块。例如,当示警指示灯闪烁,即血压或心率超出预定值时,开启网络连接,将近一段时间的血压、心率值通过网络送到社区医疗服务站等地方,以便进行下一步的处理。

参 考 文 献

[1] 章佳荣,王璨,赵国宇. LabVIEW 虚拟仪器程序设计与案例实现[M]. 北京:人民邮电出版社,2013.

[2] 何玉钧,高会生,等. LabVIEW 虚拟仪器设计教程[M]. 北京:人民邮电出版社,2012.

[3] 郑对元,等. 精通 LabVIEW 虚拟仪器程序设计[M]. 北京:清华大学出版社,2012.

[4] 岂兴明,田京京,朱洪岐. LabVIEW 入门与实战开发 100 例[M]. 2 版. 北京:电子工业出版社,2014.

[5] 张兰勇,孙健,孙晓云,等. LabVIEW 程序设计基础与提高[M]. 北京:机械工业出版社,2013.

[6] 雷振山,肖成勇,魏丽,等. LabVIEW 高级编程与虚拟仪器工程应用[M]. 北京:中国铁道出版社,2013.

[7] 彭勇,潘晓烨,谢龙汉. LabVIEW 虚拟仪器设计及分析[M]. 北京:清华大学出版社,2012.

[8] 阮奇桢. 我和 LabVIEW(一个 NI 工程师的十年编程经验)[M]. 北京:北京航空航天大学出版社,2009.

[9] 陈国顺,张桐,郭阳宽,等. 精通 LabVIEW 程序设计[M]. 2 版. 北京:电子工业出版社,2012.

[10] 曹卫彬. 虚拟仪器典型测控系统编程实践[M]. 北京:电子工业出版社,2012.

[11] 杨高科. LabVIEW 虚拟仪器项目开发与管理[M]. 北京:机械工业出版社,2012.

[12] 吴成东,孙秋野,盛科. LabVIEW 虚拟仪器程序设计及应用[M]. 北京:人民邮电出版社,2008.

[13] 龙伟华,顾永刚. LabVIEW 8.2.1 与 DAQ 数据采集[M]. 北京:清华大学出版社,2008.

[14] 胡仁喜,高海宾. LabVIEW 2010 中文版虚拟仪器从入门到精通[M]. 北京:机械工业出版社,2012.

[15] 林静,林振宇,郑福仁. LabVIEW 虚拟仪器程序设计从入门到精通[M]. 北京:人民邮电出版社,2010.

[16] 陈树学. LabVIEW 实用工具详解[M]. 北京:电子工业出版社,2014.

[17] 李江全,任玲,廖结安,等. LabVIEW 虚拟仪器从入门到测控应用 130 例[M]. 北京:电子工业出版社,2013.

[18] 江建军,孙彪. LabVIEW 程序设计教程[M]. 2 版. 北京:电子工业出版社,2012.

[19] 张重雄. 虚拟仪器技术分析与设计[M]. 2 版. 北京:电子工业出版社,2012.

[20] 肖成勇,雷振山,魏丽. LabVIEW2010 基础教程[M]. 北京:中国铁道出版社,2012.

[21] 李江全,刘恩博,胡蓉. LabVIEW 虚拟仪器数据采集与串口通信测控应用实战[M]. 北京:人民邮电出版社,2010.

[22] 秦鑫. 基于虚拟仪器的血压测量仪设计[M]. 南京:南京理工大学. 2010.

图书资源支持

感谢您一直以来对清华版图书的支持和爱护。为了配合本书的使用,本书提供配套的资源,有需求的读者请扫描下方的"书圈"微信公众号二维码,在图书专区下载,也可以拨打电话或发送电子邮件咨询。

如果您在使用本书的过程中遇到了什么问题,或者有相关图书出版计划,也请您发邮件告诉我们,以便我们更好地为您服务。

我们的联系方式:

清华大学出版社计算机与信息分社网站:https://www.shuimushuhui.com/

地　　址:北京市海淀区双清路学研大厦 A 座 714

邮　　编:100084

电　　话:010-83470236　　010-83470237

客服邮箱:2301891038@qq.com

QQ:2301891038(请写明您的单位和姓名)

资源下载: 关注公众号"书圈"下载配套资源。

资源下载、样书申请

图书案例

书 圈

清华计算机学堂

观看课程直播